모터제어

with Arduino

신인수 지음

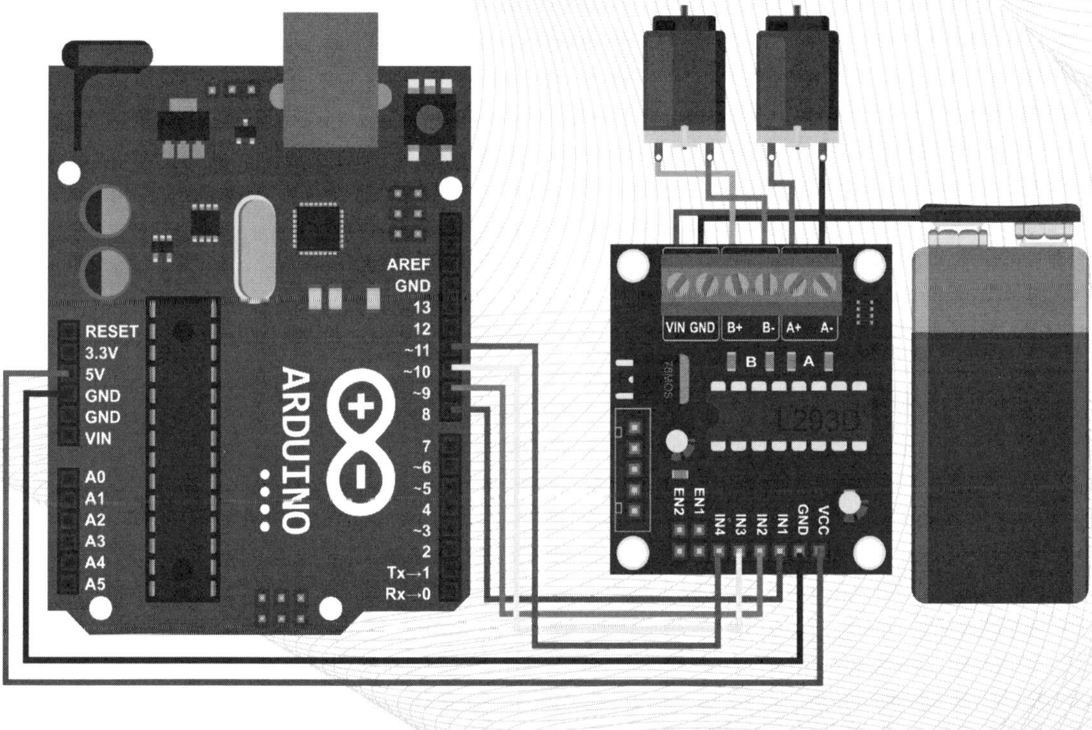

도서출판 홍릉

모터제어

with Arduino

인 쇄 : 2024년 2월 26일 초판 1쇄
발 행 : 2024년 3월 4일 초판 1쇄

저 자 : 신인수

발행인 : 송 준
발행처 : 도서출판 홍릉
주 소 : 01093 서울시 강북구 인수봉로 50길 10
등 록 : 1976년 10월 21일 제5-66호

전 화 : 02-999-2274~5, 903-7037
팩 스 : 02-905-6729
e-mail : hongpub@hongpub.co.kr
http://www.hongpub.co.kr
ISBN : 979-11-5600-174-4(93550)

정 가 : 19,000원

PREFACE

첨단분야 기술의 발전에 따라 현대 산업의 성장은 가속되고 있고 모터는 우리 생활과 다양한 산업 분야에서 중요한 역할을 하고 있다.

모터는 전기 에너지를 기계적인 움직임으로 변환하는 핵심 장치로서, 그 적용 범위는 제조업, 교통수단, 로봇, 가전제품 등 다양한 분야에 걸쳐 있다. 이러한 모터의 효율적이고 정확한 동작을 제어하기 위해서는 모터 제어 시스템의 설계와 구현이 필수적이다.

본 교재는 모터제어에 대한 기본 원리부터 응용 기술까지 다루며, 이를 통해 학생들이 모터 제어 시스템을 이해하고 구성하는 데 도움을 주고자 한다. 특히 센서 및 전자부품과 같은 하드웨어 구성 및 코딩에 대한 기본지식을 갖춘 전자공학 관련 학생이라면 쉽게 내용을 따라서 할 수 있는 수준의 내용으로 구성하였다.

모터 설계 및 해석을 위한 이론 및 복잡한 수식 위주가 아닌 실제 아두이노와 같은 마이크로프로세서를 이용하여 제어할 수 있는 내용을 구성하였다.

전체 12장으로 구성되었으며 직류 전원을 사용하는 DC모터, 서보모터, 스테핑모터에 대한 제어 내용을 다루었고 이해력 증진을 위해 각 장의 핵심 내용을 복습할 수 있도록 연습문제와 설명을 포함하고 있다.

1장과 2장에서는 모터 및 아두이노 기본 이론을 설명하고 3장부터 6장까지 DC모터의 특징 및 모터제어를 위한 응용 실습 내용을 다루고 있다.

7장부터 9장까지 서보모터 관련 이론 및 응용 예제를 다루고 있으며 10장부터 11장까지 스테핑모터에 대한 관련 이론과 응용 예세를 통한 실무능력 증대를 위한 내용으로 구성하였다. 마지막 12장에서는 프로젝트형 실습 예제로 자동차 모형을 직접 조립하여 센서에서 라인을 감지하며 주행하는 라인트레이서 자동차를 제어하는 과정을 포함하고 있다.

본 교재를 통하여 학생들이 모터제어에 대한 기본 원리를 이해하고 응용 예제를 통해 실무능력이 증진될 기회가 되기를 바라고 책이 출판될 수 있도록 도와주신 도서출판 홍릉의 관계자에게 감사의 인사를 드립니다.

2024년 2월
저자 신인수

CONTENTS

CHAPTER 1

모터기초

모터 동작의 기본이 되는 전기와 자기와의 관계를 이해하고 여러 과학자가 발견한 관련 법칙들을 살펴보고 모터의 종류와 구조 등 특징 등 모터에 대한 기본지식을 학습한다.

1-1. 모터의 정의

모터는 전류가 흐르는 도체가 자기장 속에서 받는 힘을 이용하여 전기 에너지를 역학적(동력)에너지로 바꾸는 장치로서 전동기(電動機, Electric Motor)라고도 한다. 즉, 전력을 받아서 회전하고, 그 축에 회전력을 발생시키는 동력 기계이다.

자기장 내에서 전류를 흐르게 함으로써 받게 되는 힘을 회전 동작으로 변환하는 것이 일반적이지만, 광범위하게는 선형적(Linear)으로 동작하는 것도 포함한다.

1-2. 모터의 역사

모터는 영국의 패러데이[1]와 미국의 헨리[2]에 의한 개인별 각각의 자기 유도현상 발견으로부터 시작된다.

1831년 패러데이가 회로(回路)의 열림과 닫힘에 의하여 주변에 있던 회로에 순간적으로 전류가 발생하는 것을 발견하고 이를 기반으로 자기장이 기전력을 만들어 낸다는 전자기 유도법칙을 발견하였다.

1830년 헨리는 영국의 전기 엔지니어인 윌리엄 스터전[3]이 1825년 만든 전자기석(電磁氣石)보다 훨씬 강력한 전자기석을 만들어 패러데이와는 독립적으로 1830년 전자기유도를, 1832년 패러데이에 앞서 전류의 자체유도(自體誘導)를 발견하였다.

이러한 두 가지 유도현상의 발견은 전자기학(電磁氣學) 및 전기 기술에 획기적 발전을 가져왔는데, 그 자신도 전자기식(電磁氣式) 모터, 전신기 등을 고안하였다.

그 후에도 전류계 제작, 방전에 의한 전자기진동 발생 관찰(1842년) 등 전자기학의 발전에 공헌하였다.

패러데이와 헨리는 제각기 모터의 원리를 구현하는 실험 성공하고 1834년 야코비[4]가 직류 모터(DC Motor)를 발명하는데 이것은 기본적인 토크(Torque)의 발생 원리에 매우 충실한 모범적인 모터이다.

---

1) 마이클 패러데이(Michael Faraday,1791~1867), 영국 과학자, 전자기학, 전기화학 분야에 큰 기여

2) 조셉 헨리(Henry, Joseph, 1797~1878), 미국의 물리학자, 1830년에 전자유도와 전류의 자기 유도 현상을 발견

3) 윌리엄 스터전(William Sturgeon, 1783~1850년), 영국의 물리학자, 전기 엔지니어

4) 모리츠 폰 야코비(Moritz Hermann von Jacobi, 1801~1874), 독일(러시아에서 활동)의 공학자

1888년 니콜라 테슬라[5](Nikola Tesla)가 동기모터(Synchronous Motor)와 자기 저항(Reluctance Motor, 자기(磁氣) 저항) 모터, 권선형 유도 모터, 교류 모터를 개발하여 특허를 취득하였다.

1895년 3상 전원개발, 농형 유도 모터(Squirrel Cage, 籠型誘導電動機) 개발하여 1896년 3상 유도 모터가 상업적으로 사용하면서 현재, 전력용 스위치 반도체소자를 이용한 전력조절 장치, DSP(디지털신호처리), 마이크로컨트롤러 제어 적용으로 고성능화하는 데 기여하였다.

1-3. 모터 이론

1) 전기와 자기(Electricity & Magnetism)

전기(電氣)와 자기(磁氣)는 물리적인 현상 중 중요한 현상이다. 이러한 현상은 서로 밀접하게 연관되어 있으며 전자기학이라는 분야에서 통합적으로 다루어진다.

전기는 전자의 흐름으로 정의되며 전자는 원자의 외부 궤도에 위치한 전하를 가진 입자(하전입자, 荷電粒子, Charged Particle)로, 전류를 형성하는 데 관여한다.

전기는 전자들의 움직임에 의해 발생하며, 전류(I)라는 용어로 표현되며 단위는 암페어(Ampere)이다. 정전기와 전류가 흐르는 전기가 있으며, 전기회로, 전기장 등이 전기 현상을 연구하는 데 사용된다.

자기는 자성을 가진 물질에 의해 나타나는 현상이다. 자기는 자석에서 가장 잘 알려져 있지만, 전류가 흐르는 일부 물질에서도 발생한다.

자석은 양극과 음극이라는 두 극으로 나뉘며, 서로 다른 극끼리는 서로를 끌어당기고 같은 극끼리는 서로를 밀어내는 성질이 있다.

전류가 흐르는 일부 물질은 자기장을 생성하며, 이러한 현상은 전자기장으로 설명된다.

2) 전기와 자기의 상호작용

전기와 자기는 서로 강력하게 상호 작용한다. 이것을 전자기(Electromagnetism)라고 한다. 도선에 전류가 흐르면 주변에 자기장이 생성되며, 또한, 자기장의 변화는 전기를 유발할 수 있다. 이러한 상호작용은 전자기학의 핵심 원리 중 하나이며, 맥스웰 방정식[6] 등의 이론을 통해 설명된다.

5) 니콜라 테슬라(Nikola Tesla, 1856~1943), 크로아티아계 미국 공학자, 교류시스템 기초 형성

6) 영국의 물리학자이자 수학자인 제임스 클러크 맥스웰(James Clerk Maxwell,1831~1879)에 의해 개발된 맥스웰 방

실제 도선에 전류를 흐르게 하면 그 주변에 자계를 발생시켜 회전 자계(자력)를 만들어 자석이 회전하는 것과 동일한 상태가 된다. 또한, 도선을 코일 상태로 말면, 자력의 합성을 통해 큰 자계의 다발(자속)이 되어 N극과 S극이 발생한다.

코일 상태의 도선 속에 철심을 넣음으로써 자력선이 통과하기 쉽게 되어서 보다 더 강한 자력을 발생시킬 수 있다.

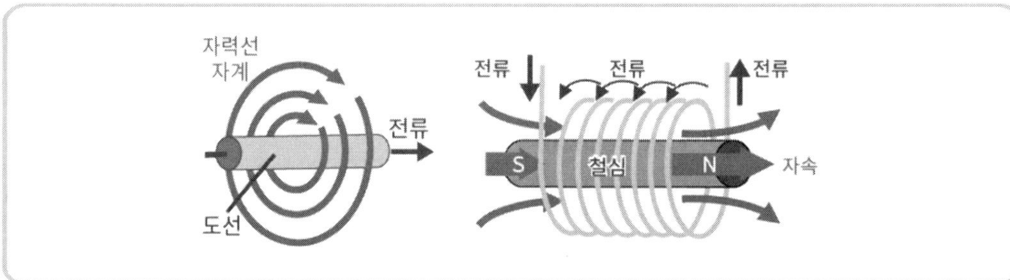

▲ **그림 1-1.** 전기와 자기 상호작용

또한, 도선을 코일 상태로 말면, 자력의 합성을 통해 큰 자계의 다발(자속)이 되어 N극과 S극이 발생한다.

3) 앙페르의 법칙(Ampère's Law)

앙페르[7]의 법칙은 전류와 자기장 간의 관계를 설명하는 전자기학의 기본적인 법칙이다.

주로 평행한 전류인 경우에 사용되며, 이를 통해 전류가 흐르는 동안 자기장이 형성되고, 이 자기장이 주변 공간에 영향을 미치는 것을 설명하고 있다. 즉, 전류가 흐르는 동안 자기장이 그 주변에 형성된다는 것을 나타내며 전자기학과 전자기파에 대한 이론을 이해하는 데 중요한 도구이다. 앙페르의 법칙은 맥스웰 방정식 중 한 부분이며 다음과 같이 표현된다.

$$\oint B \cdot dI = \mu_0 \iint_s J \cdot dS \tag{1-1}$$

여기서 B는 자기장 벡터, dI는 통과하는 경로의 길이에 따른 벡터 원소, μ_0는 자유 공간의 자기

정식(Maxwell's equations)은 전기와 자기의 상호작용을 기술하는 일련의 편미분 방정식이다. 이 방정식은 19세기 중반에 개발되었으며, 전기장과 자기장의 상호작용을 설명하고 있으며 패러데이의 전자기 유도법칙 ($\nabla \cdot E = \frac{\delta B}{\delta t}$), 앙페르-맥스웰의 회로법칙($\nabla \times B = \mu_0 (J + \epsilon_0 \frac{\delta E}{\delta t})$) 등에 적용된다.

7) 앙페르(André-Marie Ampère, 1775~1836), 전자기학의 발전에 초석을 놓은 프랑스 물리학자.

유전율($4\pi \times 10^{-7}$ T·m/A 또는 H/m), J는 전류 밀도 벡터, dS는 경로를 둘러싼 폐곡선 내부의 표면을 의미한다.

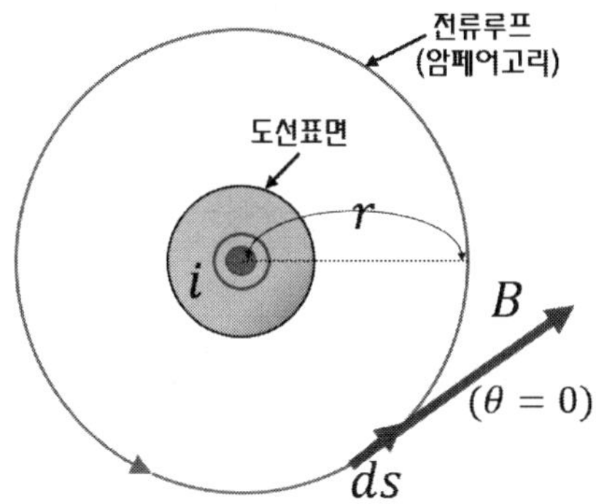

▲ **그림 1-2.** 자기장에 의한 앙페르의 법칙

예를 들어 일정한 전류(i)가 흐르는 무한히 긴 직선 도선에서 거리(r)만큼 떨어진 지점에서 자기장(B)를 구하기 위해 앙페르의 법칙을 이용해 보자.

전류가 흐르는 도선과 수직인 평면상에 도선을 원의 중심으로 하는 반지름(r)의 원을 앙페르 고리로 잡고 앙페르의 법칙을 적용하면

$$\oint B \cdot dI = 2\pi r B = \mu_0 i \tag{1-2}$$

이다. 여기서 전류를 통과하는 폐곡선 주위의 자기장은 해당 폐곡선의 경로 적분으로 계산되는데 적분에서 원형 고리(암페어 고리)는 모든 길이 요소의 합이므로 고리의 원주(2πr)가 된다. 즉, 거리가 r인 직선 도선 바깥쪽의 자기장(B) 크기는

$$B = \frac{\mu_0 i}{2\pi r} \tag{1-3}$$

임을 알 수 있다.

또한 앙페르는 전류와 자기를 연구하던 중 도선에서 오른나사 진행 방향으로 전류가 흐르면 자기장의 방향은 나사가 회전하려는 방향으로 생성되는 것을 발견한 법칙이다.

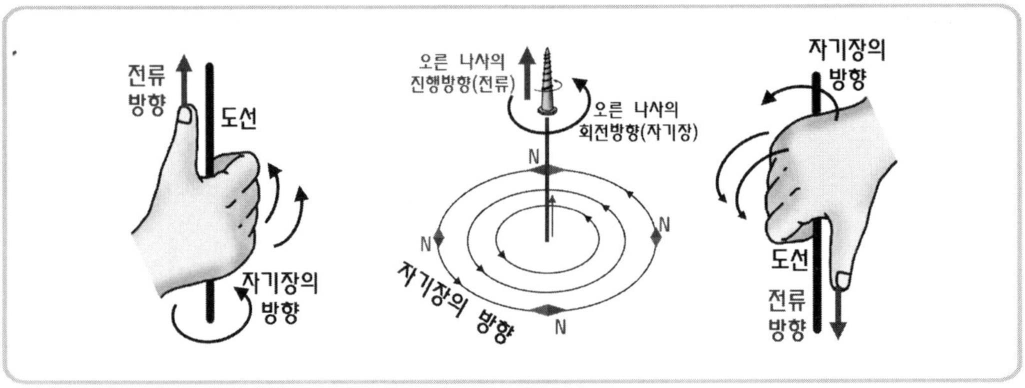

▲ **그림 1-3.** 앙페르의 오른나사 법칙

4) 로런츠의 힘(Lorentz Force)

로런츠[8]의 힘은 전하가 자기장 내에서 운동할 때 작용하는 힘을 나타내는 물리적 개념이며 전하 입자가 전자기장에 놓여 있을 때 그 자체의 운동 또는 외부에서 인가된 전자기장에 대한 반응으로 발생할 수 있으며 로런츠의 힘은 다음과 같이 표현된다.

$$F = qv \times B \tag{1-4}$$

여기서 F(로런츠의 힘, N(뉴턴)), q(전하량, C(쿨롱)), v(전하의 속도벡터(m/s)), B(자기장 벡터, T(테슬라))를 의미한다.

균일한 자기장에 수직으로 길이가 L이고 면적이 A인 도선이 놓였을 때 자기장에 의한 힘(F)는 전하가 자기장을 통해 움직일 때의 힘으로, 입자의 속도벡터와 자기장 벡터의 외적에 의해 나타낸다. 전하의 속도벡터와 자기장 벡터에 수직인 방향으로 작용한다.

수식은 다음과 같다.

$$F = qv \times B = qvB\sin\theta \ = \ qvB \ (\theta = 90^\circ) \tag{1-5}$$

힘(F)는 전하(q)의 속도(v) 뿐만 아니라 자기장(B)에도 수직(90°)이다. 만약 전하가 정지 또는 자기장과 평행(θ=180)하게 움직이는 전하에서의 자기력이 0이라는 것을 의미한다.

전류와 자계의 방향이 90도를 이루므로 sin(90)은 1이므로 $F = qvB$로 표시할 수 있다.

전류와 전류 밀도(J)와의 관계식에 전자의 부피 밀도(n)은

8) 로런츠(Hendrik Antoon Lo´rentz, 1853년 ~ 1928년), 네덜란드의 이론 물리학자

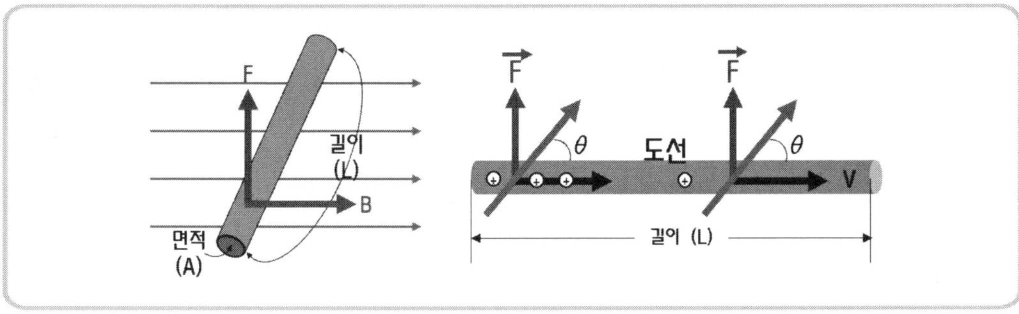

▲ **그림 1-4.** 도선에 작용하는 로런츠의 힘

$$n = \frac{N}{V(\text{부피})} = \frac{N}{AL} \tag{1-6}$$

과 같다. 여기서 N은 전자의 총개수, L은 도선의 길이, A는 도선의 면적이다.

또한 전류 밀도(J)에 대한 유도식 $J = \frac{I}{A} = nqv$로부터 $I = Anqv$을 적용하여 식을 다시 한번 정리하면

$$F = Nf = NqvB = (nAL)(qvB) = nqvA(LB) = ILB \tag{1-7}$$

로 정리할 수 있다. 여기서 nqv는 v 속도로 흐르는 전체 전하(q)는 도선에 흐르는 전류이므로 $nqv = I$이다. 즉, $F = ILB$로 정리할 수 있다.

그러나 실제로 전하를 띤 물체는 전기장 안에서 힘(qE, 전기력)을 받고 자기장 안에서 힘(qv×B, 자기력)을 동시에 고려해야 하기에 로런츠의 힘은 다음과 같이 표현한다.

$$F = \text{전기력} + \text{자기력} = [qE] + [qv \times B] = q(E + v \times B) \tag{1-8}$$

여기서 F(로런츠의 힘, N(뉴턴)), q(전하량, C(쿨롱)), E(전기장벡터), v(전하의 속도벡터 (m/s)), B(자기장 벡터, T(테슬라))를 의미한다.

5) 플레밍의 법칙(Fleming's Rule)

J.A 플레밍[9]이 발견한 유도전류와 자기장에 관한 플레밍의 법칙은 전자가 자기장과 수직으로 움직일 때, 전자에게 작용하는 힘의 방향을 결정하는 규칙이며 전자(전류), 자기장, 그리고 힘 간의 상관관계를 설명하는 데 사용된다.

9) 플레밍(Fleming, John Ambrose,1849~1945), 영국 과학자, 전자기학(電磁氣學) 연구에서는 전류 · 자기장 · 도체(導體) 운동의 3방향에 관한 법칙(플레밍의 법칙)으로 발견.

플레밍의 법칙에서 엄지손가락은 전류에 작용하는 힘(전자기력)의 방향을 나타내고, 두 번째 손가락은 자기장을 나타내며, 가운데 손가락은 전자(전류)의 움직이는 방향을 나타낸다. 여기서 각 손가락 사이의 각은 직각 이어야 한다.

플레밍의 법칙에는 왼손 법칙(Fleming's Left Hand Rule)과 오른손 법칙(Fleming's Right Hand Rule)이 있다.

플레밍의 왼손 법칙은 전류가 흐르고 있는 도선에 대해 자기장이 미치는 힘의 방향을 찾는 방법으로 주로 모터 힘의 방향을 결정하는 데 이용된다.

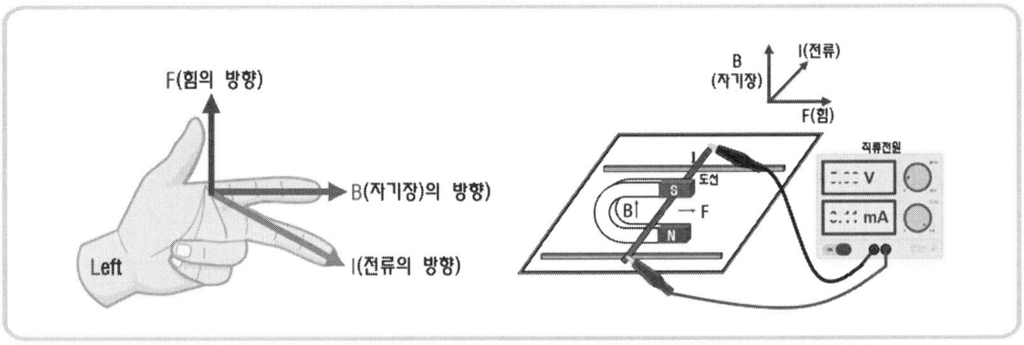

▲ **그림 1-5.** 플레밍의 왼손 법칙

플레밍의 오른손 법칙은 전자유도에 의해 생기는 유도전류의 방향을 찾는 방법으로 특히 발전기 권선의 전류 방향을 결정하는 데 사용할 수 있다. 즉, 자기장의 방향과 도선이 움직이는 방향을 알 때 유도기전력 또는 유도전류의 방향을 결정할 수 있다.

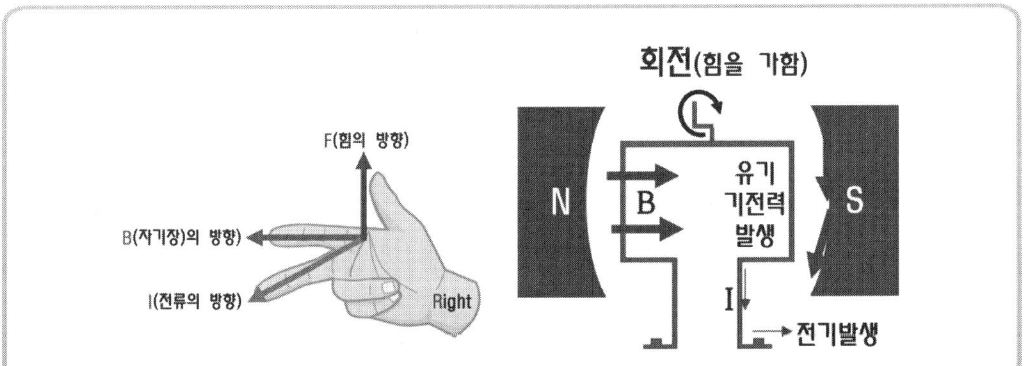

▲ **그림 1-6.** 플레밍의 오른손 법칙

1-4. 모터의 구조 및 동작 원리

1) 모터의 구조

모터는 크게 회전자(Rotator, Rotor)와 고정자(Stator)로 구성된다.

고정자는 모터, 발전기 등에서 고정이 되어있는 부분. 즉, 권선(捲線)을 지지하는 철심(鐵心)과 철심을 부착하는 프레임(frame) 등으로 이루어져 있으며 회전자(回轉子)에 대한 상대적 의미이다.

회전자는 모터, 발전기 등에서 회전하는 부분으로 부하에 연결되어 회전력(torque)을 공급하는데 전기자(電機子,Armature)라고도 한다.

DC모터의 경우, 일반적으로 고정자는 영구자석과 브러시(Brush)로 구성되고 회전자는 권선 철심 코어, 정류자(Commutator)로 구성되어 있다.

▲ 그림 1-7. 모터의 고정자와 회전자

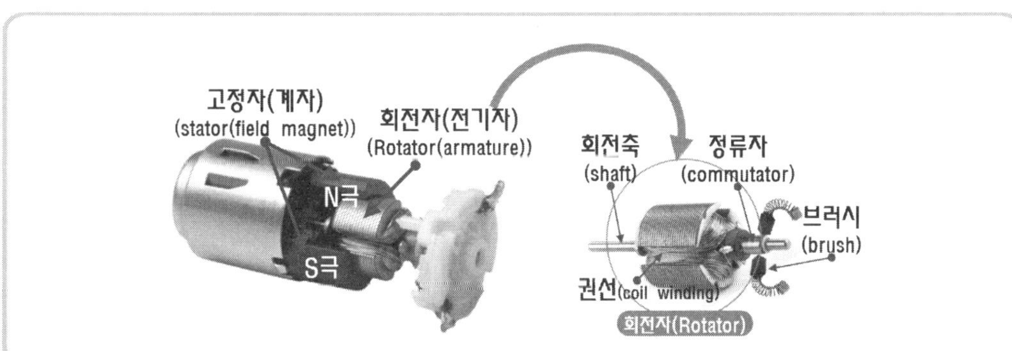

▲ 그림 1-8. DC모터의 구조

① 전기자(회전자)

회전자는 전기의 힘으로 자기장을 유도하여 움직이게 하는 부분으로 자기장으로부터 유도 기전력을 발생시키는 코일을 가진 회전하는 부분을 의미하며 전기자라고도 한다.

보통 연철심(軟鐵心)에 감은 코일로 장자석(場磁石)과 함께 기계의 주요부를 구성하며 모터에서는 외부에서 공급된 전류에 의해 회전 발생하고 발전기에서는 장자석에 대해 회전함으로써 전류를 발생한다.

② 정류자

정류자는 모터나 발전기 등에서 일정한 방향으로 회전하도록 코일에 흐르는 전류의 방향을 주기적으로 바꿔 전기자에 공급하는 장치이다.

교류용 모터는 전원의 전압 방향이 주기적으로 바뀌기 때문에 정류자가 없어도 코일에 흐르는 전류의 방향을 유지할 수 있지만, 직류 모터는 정류자가 있어야 코일에 흐르는 전류 방향을 유지할 수 있다.

정류자의 역할은 도선 고리가 180도 회전해도 여전히 S극 쪽 도선과 N극 쪽 도선의 전류 방향이 유지되도록 만들어 주는 것이다.

③ 브러시

브러시는 모터의 정류자에 닿아서 밖으로 밖으로부터 전류를 끌어들이는 장치이다. 일반적으로 정류자의 마모를 적게 하는 탄소, 흑연 계통 브러시 등이 사용된다.

2) 모터의 동작 원리

모터는 전기 에너지를 기계적인 움직임으로 변환하는 장치로서 자석 속에 놓여 있는 도선에 전류를 흐르게 하면 자기장이 형성되고 자석에 의해 코일은 힘을 받아 회전한다.

그림은 모터의 회전 원리를 설명하고 있는데 회전축을 지닌 영구자석 주변에서

단계 1 ▶ 주위의 자석을 회전시켜 자계를 만든다. (회전 자계 발생)

단계 2 ▶ N극과 S극이 당겨지는 힘 또는 같은 극끼리 밀어내는 힘에 의해서(자기 흡인 또는 반발력 작용)

단계 3 ▶ 회전축을 포함한 중앙의 자석이 회전한다.

이것이 모터 회전의 기본 동작 원리이다.

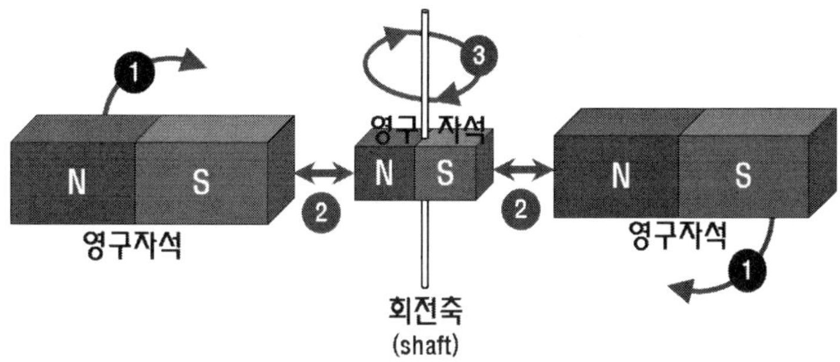

[그림 1-9.]

▲ **그림 1-9.** 모터의 회전 원리

DC모터는 직류 전원을 이용하여 동작하며 로런츠힘의 원리를 기반으로 동작한다.

전류가 흐르는 동안 자기장이 생성되며 이 자기장과 전류 간의 상호작용으로 인해 회전력이 발생한다.

DC모터는 일반적으로 브러시와 정류자를 사용하여 전류의 방향을 변환하면서 회전 운동을 유지한다. DC모터는 다음과 같은 과정을 거쳐 동작한다.

① 자기장 생성

모터에는 고정자라고 하는 고정 부분과 회전자라고 하는 회전 부분이 있다. 고정자에는 전류가 흐르면서 자기장을 생성하는 영구자석과 권선이 포함되어 있다.

② 전류 전달 코일이 있는 회전자(전기자)

일반적으로 샤프트에 장착되는 회전자는 전기자라고 알려진 와이어 코일로 구성된다. 이 코일에 전류가 흐르면 고정자에 의해 생성된 자기장으로 인해 전자석으로 변하게 된다.

③ 자기장의 상호작용

고정자와 회전자의 자기장은 상호작용을 한다. 전자기학의 원리는 전류가 흐르는 도체(전기자 코일)가 자기장 안에 놓이면 힘이 가해진다는 것이다.

④ 로런츠힘

전류가 흐르는 선기자 코일에 작용하는 힘은 로런츠힘으로 알려져 있다. 이 힘은 전류 방향과 자기장의 방향에 수직으로 작용하게 되는데 이로 인해 전기자(회전자)에 회전력 또는 토크가 발생한다.

⑤ **회전자 회전**

토크의 결과로 드디어 로터가 회전하기 시작합니다. 전류가 전기자 코일을 통해 흐르고 자기장이 존재하는 한 회전은 계속된다.

⑥ **연속 회전을 위한 정류**

지속적인 회전을 유지하기 위해 정류자와 브러시가 모터 내에 존재한다. 정류자는 회전하면서 전기자 코일의 전류 방향을 반전시켜 토크가 항상 같은 방향이 되도록 하여 지속적인 회전을 유지한다.

⑦ **전기 에너지를 기계 에너지로 변환**

이렇게 발생한 로터의 기계적 회전은 팬 회전, 컨베이어 벨트 구동 또는 기타 기계적 응용과 같은 유용한 작업으로 변환되어 에너지원으로 사용된다.

1-5. 모터의 종류

모터를 동작하는 구동 전원의 종류에 따라 분류하면 직류 전원을 사용하는 DC모터와 교류전원을 사용하는 AC 모터로 분류된다.

AC 모터는 보통 220V 또는 380V의 교류 전압을 사용하는 모터를 말하며, 동급 출력을 사용하는 DC모터에 비해 상대적으로 저렴하며, 고효율에 수명이 길다는 장점이 있다. 그래서 큰 힘이 필요로 하는 기계에 많이 사용되고 있다. 단점으로는 속도나 방향을 제어하기가 어렵다. 교류는 전압이 일정하지 않기 때문에 속도 및 방향을 제어하기 위해서는 추가 장비가 필요하다.

DC모터는 직류 전압을 사용하는 모터를 말하며, AC 모터와 다르게 속도 및 방향을 비교적 간단하게 제어할 수 있어서 다양한 분야에서 사용된다.

표 1.1 AC/DC모터 비교

구분	교류(AC) 모터	직류(DC) 모터
전원 공급	교류전원	직류 전원
전류 방향	주기적으로 변경	일정
커브 회선	회전하는 자석 기반	영구자석 기반
속도제어	전원 주파수 조절	선원 선납 소질
비용과 복잡성	더 저렴하고 쉬움	더 비싸고 복잡하며 성능 우수

배터리는 모두 직류(DC)라서 RC카와 같이 무선으로 동작하거나 레이저 커팅기와 같이 정밀하게 제어하는 경우, 3D 프린터처럼 방향을 제어하는 등에 DC모터를 사용한다.

1) 직류(DC) 모터

직류 모터에는 DC(브러시) 모터, BLDC모터, 스테핑모터가 있다.

① DC(브러시) 모터

일반적으로 가장 많이 사용되는 직류방식이 대표적인 모터이다. 모터의 고정자 부분에 있는 브러시를 회전자 부분에 있는 정류자로 순차적으로 접촉을 시켜 전류를 전환하여 회전 동작을 시킨다.

② BLDC(Brushless DC) 모터

BLDC모터는 브러시가 없는(Brushless) DC모터이다. 소음 발생 및 브러시 소모로 인한 수명 단축 등 기존 DC모터의 단점을 보완하여 정류자와 브러시를 사용하지 않고 트랜지스터의 스위칭 기능을 통해 전기적으로 전류를 전환하여 회전 동작을 시킨다. DC모터보다 가격이 비싸고 회로가 복잡한 단점이 있다.

③ 스테핑모터

스테핑(Steeping)모터는 펄스(Pulse)에 동기화하여 동작하는 모터이다. 정확한 위치제어가 가능한 모터이며 펄스모터라고도 한다.

2) 교류(AC) 모터

교류 모터는 교류전원을 이용하여 모터를 구동하는 방식의 모터를 의미한다. 구조에 따라 크게 유도(induction) 모터와 동기(Synchronous)모터로 나눌 수 있다.

① 유도 모터(induction Motor)

유도 모터는 교류용 모터의 대표적인 모델로서 교류를 통해 고정자가 만드는 회전 자계(Magnetic Field)에 의해, 전기 전도체의 회전자에 유도전류가 발생해 그에 대응한 회전 토크가 발생하여 상호작용으로 회전력을 이용하는 모터이다.

즉, 고정자(계자코일)에 교류를 공급하면 코일 주변에 전기가 흐르면서 자계가 형성되고 생성된 자계는 다시 회전자(도체)에 전류가 흐르게 되어 플레밍의 왼손 법칙에 따라 회전자가 회전한다.

유도 모터의 원리가 되는 아라고의 원판(Arago's Disk) 또는 아라고의 회전(Arago's rotations)은 자석과 움직이는 금속 원판 사이의 상호작용을 보여주는 전자기 현상이다. 이 현상은 1824년 아라고[10]에 의해 발견되었다.

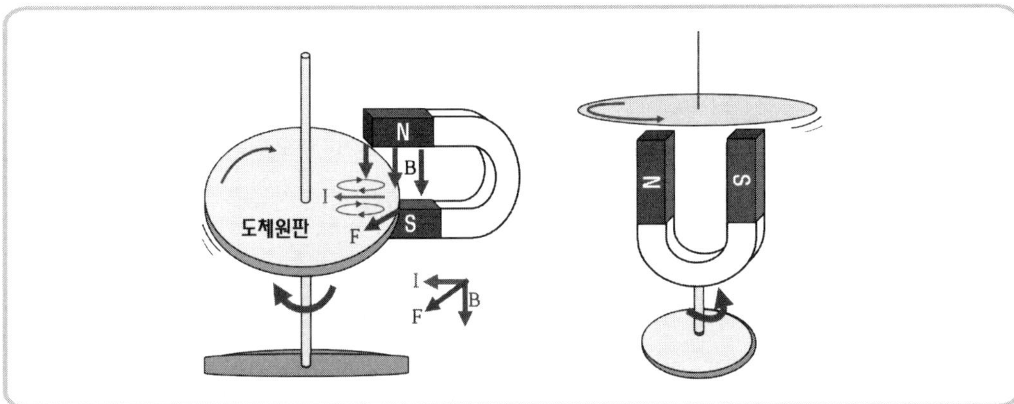

▲ **그림 1-10.** 아라고의 원판

도체(導體)로 되어있는 원판의 테두리 사이를 띄어서 영구자석을 대고 자석을 빠르게 이동하면 그에 따라 원판도 회전한다. 이 현상은 자석이 이동하면 원판이 자속(磁束)을 자르게 되므로 전자유도(電磁誘導)의 법칙에 따라 유도기전력이 생겨, 원판에는 그림과 같은 소용돌이 모양의 유도전류(와전류)가 생긴다. 자계 안의 전류는 플레밍의 왼손 법칙에 정해진 방향의 자기력을 받기 때문에 금속 원판이 회전하는 것이다.

회전력에는 원판의 회전 방향(원주 방향)과 직각으로 흐르는 전류만이 효과가 있다. 원판을 원통이나 기타 회전자로 변형시키고 마찬가지로 자석의 이동에 따라 돌아간다.[11]

유도 모터의 회전자는 고정자 필드보다 느린 속도로 회전하기 때문에 비동기(Asynchronous) 모터라고도 한다.

② 동기(Synchronous)모터

동기모터의 특징은 부하에 상관 없이 일정한 속도로 회전하도록 하는 교류 모터이다. 유도 모터와는 달리 동기모터의 내부에 있는 회전계자(界磁)[12]에 외부에서 직류 전류를 인가하여 자성(磁性)을 가지도록 스스로 자계(磁界)를 만든다는 큰 차이점이 있다.

10) 프랑수아 아라고(François Arago, 1786 ~1853), 프랑스의 과학자

11) 위키백과(https://ko.wikipedia.org/wiki)

12) 강한 자기장을 이끌어내는 전자석. 철심에 코일이 감겨 있으며, 발전기나 모터 등에 쓴다.

이렇게 회전자에 박혀있는 영구자석이나 전자석을 직접 밀고 당겨서 토크를 내는 원리이므로 유도 모터처럼 교류전원을 먼저 투입해서 회전자를 자화시킬 필요가 없으며, 회전자의 절대위치와 회전수에 맞춰서 교류전원이 투입되어야 제대로 성능을 낼 수 있다.

3상 교류 동기모터의 예를 들어 동작 원리를 알아보자. 3상 교류(Three Phase Alternating Current, 三相交流)는 주파수가 같고 서로 위상이 120°씩 차이를 가지며 진폭이 같은 3개의 정현파 교류가 동시에 흐르고 있는 구조이다.

고정자 슬롯에 코일을 감아 전자석으로 만들고 이곳에 3상 교류 전류(ia, ib, ic)를 공급하면 일정한 크기의 회전 자기장이 생기게 된다.

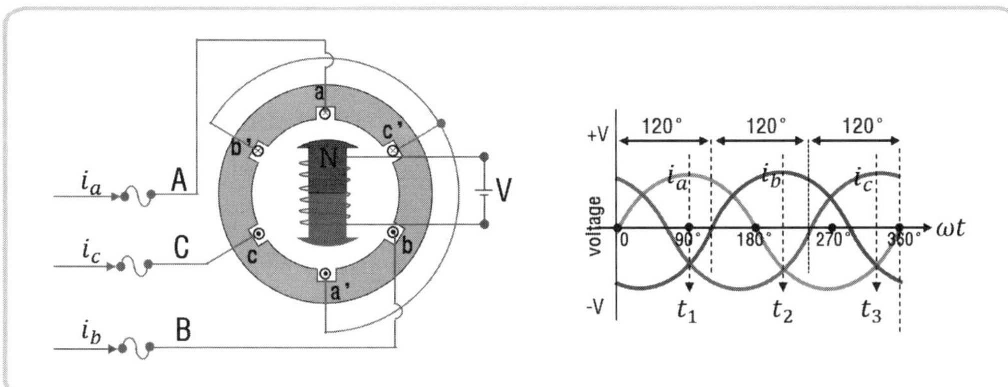

▲ **그림 1-11.** 교류 3상 전원

다음 그림은 3상 교류 전류(i_a, i_b, i_c)를 넣었을 때의 권선이 여자 되어 특정 순간 (t_1, t_2, t_3)에 전기자 권선의 전류 방향에 따른 자극의 위치를 나타낸 것이다.

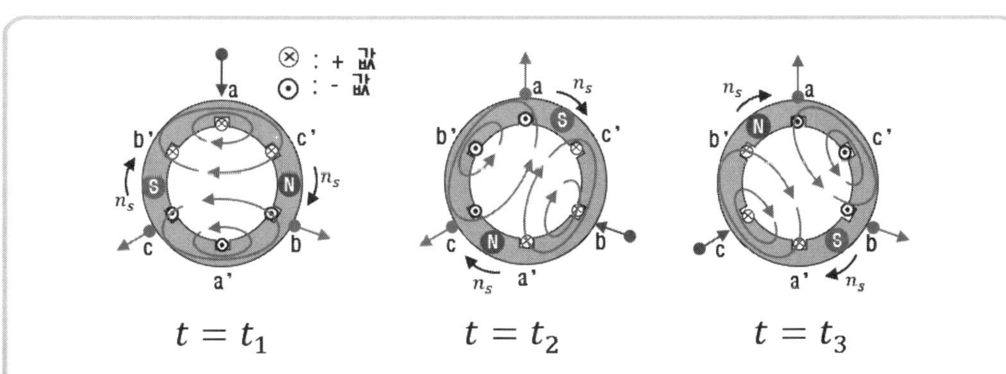

▲ **그림 1-12.** 3상 동기모터의 회전 자기장

t가 t_1인 순간에는 a만 양(+,ⓧ)이고 b, c는 음(-, ⊙)이 됨을 알 수 있다. 권선의 방향을 고정자에 표기하면 고정자에 생성된 자극을 알 수 있고 t_2, t_3일 때도 살펴보면 마치 자속이 회전하는 것과 같은 효과가 나타난다. 바로 이러한 것을 회전 자기장 또는 회전 자계(Rotating Magnetic Field 한다. 이렇게 발생한 회전 자기장은 마치 자석을 회전시키는 것과 같은 효과가 나타나게 된다. 그리고 회전자인 계자의 다른 극을 끌어당겨 회전 자기장을 계속 돌리게 된다.

이때 회전자인 계자는 고정자의 회전 자기장과 동일한 속도로 회전하게 되는데 이를 동기 속도라고 한다. 즉 동기 속도는 모터 회전수라고도 하는데 모터 회전수 N_s[rpm]은 모터에 가해지는 교류 주파수(f[Hz])와 모터의 계자 극수(p)에 의해 다음과 같이 나타낼 수 있다.

$$N_s = \frac{120f}{P} \ [rpm] \tag{1-9}$$

여기서 f는 교류 주파수[Hz], p는 극의 수이다.

코일에 감긴 자성체가 코일에 전기가 흐를 때 전자석이 되면서 N극, S극을 형성하는데 이를 극(Pole)이라고 하고 모터 내부에 자성체가 몇 개이냐에 따라 극 수가 달라진다. 자성체가 많을수록 반발력도 높아져 더 힘이 좋은 모터가 되는데 대신 극 수가 많아지면 모터 내부 구조가 복잡해지고 코일을 감는 것도 복잡해져 만들기가 힘들다. 전자석의 극은 S극, N극이 동시에 존재해야 하므로 극 수는 2의 배수로 높아진다.

예를 들어 모터의 극 수는 4극이고 60Hz를 사용하는 경우 모터의 회전수는 얼마인지 알아보자. 식을 적용하면 N_s=120×60[Hz]/4=1300[rpm] 즉, 회전속도는 1분에 1,300회전을 하는 모터이다.

일반적으로 회전자는 직류 정류에 의한 자성체를 띤 자극을 가지고 있으며, 회전수가 전원의 주파수에 일치하여 전압이나 부하(負荷)와는 관계없이 일정한 빠르기로 회전하는 교류 모터이다.

③ **유도 모터와 동기모터의 차이점**

유도 모터와 동기모터는 둘 다 전기력을 이용하여 회전력을 만들어 내는 모터로, 기본적인 원리는 비슷하다. 하지만 동작 원리와 특성에는 몇 가지 차이점이 있다. 즉, 자기장을 유도하기 위해 전류를 공급하는 방식의 차이가 있다.

유도 모터는 고정자에 전류를 공급하여 생성된 자계가 회전자(영구자석)의 상호반발로 회전하는 방식이고, 동기모터는 외부에서 회전자(코일)에 전류를 인가하여 자계가 발생하면 고정자(영구자석)와의 상호반발로 회전하는 방식이다. 즉, 동기모터는 회전자에 전류를 공급하면 전자석이 되어 자석으로 구성된 고정자와 흡인 또는 반발을 통해 회전한다.

유도 모터는 회전자 내부에 회전자 자계를 생성하기 위해 회전자 주위에 외부 자기장을 인가한다. 이 자기장이 회전자 내부의 전류를 유도하여 회전자가 회전하게 된다.

유도 모터는 구조가 간단하고 유지보수가 쉽지만, 속도제어가 어렵고 저속에서만 사용할 수 있다. 또한, 유도 모터는 적재율이 높지 않으며, 속도가 일정하게 유지되지 않는 단점이 있다.

동기모터는 외부에서 회전자에 자계를 가하거나 전류를 인가하여 회전자를 회전시킨다. 이때, 회전자와 자기장의 동기화를 유지하도록 해주어야 한다. 동기모터는 속도제어가 용이하고 고속에서도 안정적인 운전이 가능합니다. 또한, 적재율이 높아 대용량의 전기기기에 많이 사용된다.

따라서, 대형 기계류에는 보통 동기모터를 사용하고, 소형 기계류에는 유도 모터를 사용하는 경우가 많다.

1-6. 자기장에서 전류가 받는 힘 실습

자석 사이에 도선을 두고 도선에 전류를 흐르게 하였을 때 도선이 움직이는 방향을 알아보기 위한 실습

1) 실습부품

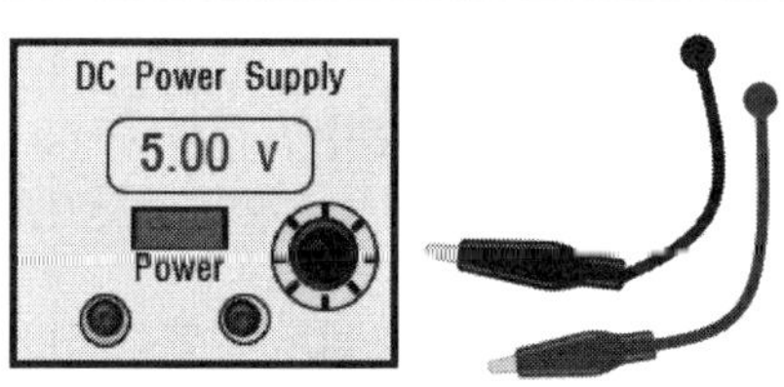

전원 공급기 / 악어클립(적,흑)

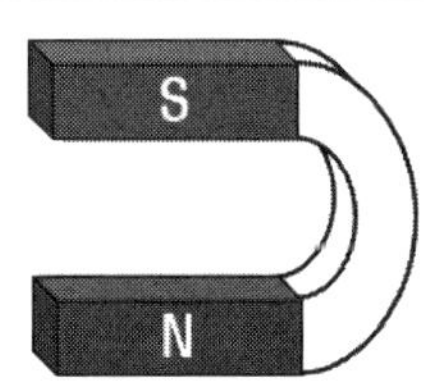

강력자석(네오디뮴 추천)

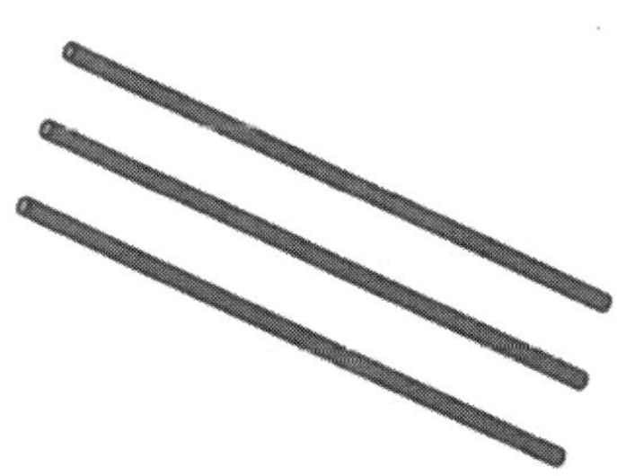

구리 막대(굵은 도선,4mm×10cm) 3개

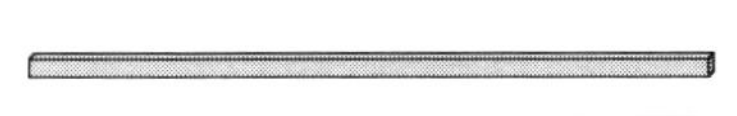

절연체(나무토막) / 나무젓가락 2개

2) 회로 및 배선도

그림과 같이 절연체(나무토막 등) 양쪽에 도선을 올려놓고 사이에 다른 도선을 올려놓고 자기장에 의한 전류의 힘을 이해하는 실습은 다음과 같다.

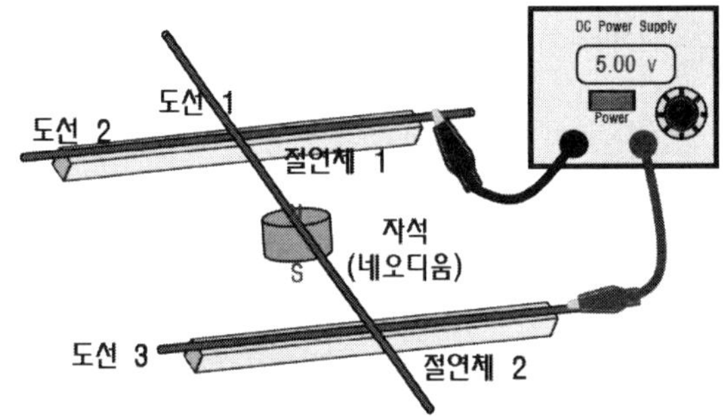

▲ 그림 1-13. 자기장에서 받는 전류의 힘 실습

① 도선은 휘거나 구부러지지 않은 것을 3개 준비하여 2개를 절연체 위에 도선을 올려놓는다.

② 절연체 위에 설치된 2개의 도선 중간에 자석(네오디뮴)을 넣는다. 위가 N극이 되도록 설치한다.

③ 도선 1과 도선 2 사이에 도선 3을 추가하여 자석 위에 설치한다. 플레밍의 왼손 법칙을 활용하여 전류, 자기장, 힘의 방향을 찾는다.

④ 전원 공급기의 전압 조정 단자를 돌려 5[V]로 설정하고 전원 스위치를 끈(Off) 상태에서 악어클립을 이용하여 음(-) 단자에 도선 1을 연결하고 양(+) 단자에 도선 2를 연결한다.

⑤ 전원 스위치(Power)를 올린다.

⑥ 도선 3이 움직이는지 확인한다. 도선이 움직이면 안전을 위해 바로 스위치를 끈다(Off).

⑦ 자석의 S극이 아래로 가도록 자석을 반대로 설치하고 위에 도선 1을 설치한다.

⑧ 전원 스위치(Power)를 올린다. 도선이 아까와는 달리 반대 방향으로 움직이는지 확인한다.

⑨ 실습이 끝났으면 바로 전원을 끈다. 만약 계속 켜두면 과전류가 흘러 전원 공급기가 고장이 날 수 있다.

3) 실습 결과 및 확인

① 플레밍의 왼손 법칙을 활용하여 전류, 자기장, 힘의 방향을 찾는다.

② 도선이 힘의 방향으로 이동하는지 확인한다.

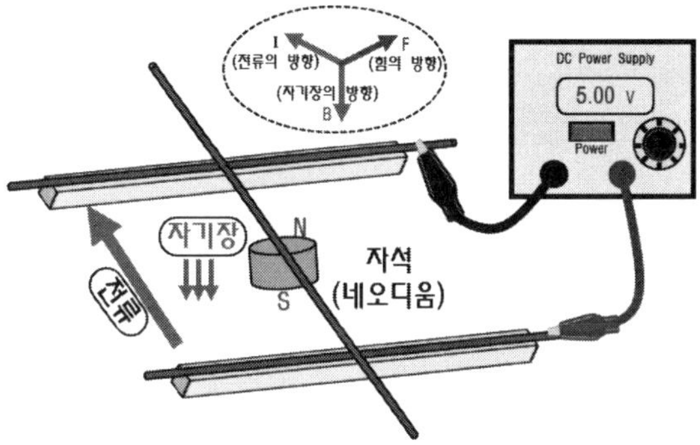

▲ **그림 1-14.** 전류, 자기장, 힘의 방향

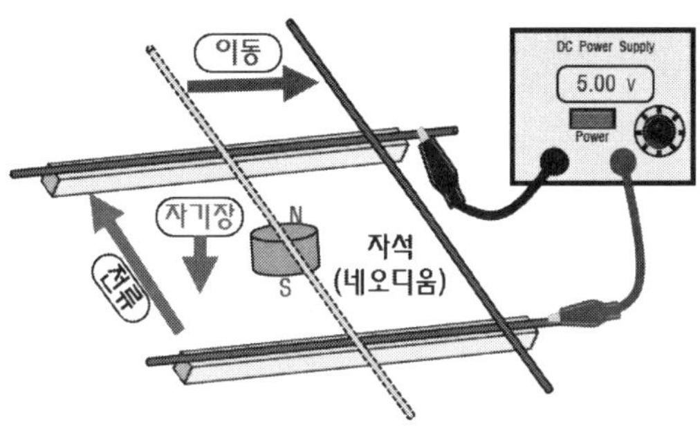

[그림 1-15.]

▲ **그림 1-15.** 도선이 힘의 방향으로 이동

③ 도선이 이동하지 않는다면 도선과 자석의 사이가 너무 멀면 동작하지 않을 수 있으니 자석 바로 위에 위치하고 실습을 반복한다.

④ 자석의 방향을 바꾸었을 때 도선의 이동 방향도 바뀌는지 확인한다.

【연습문제】

01 앙페르의 오른나사 법칙에 관해서 간단하게 설명하시오.

02 플레밍의 왼손 법칙에 관해서 간단하게 설명하시오.

03 DC모터의 구성요소 중 정류자(Commutator)에 관해서 설명하시오.

04 교류 모터에는 정류자가 필요 없는 이유를 설명하시오?

05 교류 동기모터에서 극 수는 2극이고 60Hz를 사용하는 경우 모터의 분당 회전수는 얼마인가?

CHAPTER 2

아두이노 IDE

아두이노 통합개발환경(IDE)에 대한 기본 개념 및 다운로드 방법을 이해하고 코딩 시 자주 사용하는 연산자(산술연산, 관계연산, 증감 연산, 논리연산 등) 및 주요 명령어들의 문장 구조 및 기능을 학습한다.

2-1. 아두이노 IDE 2.0

1) 아두이노 IDE 기능 및 버전

아두이노 통합개발환경(Arduino IDE(Integrated Development Environment))은 프로세싱(Processing. 현재 Ver 4.3) 오픈소스를 기반으로 개발된 편집기, 컴파일러, 업로더 등이 합쳐진 소프트웨어 환경이다. 아두이노 소프트웨어라고도 한다.[13)]

개발에 필요한 각종 옵션 및 라이브러리 관리를 할 수 있으며 아두이노 프로그램 실행 시, 컴퓨터와 시리얼 통신을 할 수 있는 가상의 시리얼 모니터(플로터)를 제공한다.

보통 USB를 통해 업로드하므로 아두이노 보드는 USB를 UART 통신으로 바꾸는 방법이 제공되고, MCU가 실행할 때는 이 UART 통신을 이용하여 필요한 통신을 할 수 있다. 또한, 아두이노 IDE로 작성된 프로그램을 '스케치(Sketch)'라고 부른다.

현재는 1.8.9버전에서 2.x.x버전으로 업그레이드되어 무료로 제공되고 있다.

▲ 그림 2-1. IDE 버전 1.89

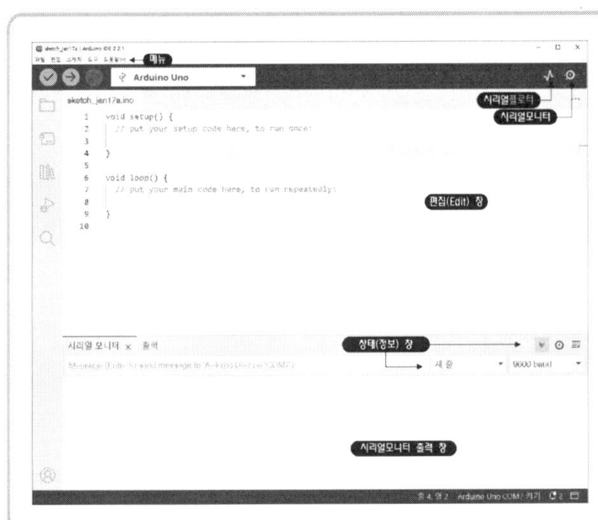

▲ 그림 2-2. IDE 버전 2.2.1]

2) 다운로드

아두이노 홈페이지(https://www.arduino.cc)를 방문하여 상단의 메뉴에서 [SOFTWARE] 메뉴를

13) 위키백과

선택한다.

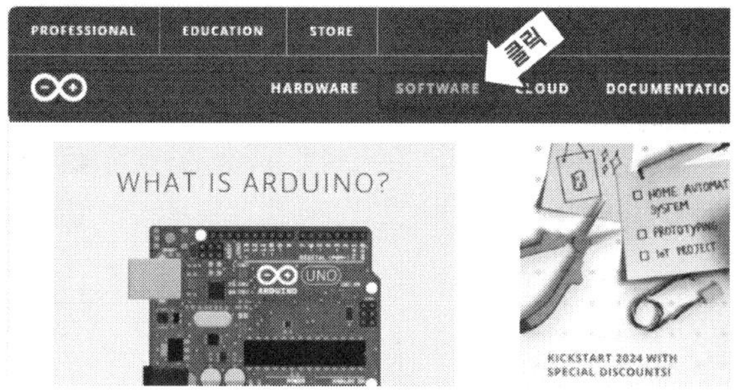

▲ **그림 2-3.** SOFTWARE 메뉴 선택

다운로드(Downloads) 화면이 나타나면 윈도우 버전인 [**Windows Win 10 and newer, 64 bits**]를 선택한다.

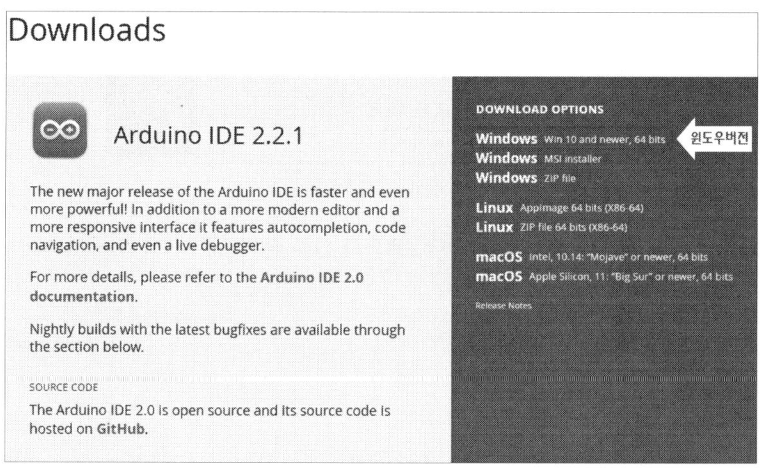

▲ **그림 2-4.** 윈도우 상위버전 선택

이동한 다운로드 방법을 묻는 화면에서 무료 다운로드 방법인 [**JUST DOWNLOAD**]를 선택한다. "CONTRIBUTE AND DOWNLOAD"는 3$이상 헌금을 하고 다운로드를 하는 경우의 선택 방법이다.

그리고 구독을 원하는 경우 "SUBSCRIBE & DOWNLOAD"를 선택하고, 원하지 않을 경우 [**JUST DOWNLOAD**]를 선택하면 된다.

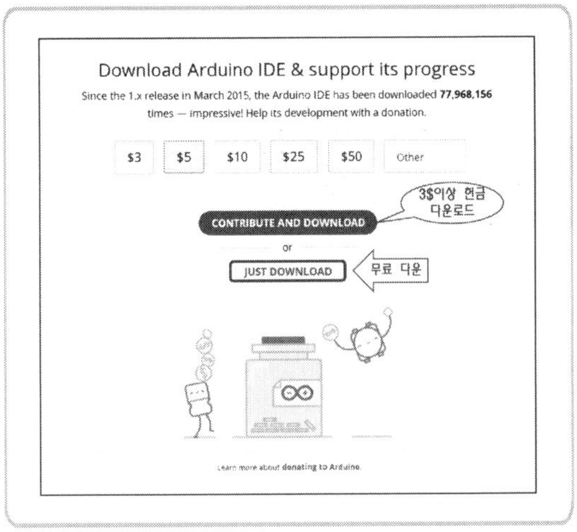

▲ **그림 2-5.** 무료 다운로드

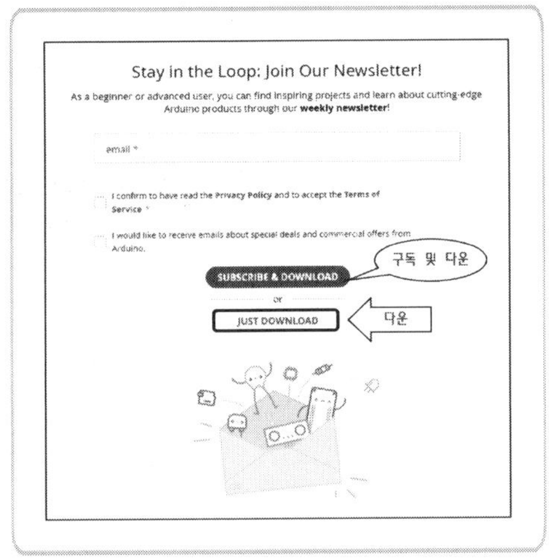

▲ **그림 2-6.** 기부 후 다운로드

파일의 다운로드가 시작되는데 다운로드가 완료되면 파일을 실행시켜 지시 사항에 따라 설치하면 된다. 설치가 완료되면 바탕화면에 바로가기 단축키가 나타난다.

▲ **그림 2-7.** 다운로드와 설치 후 아이콘

2-2. 아두이노 연산자

연산자는 아두이노에서 수를 비교하거나 계산할 때 사용하는 것으로 연산자는 산술연산자, 관계 연산자, 증감 연산자, 논리 연산자 등으로 구분할 수 있다.

각 연산자의 특징 및 종류를 살펴보자

1) 산술연산자

산술 연산자(算術演算子, Arithmetic Operator)는 연산의 기본인 더하기(+), 빼기(-), 곱하기(*), 나누기(/)를 담당하는 연산자이다.

표 2-1. 산술 연산자

연산자	사용 예	설명
+	a + b	a에 b를 더한다.
-	a - b	a에서 b를 뺀다.
*	a * b	a와 b를 곱한다.
/	a / b	a를 b로 나눈다.
%	a%b	a를 b로 나눈 나머지

2) 관계 연산자

관계 연산자(關係演算子, Relational Operator)는 크다(>), 작다(<), 같다(==), 같지 않다(!=)와 같이 크기 비교를 담당하는 연산자이다.

표 2-2. 관계 연산자

연산자	사용 예	설명
<	a < b	a가 b보다 작다.
>	a > b	a가 b보다 크다.
<=	a <= b	a가 b보다 작거나 같다.
>=	a >= b	a가 b보다 크거나 같다.
==	a == b	a와 b는 서로 같다.
!=	a != b	a는 b와 같지 않다.

3) 증감 연산자

증감 연산자(增感演算子, Increment and Decrement operator)는 증가(++) 또는 감소(--)를 담당하는 연산자이다. “++”연산자와 ‘+’연산자는 차이가 있는데 ‘+’연산자는 더하기 연산을 하고 “++”연산자는 1을 증가시켜 더한다. 즉, i++는 i=i+1과 같이 i에 1을 더하는 연산자이다.

마찬가지로 “--”연산자는 i에 1을 빼는 연산자이다. 즉, i--는 i=i-1이다. 여기서 '++'와'--'는 비교 연산자가 아닌 증감 연산자이다.

표 2-3. 증감 연산자

연산자	사용 예	설명
++	a++ 또는 ++a	a에 1을 더한다.
--	a-- 또는 --a	a에 1을 뺀다.
a++와 ++a	a++와 ++a의 연산순서는 다르다. "a++"는 문장을 수행 후 a의 값을 1 증가시키지만 "++a"는 먼저 a의 값을 1 증가시켜 연산한다. 예를 들어 a=5, j=0이라고 했을 때 ■ j=a++의 계산 결과는 j=5, a=6 ■ j=++a의 계산 결과는 j=6, a=6 결국 a의 값이 1 증가하지만, 연산순서에 따라 결과는 다를 수 있다.	

4) 논리 연산자

논리 연산자(論理演算子, Logical Operator)는 연산의 결과를 참(True)이나 거짓(False)으로 판단하는 연산자이다. 논리곱(&&)은 둘의 값이 모두 '참' 일 때 '참'의 결과를 나타낸다.

논리합 연산자(||)는 둘 중 하나라도 '참'이면 때 '참'의 결과를 나타낸다.

!은 부정(Not)을 나타내는 연산자로서 참(T)이면 거짓(F)를, 거짓이면 참(T)의 결과를 나타낸다.

표 2-4. 논리 연산자

연산자	의미	사용 예	설명
&&	논리곱 (and)	K=(a==5 && b==10)	a가 5이고 b가 10일 때만 K는 참(1). 이외는 모두 K는 거짓(0). a, b 모두 조건을 만족할 때만 결과는 참(1)
||	논리합 (or)	S=(a==5 || b==10)	a가 5이거나 또는 b가 10일 때는 K는 참(1). 둘 중 하나만 조건을 만족하면 결과는 참(1)
!	부정 (not)	a * b	a와 b를 곱한다.

2-3. 아두이노 명령어

아두이노에서 자주 사용하는 주요 명령어에는 if 문, else 문, switch case 문, for 문 등이 있다. 아두이노에서 조건 판단 및 제어에 필요한 명령들을 살펴보자

1) if~else 문

if~else 문은 지정한 조건에 따라 상황에 맞는 동작을 수행할 수 있도록 도와주는 명령이다.

if() 문은 조건을 만족할 때 중괄호 블록({~}) 내용 속의 문장을 실행하고 만족하지 않을 때는 else 중괄호 블록({~}) 내용 속의 문장을 실행한다.

주용 형식은 다음과 같다.

표 2-5. if else 문

```
if (조건문 1) {
    실행 코드 ;          // 조건문 1이 참(True)일 때 실행
} else if(조건문 2) {
    실행 코드 ;          // 조건문 2가 참(True)일 때 실행
} else {
    실행 코드 ;          // 조건문 1과 조건문 2가 거짓(False)일 때 실행
}
    실행 코드 ;          // 조건문 1이 참(True)일 때 실행
```

2) if~else 문 실습

if~else 문장을 이용하여 키보드로 숫자 '1'을 입력하면 아두이노 보드의 내장 LED(13번과 연결)가 켜지고, 숫자 '2'를 누르면 꺼지며 다른 키(1, 2 제외 숫자 문자 등)를 누르면 LED가 깜박이도록 동작하는 예제이다.

코딩을 완성한 후 아두이노 보드를 컴퓨터에 연결한다.

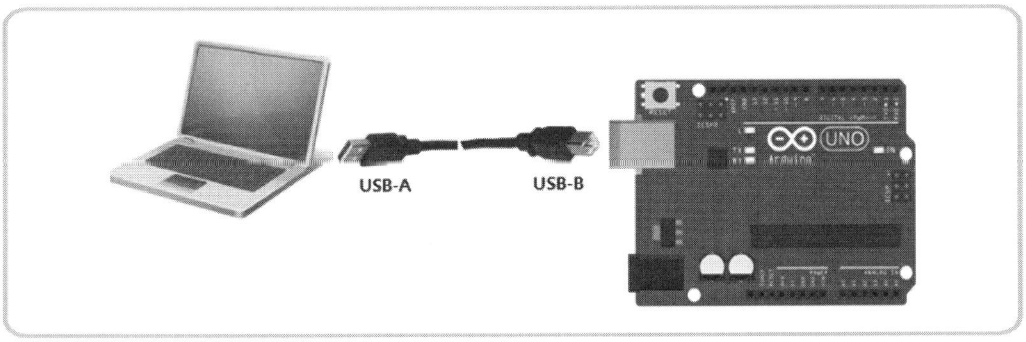

▲ **그림 2-8.** USB를 이용한 아두이노 연결

【소스】

```
int LED = 13;     //아두이노 내장 LED
char input;
void setup() {
  pinMode(LED, OUTPUT);
  Serial.begin(9600);
}
void loop() {
if(Serial.available())  {
  input = Serial.read();
 }
if (input == '1') {
    digitalWrite(LED, HIGH);
    delay(1000);
  }
else if (input == '2') {
    digitalWrite(LED, LOW);
     delay(1000);
     }
    else {
      digitalWrite(LED, HIGH);
      delay(1000);
      digitalWrite(LED, LOW);
      delay(1000);
     }
Serial.println(input);
}
```

[코딩 설명]

```
int LED = 13;
```
아두이노 보드에 내장된 LED. 13번과 연결. LED_BUILTIN을 이용해도 됨.

```
pinMode(LED_BUILTIN, OUTPUT);
digitalWrite(LED_BUILTIN, HIGH);
```

```
char input;
```
키보드로 입력된 시리얼 데이터를 저장하기 위한 문자형(char) 변수.
문자 1개씩만 인식. abc를 입력해도 a,b,c 한 개씩 문자로 인식.

```
pinMode(LED, OUTPUT);
```
LED(13번 포트)를 출력모드로 지정

```
Serial.begin(9600);
```
시리얼 통신 시작(속도는 9600 [Baud]

```
if(Serial.available())  {
  input = Serial.read();
 }
```
키보드를 입력하면 시리얼 통신 전송선로에 데이터를 확인(available()) 후 데이터를 읽어(read()) 변수(input)에 저장한다.

```
if (input == '1') {
   digitalWrite(LED, HIGH);
   delay(1000);
  }
```
변수(input)이 '1'이면 LED를 ON(HIGH) 시킨다.

```
else if (input == '2') {        // input이 2이면
   digitalWrite(LED, LOW);   // LED를 OFF 시킴
   delay(1000);
  }
```
또는 변수(input)이 '2'이면 LED를 Off(LOW) 시킨디.

```
 else {
   digitalWrite(LED, HIGH);
   delay(1000);
   digitalWrite(LED, LOW);   // LED를 OFF 시킴
   delay(1000);
  }
```
그밖에는 LED를 1초에 한 번씩 깜박인다(ON/OFF).

```
Serial.println(input);
```
변수(input)을 시리얼 모니터에 출력한다. 확인용.

3) 실습 결과 및 확인

① 시리얼 모니터를 실행시켜 키보드에서 '1'을 입력시켜 아두이노 보드의 내장 LED에 계속 불이 들어오는지 확인한다.

② 키보드에서 '2'를 입력시켜 아두이노 보드의 내장 LED에 불이 계속 꺼져있는지 확인한다.

③ 숫자 3(또는 1, 2를 제외한 모든 키)를 입력시켜 아두이노 보드의 내장 LED가 1초에 한 번씩 깜박이는지 확인한다.

④ 키보드의 입력이 1, 2가 아니면 else 조건에 의해서 LED가 계속 깜박인다.

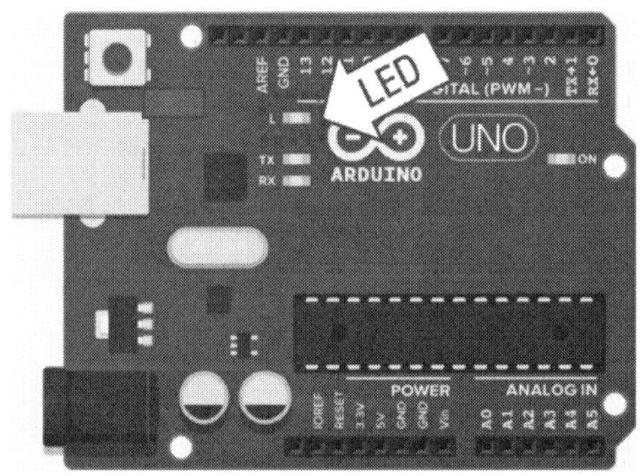

▲ **그림 2-9.** 아두이노 보드 내장 LED 제어

표 2-6. Serial available, read 명령

명령어	설명
Serial.**available()**	시리얼 통신으로 데이터 수신 유무를 확인할 때 많이 사용한다. 시리얼 포트로 데이터가 수신되면 버퍼에 저장되는데 available()명령은 버퍼(누적 수신)의 크기를 바이트(byte) 단위로 반환한다. 수신 데이터가 없는 경우 0을 반환하고 0보다 크다면 데이터가 수신되었다는 것을 의미한다. 버퍼의 크기는 최대 64바이트이며 수신된 데이터를 읽어내지 않는 한 데이터의 크기는 63까지 점점 증가하게 되어 이후 수신된 데이터는 소실된다.
Serial.**read()**;	시리얼 포트로 수신된 데이터를 읽어 들인다.

4) switch case 문

if 문은 조건식에 의해서 참과 거짓으로 판정하고 둘 중 하나를 선택하는 제어문이라면 switch case 문은 둘 이상의 조건이 있는 경우(case)에 하나를 선택하는 제어문이다. 즉, 여러 개의 조건 중에서 하나를 선택하는 제어문이다.

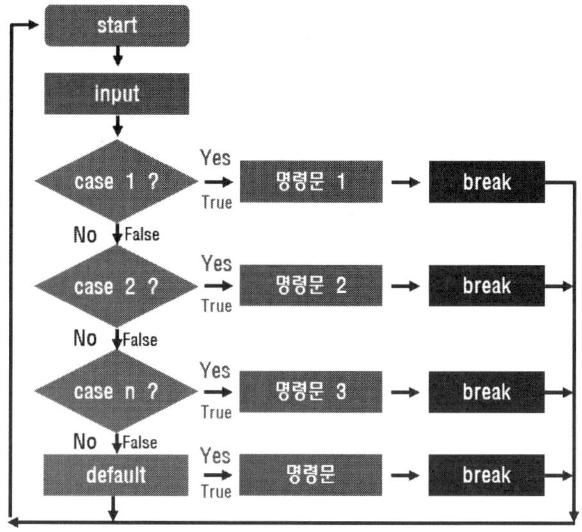

▲ **그림 2-10.** switch case 문 구조

switch 문은 어떤 값이 입력되면 각 경우(case)의 값들 중 일치하는 case의 명령문을 수행한다. 만약 입력값이 case 1과 일치하면 참(True)가 되어 명령문 1을 수행하지만 일치하지 않으면 다음의 case 2와 비교하여 일치하면 명령문 2를 수행하고, 일치하지 않으면 다음의 case 문을 비교하게 된다.

문장을 표현하는 주요 형식은 다음과 같다.

```
switch (var) {
  case label 1 :
        수행 문장 1 ;
    break;

  case label 2 :
      수행 문장 2 ;
    break;

  default :
      수행 문장 3
    break;
}
```

▲ **그림 2-11.** switch case 문 형식

만약 모든 경우(case) 값들이 일치하지 않으면 default와 관련된 명령문이 수행된다. 즉, 여러 개의 case 중에서 조건이 일치하면 해당 case 라인의 명령을 수행하고 일치하는 case가 없다면 default의 명령문을 수행한다.

여기서 명령문을 수행하고 뒤에 break 명령으로 switch 문을 빠져나오는데 이것은 더 이상 진행하지 말고 해당 stich 문을 빠져나오라는 명령이다.

만약 break 명령문이 없다면 수행명령은 일치하는 라인을 기준으로 순차적으로 다음의 라인에 있는 조건에 맞지 않는 명령문을 수행하기 때문에 해당 조건의 명령문만 수행하려면 반드시 명령을 수행한 뒤에 break 명령을 이용하여 더 이상 진행하지 않고 해당 switch 문에서 강제로 빠져나오도록 해야 한다.

5) switch case 문 실습

키보드에서 1 또는 2를 누르면 해당 키가 눌렀음을 알려주고 다른 키를 누르면 1 또는 2를 누르도록 안내하는 switch case 문 실습 예제이다.

【소스】

```
int input;
void setup() {
  Serial.begin(9600);
}
void loop() {
if(Serial.available()) {
  input=Serial.read();
  switch(input) {
    case '1':  Serial.println("1을 눌렀습니다");
      break;
    case ‘2’:  Serial.println("2를 눌렀습니다.");
      break;
    default :  Serial.println("1 또는 2를 눌러주세요");
  }
 delay(1000);
 }
}
```

[코딩 설명]

```
switch(input) {
  case '1' : Serial.println("1을 눌렀습니다");
    break;
    키보드에서 숫자 1을 눌렀을 경우(case) “1을 눌렀습니다" 문장 출력 후 바로
    빠져나옴(break). case 다음 :(콜론) 사용

  default : Serial.println("1 또는 2를 눌러주세요");
    키보드에서 숫자 1, 2가 아닌 다른 키를 눌렀을 경우(case) “1 또는 2를 눌러주세요" 문장 출력
```

6) 실습 결과 및 확인

① 시리얼 모니터를 실행시켜 키보드에서 ‘1’을 입력시켰을 때 “1을 눌렀습니다.” 라는 문장이 출력되는지 확인한다.

② 키보드에서 ‘2’를 입력시켜 “2를 눌렀습니다.” 라는 문장이 출력되는지 확인한다.

③ 숫자 3(또는 1.2를 제외한 모든 키)을 입력시켜 “1 또는 2를 눌러주세요.” 라는 문장이 출력되는지 확인한다.

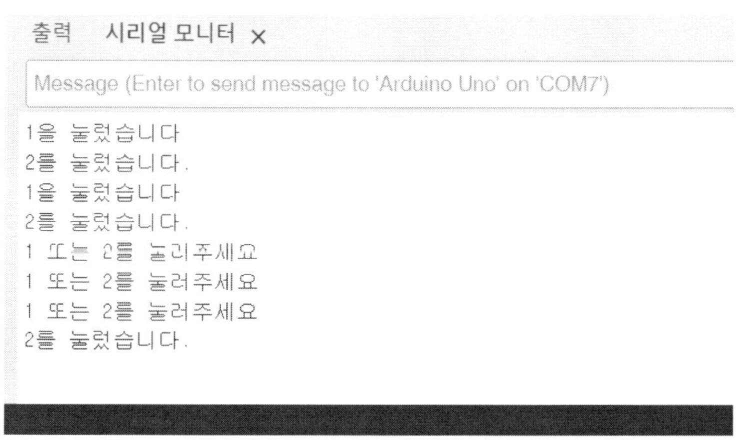

▲ **그림 2-12.** switch case 문 실습 출력 결과

7) for 문

for 문은 프로그램 문장의 반복 수행을 위한 프로그래밍 언어 문장의 일종으로 반복 횟수는 구문상에서 결정되는 변수에 의해 조절되며, 주로 정해진 횟수의 반복 수행을 하기 위한 문장 구조이다.

초기값은 for 문을 시작할 때의 값이고 조건식에는 비교 연산자(==,<,>등)를 주로 사용하며 증가치는 반복할 때마다 증가시킬 값을 지정한다.

for 문장에서 매번, 조건을 검사하는데 그것이 true이면, 문장 실행과 변수의 증가가 실행되며, 조건이 false가 되면, 반복문은 끝난다.

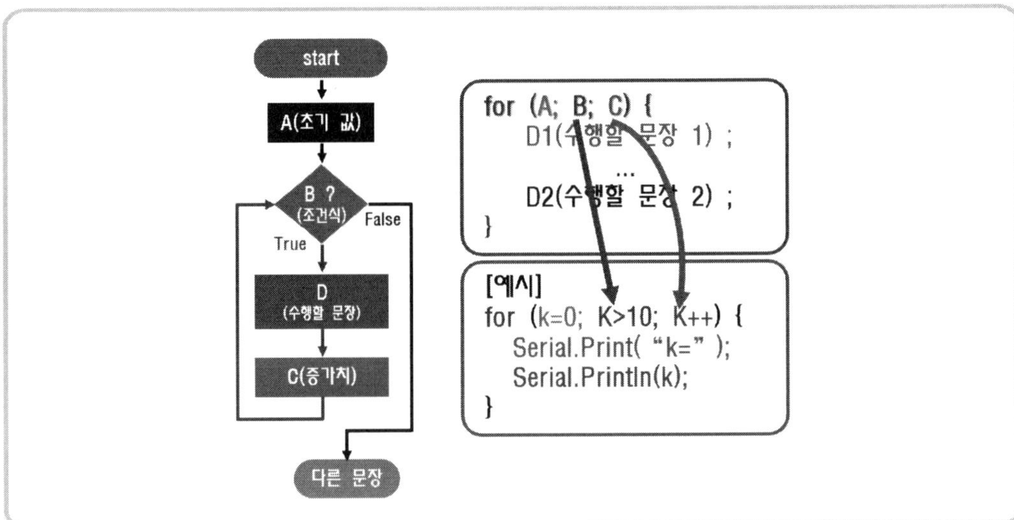

▲ **그림 2-13.** for 문 구조 및 형식

8) for 문 실습

키보드로 입력한 숫자만큼 내장 LED(13번)를 깜박이게 하는 for 문 실습 예제이다. 예를 들어 키보드에서 5를 누르면 LED가 5번 깜박이며 매번 깜박일 때마다 깜박임 횟수를 시리얼 모니터에 나타내는 실습이다.

【소스】

```
int input;
int cnt;
int LED=13;

void setup() {
  pinMode(LED, OUTPUT);
  Serial.begin(9600);
}
void loop() {
  if(Serial.available()) {
```

```
    input=Serial.parseInt();
    for(cnt=1; cnt<=input; cnt++){

    digitalWrite(LED,HIGH);
    delay(500);
    digitalWrite(LED,LOW);
    delay(500);

    Serial.print("LED 깜빡임 반복 횟수는 ");
    Serial.print(cnt);
    Serial.println("회 입니다");
    }
  }
}
```

[코딩 설명]

int input; int cnt;

키보드로 입력된 시리얼 데이터 변수(input)와 반복 횟수용 변수(cnt)

if(Serial.available()) {
  input=Serial.parseInt();

Serial.available())를 이용하여 시리얼 통신 전송선로의 데이터 유무를 확인한다. 키보드를 누르지 않으면 전송선로에 데이터가 없으므로 available()은 0(False)을 반환하여 if 문을 만족하지 못하여(false) 블록의 문장을 수행하지 않는다.

만약 키보드로 깜빡임 반복 횟수를 입력하면 available()은 바이트 단위로 데이터를 반환한다. 이때 전송되는 데이터는 문자열이므로 계산에 사용할 수 없으므로 계산이 가능하도록 입력된 parseInt()를 이용하여 정수형대로 변경한다.

for(cnt=1; cnt<=input; cnt++){
  digitalWrite(LED,HIGH);
    delay(500);
  digitalWrite(LED,LOW);
    delay(500);

반복 횟수에 사용할 변수(cnt)의 초기값은 1로 지정하고, 사용자가 입력한 깜박임 횟수(input)보다 작거나 같은 조건일 때만 반복하도록 조건식을 지정한다.

매번 반복할 때마다 cnt의 값은 1씩 증가하고 조건식은 만족하지 못하여 for 루프를 벗어난다. 정확하게 입력한 횟수만큼만 LED가 0.5초 간격으로 깜박인다.

9) 실습 결과 및 확인

① 시리얼 통신에 문제가 없도록 포트 및 속도(Baud)를 확인한다.

② 시리얼 모니터의 입력창에 깜박임 회수(예시 : 5)를 입력한다.

③ 아두이노 보드에 내장된 LED의 깜박임 횟수를 확인한다. 입력한 횟수만큼 깜박이는지 확인한다.

④ 시리얼 모니터의 출력이 정확한지 확인한다.

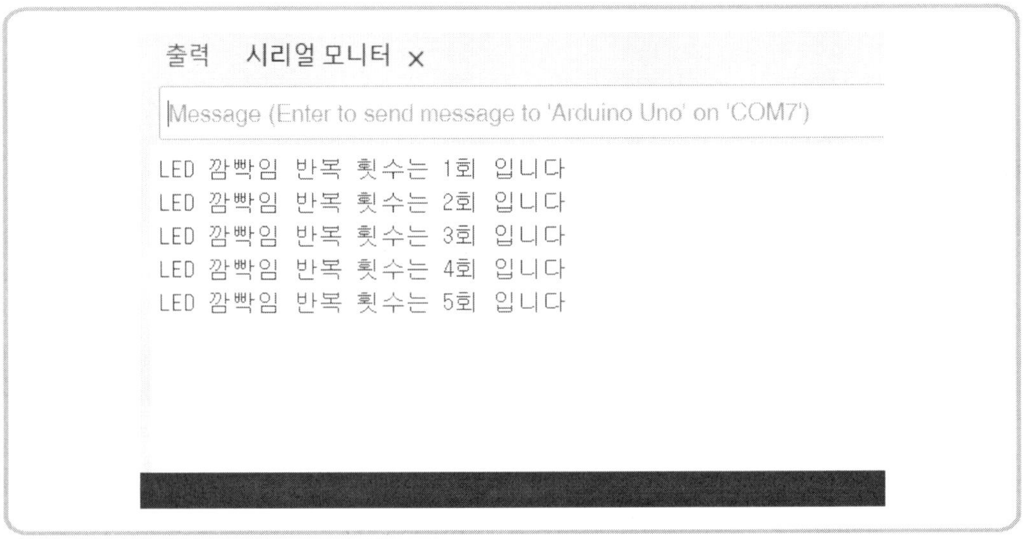

▲ **그림 2-14.** for 문 실습 출력 결과

표 2-7. parseInt 명령어

명령어	설명
Serial.parseInt();	시리얼 포트로 입력되는 데이터에서 유효한 정수 부분만을 추출하여 반환한다. Serial.setTimeout()에서 설정한 시간(기본값 1초)을 초과하면 0을 반환한다.

【연습문제】

01 A !=B의 의미를 설명하시오.

02 다음 변수 a가 10일 때 결과는 다음 코딩의 출력 결과는 무엇인가?

if(a>10) { SerialPrint("10보다 큽니다"); }

else { SerialPrint("10보다 작거나 같습니다"); }

03 switch case 문은 여러 개의 조건 중에서 하나를 선택하는 제어문이다. 함께 사용하는 break문의 기능은 무엇인지 설명하시오.

04 for() 문은 반복 명령 중의 하나이다. for(int a=1; a>10; a++)와 같이 사용할 수 있다. 여기서 증가값을 표시하는 a++와 ++a의 차이점을 설명하시오.

05 시리얼 통신을 통해 수신된 문자 데이터를 정수 형태로 변환시키는 시리얼 통신 명령어를 설명하시오.?

CHAPTER 3

DC모터 제어

DC모터를 동작시킬 때 소모되는 전류를 알아보고 트랜지스터와 모터 드라이버 IC를 이용하여 외부 전원을 사용하기 위한 회로 구성 및 모터제어 방법에 관해서 학습한다.

3-1. DC모터 선택 시 고려 사항

DC모터를 선택할 때 고려해야 할 여러 가지 요소가 있다. 모터를 선택할 때 고려해야 할 주요 요소들은 다음과 같다.

1) 회전속도 (RPM)

어떤 속도로 모터가 회전해야 하는지를 고려해야 한다. 이것은 응용 분야 및 작업 환경에 따라 달라질 수 있다.

2) 토크 (Torque)

모터가 얼마나 많은 힘을 가해야 하는지를 고려해야 한다. 작업에 필요한 적절한 토크를 선택하는 것이 중요하다.

3) 전압 및 전류 요구사항 확인

모터의 동작에 필요한 전압과 전류를 확인해야 한다. 사용 가능한 전원과 모터의 전기적 요구사항을 일치시켜야 한다.

4) 크기 및 무게 고려

모터의 크기와 무게는 설치 공간 및 응용 분야에 따라 중요한 요소일 수 있다.

5) 효율성 및 에너지 소비 고려

모터의 효율성과 에너지 소비는 장기적인 비용 및 지속 가능성을 고려할 때 중요하다.

6) 제어 방식

모터를 어떻게 제어할 것인지를 고려하세요. PWM (펄스폭변조), 아날로그 신호, 또는 디지털 통신 프로토콜을 사용할 수 있다.

7) 환경 조건 고려

모터가 사용될 환경에 대한 고려가 필요하다. 예를 들어, 고온, 저온, 습도, 진동 등의 환경 조건이 모터의 선택에 영향을 미칠 수 있다.

8) 가격 및 예산 가용성

모터의 가격과 예산 범위 내에서 적절한 모터를 선택한다. 비용은 중요한 고려 사항 중 하나이다.

이러한 요소들을 고려하여 목표하는 응용 분야에 가장 적합한 DC모터를 선택할 수 있다.

3-2. 아두이노 출력포트의 전류측정

모터를 구동하기 위해서는 아두이노의 출력포트에서 충분한 전류를 흘러야 모터를 구동할 수 있다. 아두이노의 출력 포트에 아무런 하드웨어 장치를 연결하지 않은 무부하 상태에서 아두이노 포트(D1~D13)에 흐르는 전류를 측정하는 과정을 살펴보자.

참고로 아두이노 우노(UNO)의 경우 규격에는 40mA라고 되어있다.

1) 실험 준비물

1) 실습부품

	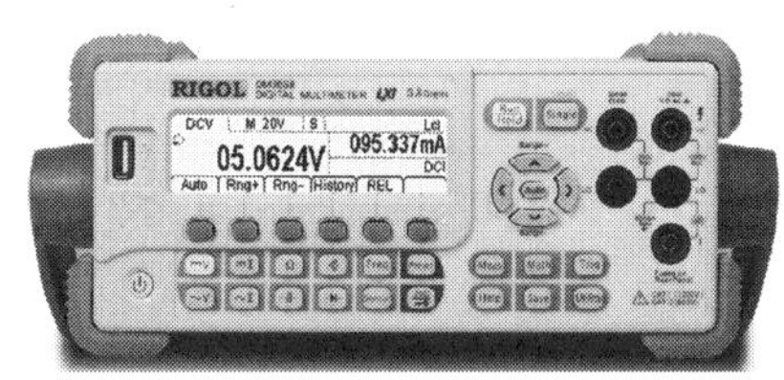
아두이노 1개	멀티미터 1대

2) 회로 및 배선

아두이노의 출력 포트의 무부하 시 출력포트에 흐르는 전류를 측정하기 위해 다음과 같이 배선한디.

① 전류측정이 가능하도록 디지털 멀티미터의 케이블 위치를 확인한다. (전압측정 아님)
② 아두이노 출력포트(그림에서는 D3 포트)에 디지털 멀티미터의 양(+, 빨간색) 플러그를 연결하고, 멀티미터 음(-, 검은색) 플러그를 접지(GND)에 연결한다.

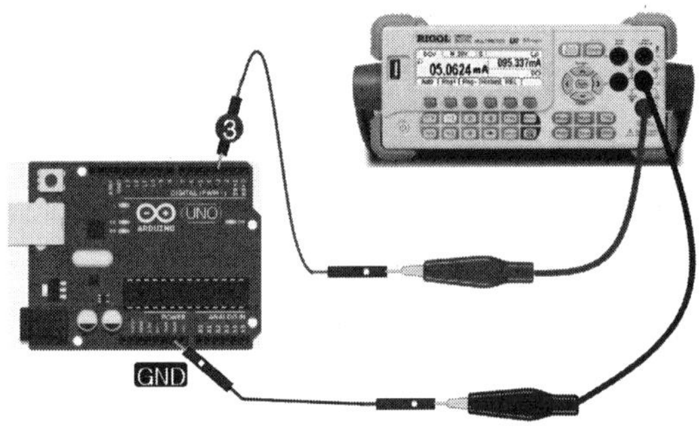

▲ **그림 3-1.** 멀티미터로 출력전류 측정

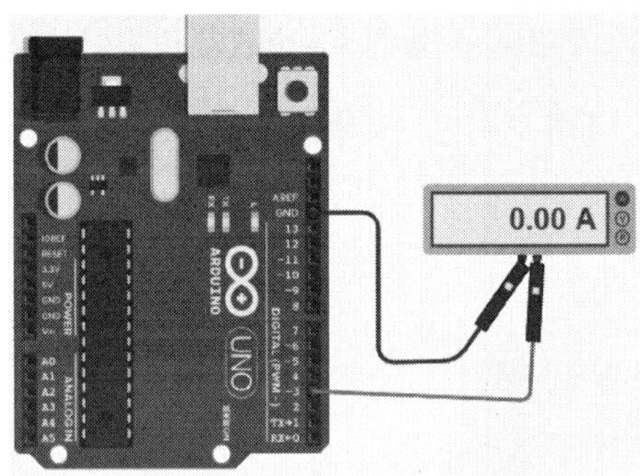

▲ **그림 3-2.** 출력전류 시뮬레이션

3) 코딩

아두이노 출력포트에 흐르는 전류는 알아보기 위해 아두이노 포트에 1초 간격으로 전류가 흐르다, 멈추기를 반복하도록 다음과 같이 코딩 내용을 입력한다.

【소스】

```
int port = 3;
void setup() {
  pinMode(port, OUTPUT);
}
void loop() {
  digitalWrite(port, HIGH);     // 포트 "HIGH" 출력
    delay(1000);                // 1,000밀리초(1초) 대기
  digitalWrite(port, LOW);      // 포트 "LOW" 출력
    delay(1000);                // 1,000밀리초(1초) 대기
}
```

[코딩 설명]

```
int port = 3;
    아두이노 3번 포트에 디지털 멀티미터 양(+, 적색) 단자 연결
pinMode(port, OUTPUT);
    아두이노 3번 포트를 출력모드로 설정.
digitalWrite(port, HIGH);
 delay(1000);
    3번 포트를 1초(1,000ms) 동안 HIGH 신호 출력
digitalWrite(port, LOW);
  delay(1000);
    3번 포트를 1초(1,000ms) 동안 LOW 신호 출력
```

4) 실습 결과 및 확인

① 멀티미터를 전류 모드에 두고 작성한 코딩 파일을 업로드 한다.

② 멀티미터를 이용하여 전류를 측정한다. 결과를 작성한다.

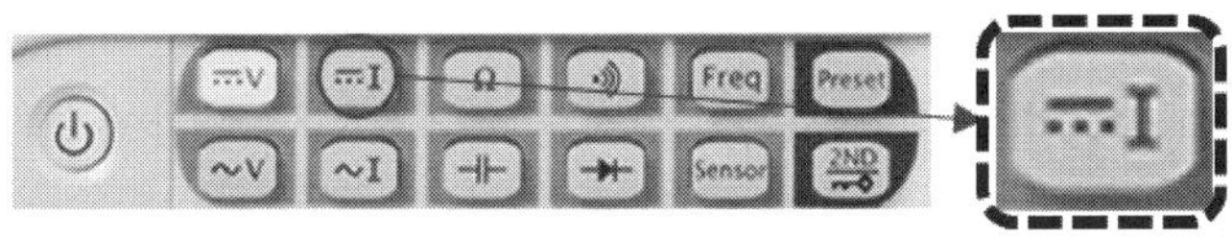

▲ **그림 3-3.** 디지털 멀티미터 전류모드

표 3-1. 아두이노 포트의 출력전류 측정

포트 출력	출력전류	비고
HIGH 출력 시	[mA]	
LOW 출력 시	[mA]	

3-3. DC모터 전류측정 실습

건전지 또는 직류 전원공급장치(DC Power Supply)를 이용하여 DC모터를 구동시킬 때 흐르는 전류를 측정하는 과정을 살펴보자.

1) 실험 준비물

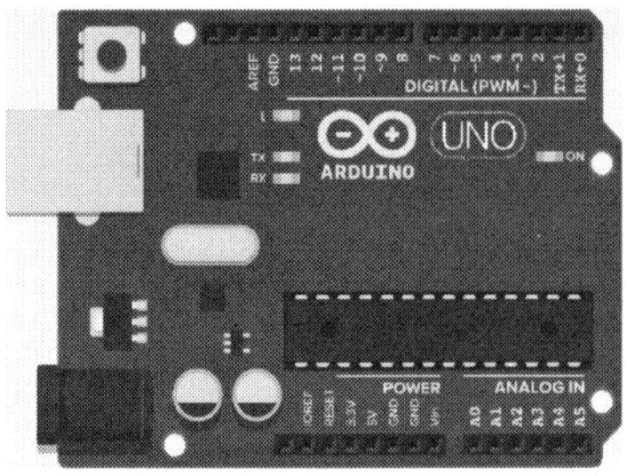	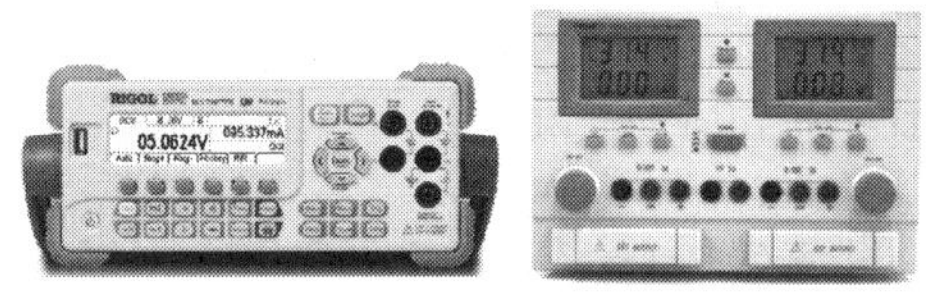
아두이노 1개	멀티미터 1대 / 전원 공급기 1대
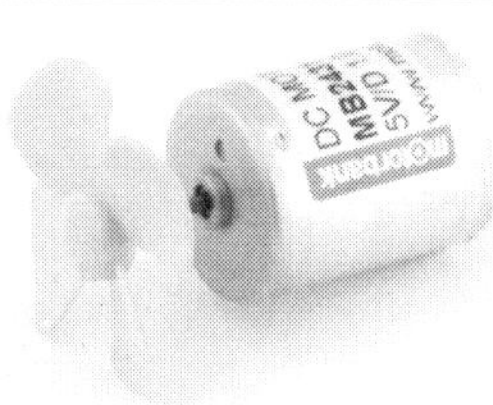	
DC모터(5V/1,050rpm/모터뱅크) 1개	택트 스위치 1개

2) 회로 및 배선

① 전원 공급기의 양(+) 전원(빨간색 플러그)를 직류 모터의 양(+) 단자에 연결한다.

② 직류 모터의 음(-) 단자를 멀티미터의 양(+) 단자와 연결한다.

③ 멀티미터의 음(-) 단자를 택트 스위치와 연결한다.

④ 택트 스위치의 다른 한쪽과 전원 공급기의 음(-) 전원(검은색 플러그)와 연결한다.

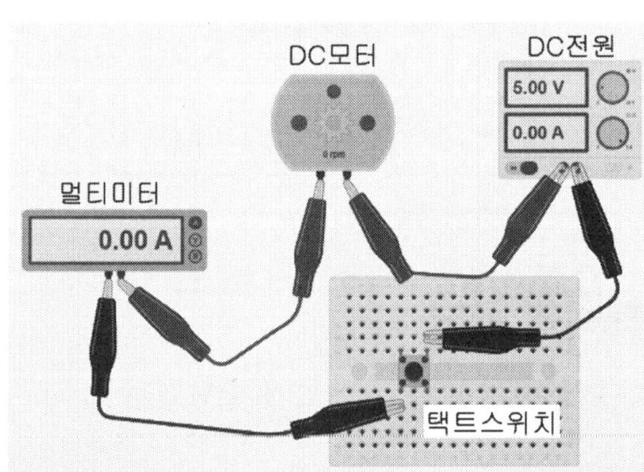

▲ **그림 3-4.** DC모터 구동 전류측정

3) 실습 결과 및 확인

① 디지털 멀티미터를 전류 모드에 둔다.

② 모터의 구동 전압에 맞도록 전원 공급기의 전원을 조정한다. 실습에서는 5V용 모터를 사용하므로 5V로 설정하였다.

③ 택트 스위치를 눌러 모터를 동작시킨다. 이때 멀티미터의 전류를 측정한다.

④ 만약 모터가 돌아가지 않거나 전류가 흐르지 않으면 택트 스위치의 배선이 대각선 방향 연결되었는지 확인한다.

⑤ 출력 결과

표 3-2. 모터 회전 시 출력전류 측정

택트 스위치	출력전류	비고
누른다(ON).	[mA]	
뗀다(Off).	[mA]	

3-4. 트랜지스터를 이용한 DC모터 전류측정 실습

전류 소모가 비교적 많은 모터의 경우 아두이노에서 공급하는 전류가 부족하여 트랜지스터(Transistor)를 이용하여 외부 전원을 사용하는 경우가 종종 있다. 편의상 외부 전원 대신 아두이노에서 공급하는 전원을 외부 전원으로 가정하고 트랜지스터를 이용하여 모터를 구동시켰을 때 흐르는 전류를 측정하는 과정을 살펴보자.

1) 실습부품

아두이노 1개

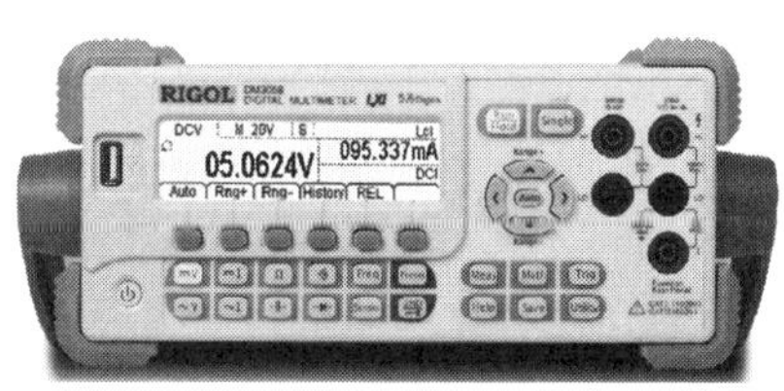

멀티미터 1대

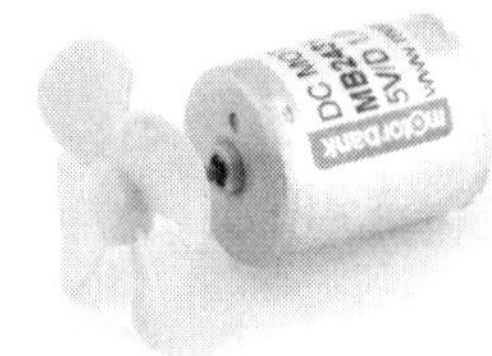	
DC모터(5V/1,050 rpm/모터뱅크) 1개	택트 스위치 1개
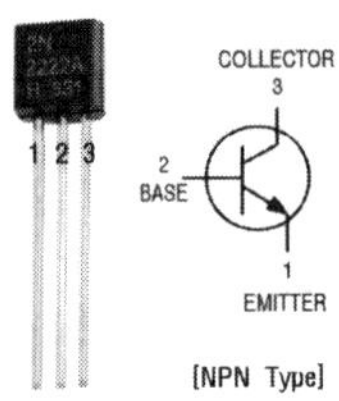	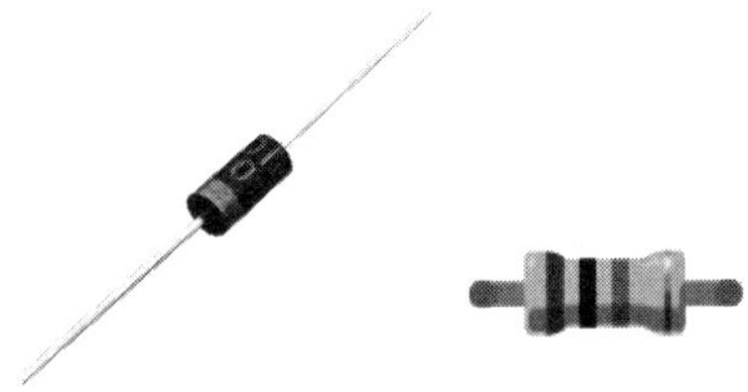
트랜지스터(NPN 2N2222A) 1개	정류 다이오드(1N4001) / 저항 10k[Ω]

2) 회로 및 배선

① 아두이노 보드의 3번 출력포트와 저항 10K[Ω]을 연결 후 트랜지스터의 베이스와 연결한다. 트랜지스터(2N2222A)는 NPN 타입으로 단자는 왼쪽부터 이미터-베이스-컬렉터(EBC)이다.

② 아두이노의 6번 포트와 택트 스위치의 한쪽을 연결한다, 택트 스위치의 반대쪽 대각선 단자를 접지(GND)와 연결한다.

③ 다이오드의 애노드(양,+) 단자를 아두이노의 +5V에 연결하고 캐소드(음,-) 단자를 트랜지스터의 컬렉터(C) 단자와 연결한다.

④ 모터의 음(-) 단자를 트랜지스터의 컬렉터 단자와 연결하고 양(+) 단자는 전원 5V에 연결한다.

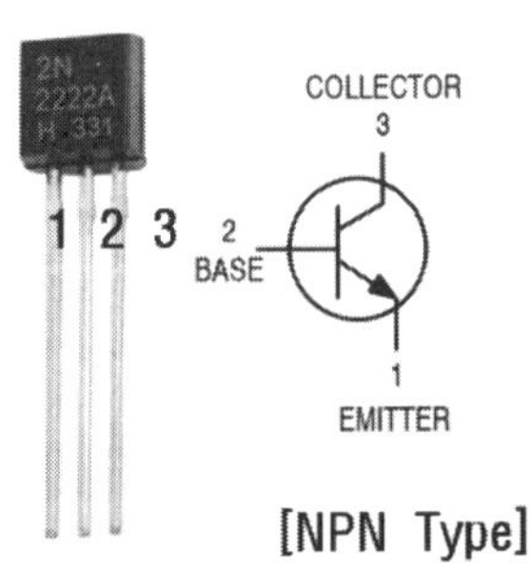

▲ 그림 3-5. Tr 핀 구조

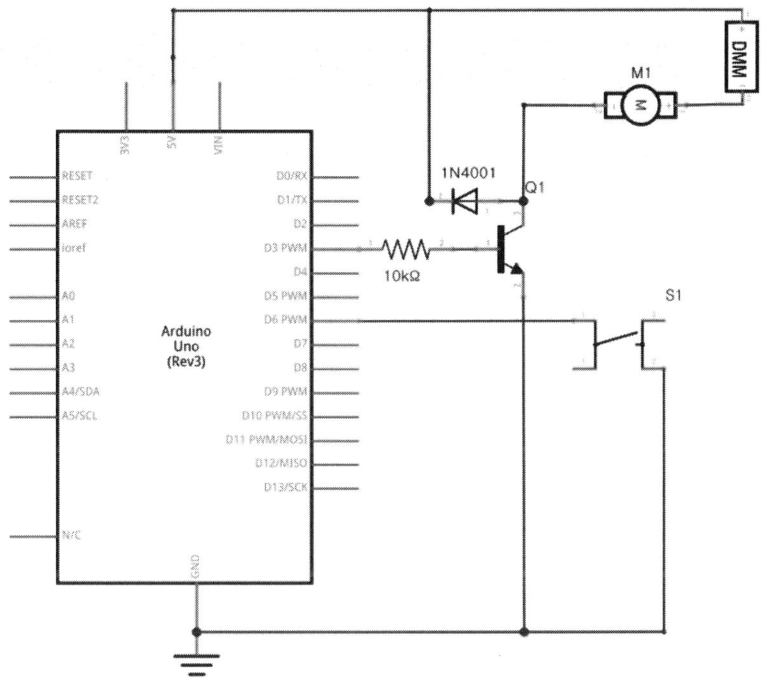

▲ **그림 3-6.** 회로도

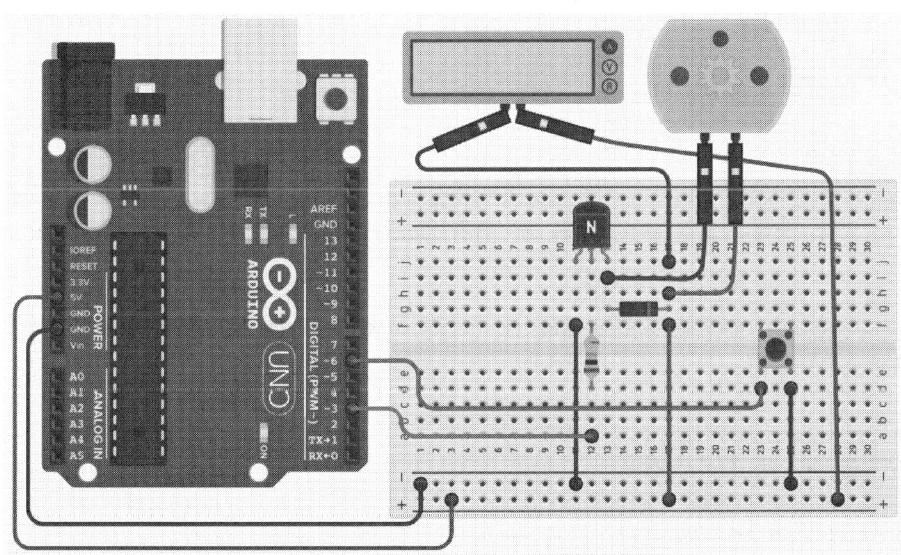

▲ **그림 3-7.** 배선도

3) 코딩

【소스】

```
int motor = 3;
int sw = 6;
int speed = 200;

void setup() {
  pinMode(motor, OUTPUT);
  pinMode(sw, INPUT_PULLUP);   PULL-UP 회로로 사용.
}

void loop() {
  if (digitalRead(sw) == LOW) {
      analogWrite(motor, speed);
      }
 else {
    analogWrite(motor, 0);
      }
}
```

[코딩 설명] 코드는 스위치를 누를 때마다 DC모터가 회전.

int motor = 3;

저항과 연결된 트랜지스터의 베이스(Base)단자를 스위치처럼 동작하여 제어하기 위하여 아두이노 보드의 3번과 연결.

int sw = 6;

택트 스위치의 핀을 아두이노 보드 6번과 연결.

int speed = 200;

DC모터의 회전속도를 정의한다. 아두이노의 디지털 포트는 0~255 범위의 값으로 모터의 속도를 제어할 수 있다. 모터가 느리거나 제대로 동작하지 않는다면, 값을 조정한다. (예시 : 250)

pinMode(motor, OUTPUT);

모터 구동을 위해 트랜지스지터의 베이스와 연결된 아두이노의 3번 포트를 출력 모드로 설정. int motor = 3;

pinMode(sw, INPUT_PULLUP);

스위치는 PULL-UP 회로로 사용.

if (digitalRead(sw) == LOW) {
  analogWrite(motor, speed);

스위치를 눌렀을 때 모터는 회전한다. 즉, 회로에서 택트 스위치를 누르면 접지와 연결(LOW)되는 구조이다. 이때 하나의 루프가 형성되어 모터가 구동되며 구동 속도는 지정된 speed로 회전한다.

```
else {
    analogWrite(motor, 0);
    스위치가 열려있는 상태(누르지 않은 상태) 이므로, DC모터는 멈춘다.
```

4) 실습 결과 및 확인

① 디지털 멀티미터를 전류 모드에 둔다.

② 코드를 컴파일하고 이상이 없으면 업로드를 한다.

③ 택트 스위치를 눌러 모터를 동작시킨다. 이때 멀티미터의 전류를 측정한다.

④ 만약 모터가 돌아가지 않거나 전류가 흐르지 않으면 택트 스위치의 배선이 대각선 방향 연결되었는지 확인한다.

⑤ 출력 결과

표 3-3. 트랜지스터를 이용한 모터 동작에 따른 출력전류 측정

택트 스위치	출력전류	비고
누른다(ON).	[mA]	
손을 뗀다(Off).	[mA]	

⑥ 다음과 같이 앞에서 실습한 내용을 비교한다. 즉, 전원 공급기를 직접 공급하여 전류를 측정한 경우, 아두이노와 트랜지스터를 이용하여 전류를 측정한 경우, 아두이노 포트의 출력전류를 측정한 경우를 서로 비교하여 아두이노의 포트 자체로 모터 구동이 가능한지 모터 구동 시 전류의 변화를 비교한다.

▲ **그림 3-8.** 전류측정 비교

3-5. 모터 드라이버

모터 드라이버는 모터를 제어하고 구동하는 장치 또는 시스템으로, 모터의 속도와 방향을 제어하는 데 사용된다. 모터 드라이버는 다양한 유형의 모터를 구동하기 위해 설계되며, 주로 DC모터, 스텝 모터, 서보모터 등을 제어하는 데 사용된다.

1) DC모터 드라이버의 기능과 특징

DC모터 드라이버(Motor Driver)는 DC모터를 효과적으로 제어하기 위한 장치로, 전원을 제공하고 사용자가 원하는 방향과 속도로 모터를 구동한다. 이러한 드라이버는 모터의 회전 방향, 속도, 토크 등을 제어하며, 다양한 응용 분야에서 사용된다.

DC모터 드라이버의 주요 기능과 특징은 다음과 같다.

① 전압 및 전류 제어

드라이버는 모터에 필요한 전압과 전류를 조절하여 모터의 속도와 토크를 제어한다.

② PWM(펄스폭변조) 제어

PWM 신호를 사용하여 모터의 회전속도를 조절할 수 있다. 펄스의 폭을 조절함으로써 모터의 평균 전압을 변화시켜 속도를 조절하는 데 사용된다.

③ 양방향 제어

H-Bridge 드라이버는 모터를 양방향으로 회전시킬 수 있도록 제어할 수 있다. 이는 모터의 회전 방향을 변경할 수 있는 기능을 의미한다.

④ 보호 기능

과전류, 과열, 단락 회로와 같은 상황에 대한 보호 기능이 내장되어 있어 모터와 드라이버를 안전하게 유지한다.

⑤ 센서 입력 지원

일부 드라이버는 센서를 통해 피드백을 받아 모터의 회전속도나 위치를 정확하게 제어할 수 있도록 지원한다.

⑥ 간편한 제어 인터페이스

다양한 드라이버는 간단한 디지털 또는 아날로그 신호, 또는 시리얼 통신을 통해 외부에서 제어할 수 있는 인터페이스를 제공한다.

⑦ 마이크로컨트롤러 호환성

많은 드라이버는 다양한 마이크로컨트롤러와 쉽게 통합될 수 있도록 설계되어 있다.

직류 모터 드라이버는 자동차, 드론, 로봇, 팬과 펌프 제어, 산업 자동화 등 다양한 응용 분야에서 사용되며, 모터를 효율적으로 제어하여 시스템의 성능을 향상시킨다. 선택 시에는 사용자의 요구사항과 모터의 사양에 맞는 적절한 드라이버를 고르는 것이 중요하다.

2) H-Bridge 드라이버

H-Bridge 드라이버는 모터를 양방향으로 제어할 수 있는 전자 회로이며 모터의 회전 방향을 제어하고 전원을 모터에 공급하여 양방향으로 회전하게 한다. 회로의 구조가 'H' 모양과 유사하다는 모습에서 유래되어 H-Bridge라는 이름으로 불린다.

H-Bridge 드라이버의 주요 특징과 기능은 다음과 같다:

① 양방향 제어

H-Bridge는 모터를 양방향으로 회전시킬 수 있도록 한다. 즉, 모터의 회전 방향을 앞으로나 뒤로 제어할 수 있다.

② PWM(펄스폭변조) 제어

대부분 H-Bridge 드라이버는 PWM 신호를 이용하여 모터의 속도를 조절할 수 있다. PWM은 특정 시간 동안 전압을 인가하고 인가하지 않음으로써 평균 전압을 제어하여 속도를 조절하는 데 사용된다.

③ 보호 기능

일부 H-Bridge 드라이버에는 모터와 드라이버를 보호하기 위한 다양한 안전 기능이 포함될 수 있다. 과전류, 과열, 단락 회로에 대한 보호가 이에 해당한다.

④ 마이크로컨트롤러 호환성

많은 H-Bridge 드라이버는 마이크로컨트롤러와 쉽게 통합될 수 있도록 디자인되어 있다. 이는 디지털 또는 아날로그 신호를 통해 외부에서 제어하기 쉽게 한다.

⑤ 다양한 모터 유형 지원

H-Bridge 드라이버는 주로 직류 모터, 스텝 모터 등 다양한 모터 유형에 적용된다.

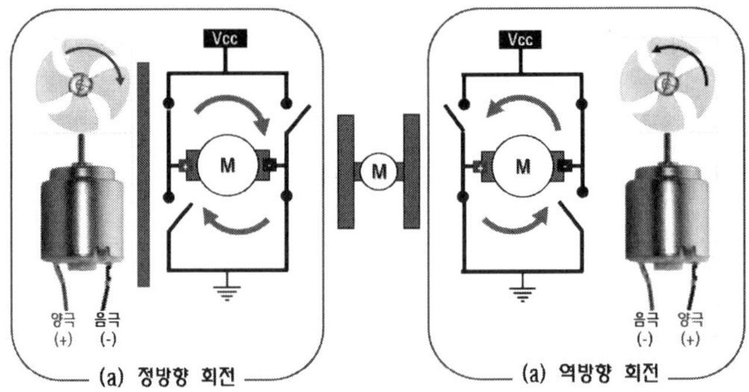

▲ 그림 3-9. H-브리지의 정방향 역방향 회전

H-Bridge 회로에 있는 다이오드는 플라이 백(Flyback), 또는 프리휠링(free wheeling) 현상. 즉 역바이어스를 제거하기 위해 사용하는 다이오드이다. 플라이 백은 주로 부하 공급 전류가 갑자기 감소하거나 중단될 때 갑자기 전압 스파이크가 발생하는 현상으로 모터의 회전 에너지가 모터 정지 시 발생할 수 있는 과전압 방지를 하기 위한 용도이다.

일반적으로 코일이나 모터를 사용하는 회로에 정류 다이오드가 사용된다.

정류 다이오드는 한 방향으로만 전류가 흐르는 특징을 가진 부품이다. 순방향 즉, 애노드(Anode, +)에서 캐소드(Cathode, -)로 전류가 흐르며 반대로는 전류가 흐르지 못한다.

모터가 회전하고 있는 동안에 코일에 에너지가 축적된다. 만약 전원이 끊겨 모터가 멈추지만, 코일에 에너지가 남아 있는 상태가 되며 모터는 에너지를 방출하려고 한다. 이때 높은 전압을 가진 역방향 기전력이 발생해 회로의 다른 부품에 영향을 줄 수 있다. 이와 같이 역방향으로 전류가 흐르는 것을 차단하는 역할을 한다.

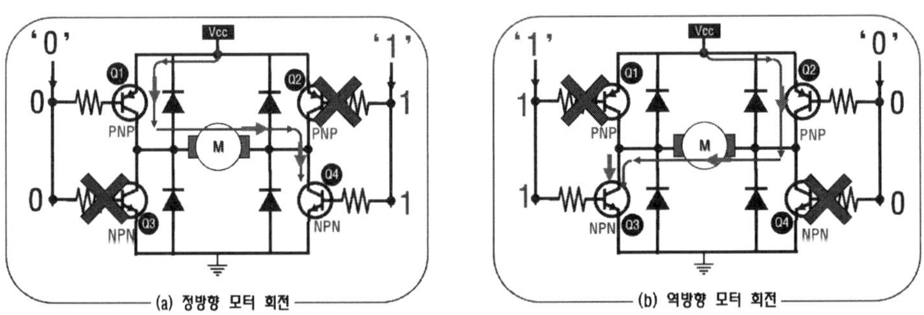

▲ 그림 3-10. H-브리지의 내부 동작 회로(정/역방향 회전)]

그림 3-10에서 왼쪽 입력으로 '0'(LOW), 오른쪽 입력으로 '1'(HIGH) 신호를 동시에 공급한 경우의 동작을 살펴보자

왼쪽 입력으로 '0'(LOW) 신호가 들어오면 트랜지스터 Q1, Q2의 베이스단자로 신호가 유입되는데 트랜지스터 Q1, Q2의 베이스는 접지와 연결된 형태가 된다.

Q1은 PNP형 트랜지스터이므로 턴온 되어 이미터로 유입된 전류가 컬렉터를 거쳐 모터로 간다. 그러나 Q3는 NPN형이라서 턴온 되지 못하고 Q2로 전류가 흐르지 못한다.

그리고 동시에 오른쪽 단자 입력으로 '1'(HIGH) 신호가 들어오면 트랜지스터 Q2, Q4의 베이스단자로 신호가 유입된다.

트랜지스터 Q2는 PNP형이라서 전류가 흐르지 못하고 Q4는 NPN형이라서 베이스에 신호가 유입되면 턴 켜져 Q1과 모터를 거쳐 이동한 전류가 Q4의 컬렉터를 거쳐 이미터를 흐르면서 모터가 회전한다. 즉, 전류는 [Vcc]⇨[Q1]⇨[모터]⇨[Q4]의 경로를 거치며 모터는 계속 회전한다.

반대로 왼쪽 입력으로 '1'(HIGH), 오른쪽 입력으로 '0'(LOW) 신호를 동시에 공급하면 전류는 [Vcc]⇨[Q2]⇨[모터]⇨[Q3]의 경로를 거치며 모터는 반대로 회전한다.

H-Bridge 드라이버는 상업적으로 구매할 수 있는 다양한 제품이 있는데 대표적인 제품에는 L293D, L298N, L9110 S 등이 있다.

(a) L293D와 쉴드 (a) L298N과 모듈 (a) L9110S와 모듈

▲ 그림 3-11. H-브리지의 제품들

주로 로봇, 자동차, 팬, 펌프 등과 같은 응용 분야에서 사용되며, 양방향 제어와 속도 조절이 필요한 경우에 적합하다.

3-6. L293D 모터 드라이버

모터 드라이버로 많이 사용되는 L293D 모터 드라이버는 H-Bridge 모터 드라이버 IC 중 하나로서 4채널 구조로 되어있으며 주로 작은 DC모터나 스텝 모터를 양방향으로 제어하는 데 사용되며 모터를 전진, 후진 및 정지하도록 제어할 수 있으며 특히 로봇, 자동차, 팬, 펌프 등 다용도로 모터제어에 널리 사용된다.

L293D는 상당한 전압과 전류를 처리할 수 있어 중간 규모 이하의 모터를 제어하는 데 적합하다. 채널당 600mA의 전류를 출력할 수 있으며 제한적으로 최대 1.2A까지 전류를 흘려보낼 수 있다. 총 16개의 핀으로 구성되어 있으며 핀의 기능은 다음과 같다.

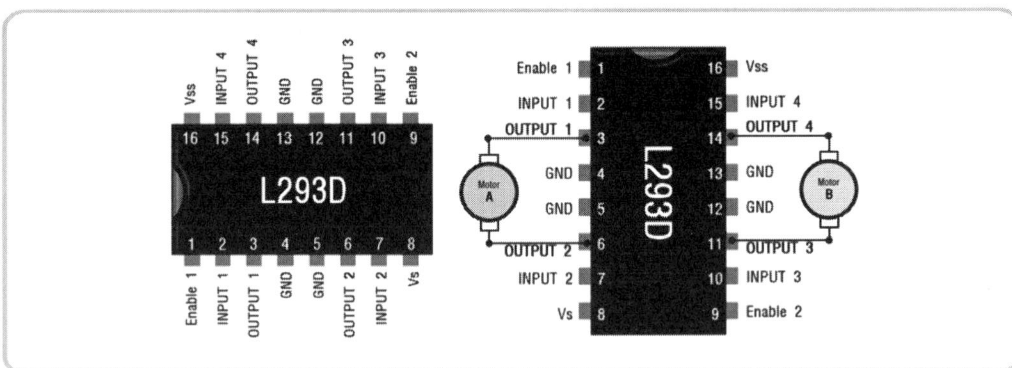

▲ 그림 3-12. L293D IC 핀 구조

표 3-4. L293D IC의 핀 기능

핀 번호	핀 설명 (L293D 모터 드라이버 IC)
1 (Enable 1)	- 모터 A(Motor A)의 Enable 단자. - L293은 2개의 모터(Motor A, Motor B)를 사용할 수 있는데 Enable 1은 모터 A의 회전속도를, Enable 2는 모터 B의 회전속도를 지정할 수 있다. - 핀에 HIGH 신호를 주면 최대의 회전속도를 내고 PWM을 이용하여 AnalogWrite() 명령을 사용하면 모터의 회전속도를 조정할 수 있다. AnalogWrite(핀번호, 128)은 50% 속도 - 핀에 LOW 신호를 주면 1번 모터가 동작하지 않는다.
2 (INPUT 1)	- 모터 A의 제어용 입력 단자. 아두이노와 연결 - INPUT 1, INPUT 2 단자는 모터 A의 회전 방향을 결정한다 - INPUT 1을 HIGH, INPUT 2를 LOW로 설정하면 정방향으로 모터가 움직이고 반대로 INPUT 1을 LOW, INPUT 2를 HIGH로 설정하면 역방향으로 모터가 움직인다. - 2번 핀과 7번 핀은 한 쌍으로 모터 A의 입력용 단자이다.

3 (OUTPUT 1)	- 모터 A의 출력용 단자. 모터 A와 연결 - 모터 A에 있는 2개의 선 중 한쪽을 3번 핀과 연결하고 나머지 한쪽은 6번 출력 핀과 연결한다. (3, 6번 단자는 한 쌍)
4,5,12,13 (GND)	- 접지 단자. 4, 5, 12, 13은 공통 접지
6 (OUTPUT 2)	- 모터 A의 출력용 단자. 모터 A와 연결 - 모터 A의 2개의 선 중 하나를 3번 핀과 연결하고 나머지는 6번 출력 핀과 연결한다. (3, 6번 단자는 한 쌍)
7 (INPUT 2)	- 모터 A의 제어용 입력 단자. 아두이노와 연결 - INPUT 1, 2 단자는 모터 A의 회전 방향을 결정한다. - INPUT 1을 HIGH, INPUT 2를 LOW로 설정하면 정방향으로 모터가 움직이고 반대로 INPUT 1을 LOW, INPUT 2를 HIGH로 설정하면 역방향으로 모터가 움직인다. (2, 7번 단자는 한 쌍이다.)
8 (Vs)	- 모터 구동용 외부의 전원 공급 단자. - 모터의 전류 소모가 커서 외부 전원을 사용 시 외부 전원을 연결하면 된다. 최대 36V이내. (Vss~36V) - 주의. 16번 단자(IC 구동용)와 구분
9 (Enable 2)	- 모터 B(Motor B)의 Enable 단자. - 모터 B의 회전속도를 결정. - HIGH 신호를 주면 최대의 회전속도를 내고 AnalogWrite() 명령을 사용하면 모터의 회전속도를 조정할 수 있다. 예를 들면 AnalogWrite(핀 번호, 128)은 PWM 방식으로 최대속도의 50%로 제어된다. - 핀에 LOW 신호를 주면 2번 모터가 동작하지 않는다.
10 (INPUT 3)	- 모터 B의 제어용 입력 단자. 아두이노와 연결 - INPUT 3, 4 단자는 모터 B의 회전 방향을 결정한다. - INPUT 3을 HIGH, INPUT 4를 LOW로 설정하면 정방향으로 모터가 움직이고 반대로 INPUT 3을 LOW, INPUT 4를 HIGH로 설정하면 역방향으로 모터가 동작. (10, 15번 단자는 한 쌍)
11 (OUTPUT 3)	- 모터 B의 출력용 단자. 모터 B와 연결 - 모터 B에 있는 2개의 선 중 한쪽과 연결하고 나머지 한쪽은 14번 출력단자와 연결(11, 14번 단자는 한 쌍)
14 (OUTPUT 4)	- 모터 B의 출력용 단자. 모터 B와 연결 - 모터 B에 있는 2개의 선 중 한쪽과 연결하고 나머지 한쪽은 11번 출력단자와 연결(11, 14번 단자는 한 쌍)
15 (INPUT 4)	- 모터 B의 제어용 입력 단자. 아두이노와 연결 - 10번, 15번 핀(INPUT용)은 모터 B의 회전 방향을 결정한다. - 10번 핀을 HIGH, 15번 핀을 LOW로 설정하면 정방향으로 모터가 움직이고 반대로 10번 핀을 LOW, 15번 핀을 HIGH로 설정하면 역방향으로 모터가 동작한다. (10, 15번 핀은 한 쌍)
16 (Vss)	- IC 구동용 전원(4.5 ~ 7V)

2개의 모터(모터 A, B)를 사용할 수 있으며 모터를 정방향 또는 역방향으로 회전을 시키려면 IC의 각 핀에 다음과 같이 입력을 제어해야 한다. 즉, 모터 A(또는 모터 B)의 입력 단자에 정상적으로 신호가 공급되고 Enable 단자(1번 핀 또는 9번 핀)에 HIGH 신호가 공급될 때만 모터가 정상적으로 동작한다. 다음과 같이 Enable 단자에 LOW 신호가 유입되면 모터는 움직이지 않는다.

Enable 1, 2	모터 A			모터 B		
	INPUT 1 (2번 핀)	INPUT 2 (7번 핀)	동작	INPUT 3 (10번 핀)	INPUT 4 (15번 핀)	동작
HIGH	HIGH	LOW	정방향	HIGH	LOW	정방향
HIGH	LOW	HIGH	역방향	LOW	HIGH	역방향
LOW	HIGH or LOW	LOW or HIGH	정지	HIGH or LOW	LOW or HIGH	정지

3-7. DC모터 기본 동작

1) 실습부품

아두이노 1개

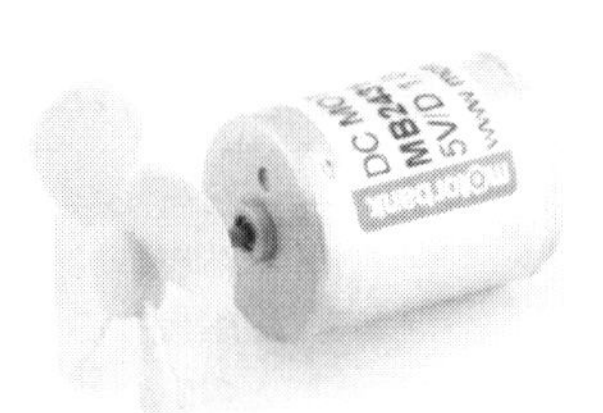

DC모터(5V/1,050rpm/모터뱅크) 1개

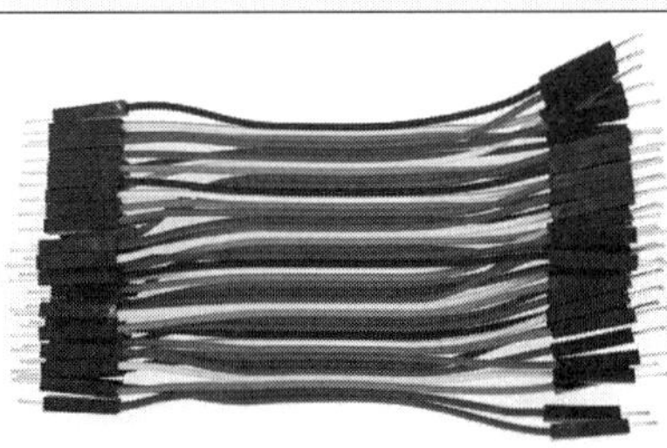

점퍼 케이블

택트 스위치 1개

2) 회로 및 배선

① DC모터의 양극(+, 적색)을 아두이노의 9번 단자에 연결한다.

② DC모터 음극(-, 흑색)을 접지(GND)에 연결한다.

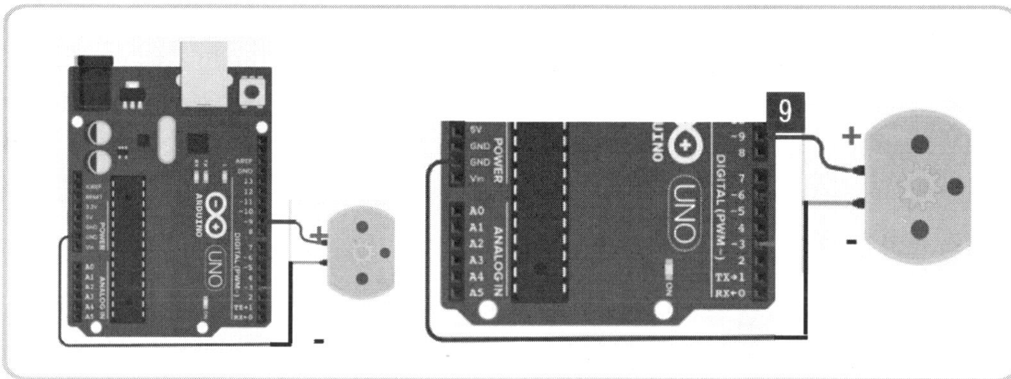

▲ **그림 3-13.** L293D IC 핀 구조

3) 코딩

【소스】

```
int motor= 9;

void setup()
  {
  pinMode(motor, OUTPUT);
  }

void loop()
{
        digitalWrite(motor, HIGH);
        delay(1000);

        digitalWrite(motor, LOW);
        dclay(1000);
   }
```

[코딩 설명]

```
int motor= 9;
pinMode(motor, OUTPUT);
```

아두이노 9번 포트에 모터 연결. 9번 포트는 출력모드로 설정.

```
digitalWrite(motor, HIGH);
delay(1000);
   9번 포트를 1초(1,000ms) 동안 HIGH 신호 출력. (회전)

digitalWrite(motor, LOW);
delay(1000);
   9번 포트를 1초(1,000ms) 동안 LOW 신호 출력. (정지)
```

4) 실습 결과 및 확인

① 컴파일 후 이상이 없으면 업로드한다. 모터가 1초 간격으로 회전, 멈춤을 반복하는지 확인한다.

② 모터의 양(+)과 음(-) 케이블을 서로 교체하여 반대로 연결하여 아까 방향과 반대로 회전하는지 확인한다.

③ 모터를 아두이노 전원을 직접 사용하기 때문에 힘이 약할 수 있으므로 전혀 회전하지 않으면 배선 및 코딩 내용을 점검한다.

3-8. DC모터 제어

택트 스위치를 누를 때만 모터가 회전하도록 모터의 회전을 제어하는 과정을 살펴보자

1) 실습부품

아두이노 1개	DC모터(5V/1,050rpm/모터뱅크) 1개

<table>
<tr><td>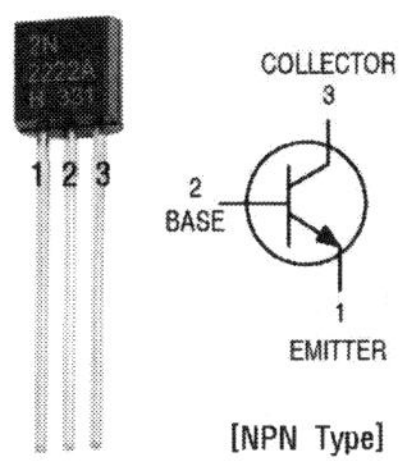
</td><td></td></tr>
<tr><td>트랜지스터(NPN 2N2222A) 1개</td><td>택트 스위치 1개</td></tr>
<tr><td>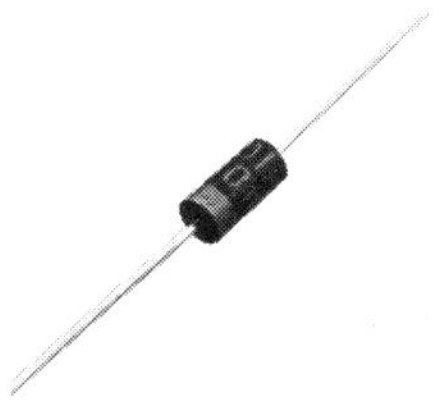</td><td>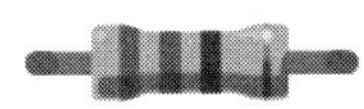</td></tr>
<tr><td>정류 다이오드(1N4001) 1개</td><td>저항 330옴</td></tr>
</table>

2) 회로 및 배선

① 아두이노 보드의 5V와 접지(GND)를 브레드보드에 연결한다. (양(+), 음(-))

② 트랜지스터의 Base 단자에 330Ω 저항을 연결한다.

③ 다이오드와 DC모터와 연결한다. 다이오드 방향(흰색 띠 '-'극) 확인.

④ 택트 스위치를 브레드보드의 양쪽 영역에 걸치게 삽입한다.

⑤ 트랜지스터의 이미터(Emitter) 단자를 브레드보드의 음극(-)단자에 연결한다.

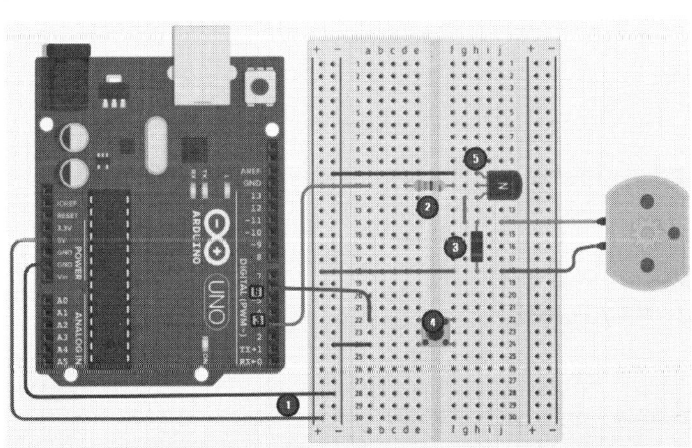

▲ **그림 3-14.** 다이오드, 트랜지스터 배선

⑥ 저항이 연결된 트랜지스터의 베이스(Base)단자를 아두이노의 3번 핀에 연결한다.

⑦ 트랜지스터의 컬렉터(Collector) 단자를 DC모터의 음극(-)단자에 연결한다.

⑧ DC모터의 양극(+) 단자를 브레드보드의 양극(+)에 연결한다.

⑨ 스위치의 왼쪽 아래 단자를 아두이노 보드의 6번 핀에 연결한다.

⑩ 스위치의 오른쪽 위의 단자를 브레드보드의 음극(-)단자에 연결한다.

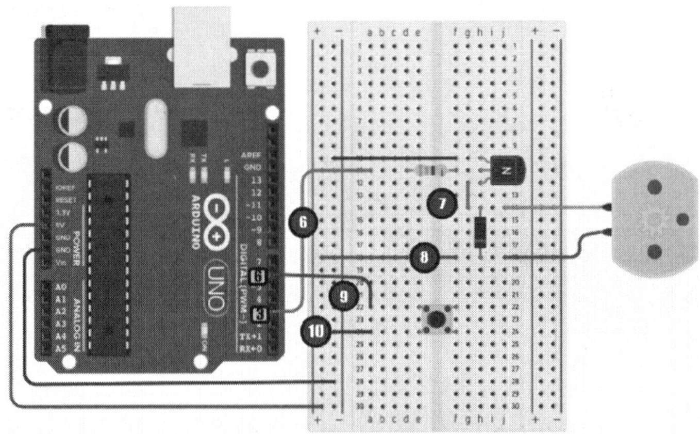

▲ **그림 3-15.** 택트 스위치, 모터배선

3) 코딩

【소스】

```
int motor = 3;
int sw = 6;
int speed = 180;

void setup( ) {
  pinMode(sw, INPUT_PULLUP);
}
void loop() {
  if (digitalRead(sw) == LOW) {
     analogWrite(motor, speed);
     }
  else {
    analogWrite(motor, 0);
     }
}
```

[코딩 설명]

```
pinMode(sw, INPUT_PULLUP);
```
스위치가 연결되는 핀은 PULL-UP회로로 사용.

```
int speed = 180;
```
DC모터의 회전속도를 정의한다. 최고속도는 255이다.
회전속도는 0~255 범위의 값으로 모터의 속도를 제어할 수 있다.
모터가 동작하지 않는다면, speed 값을 상향 조정한다. (예 200)

```
if (digitalRead(sw) == LOW) {
  analogWrite(motor, speed); }
```
위의 회로에서 택트 스위치의 연결 상태는 누르면 LOW 상태, 누르지 않으면 HIGH 상태이다.

스위치를 눌렀다면(LOW) DC모터가 연결된 3번 핀으로, speed(127)로 회전한다.
만약 회전속도가 127이란 값은, 디지털 핀으로 출력할 수 있는 최대값 255의 절반에 해당하므로, DC모터가 5V 전류로 낼 수 있는 최대 회전속도의 절반으로 해석할 수 있다. 이는 디지털로 아날로그 신호를 보내는 PWM에서 duty-cycle이 50%인 것으로 설정. 보드의 디지털 핀 PWM 주파수를 약 500Hz로 가정하면, 1초에 255번만 HIGH 신호를 보내는 것과 같다.
※주의 : analogWrite( ) 사용 시 포트는 PWM 포트(3,5,6,9,10,11)를 사용할것)

```
else {
  analogWrite(motor, 0); }
```
스위치가 열려있는 상태(누르지 않은 상태)라면 DC모터를 멈추게 한다.

4) 실습 결과 및 확인

① 컴파일 및 업로드 후 버튼을 눌렀을 때 모터가 동작하는지 확인한다.

② 힘없이 회전하면 코딩에서 속도(speed)를 변경하면서 모터의 회전속도를 확인한다.

3-9. 모터 드라이버로 회전 제어하기

L293D 모터 드라이버 IC를 이용하여 모터가 회전하도록 모터를 제어하는 과정을 살펴보자

1) 실습부품

<table>
<tr><td>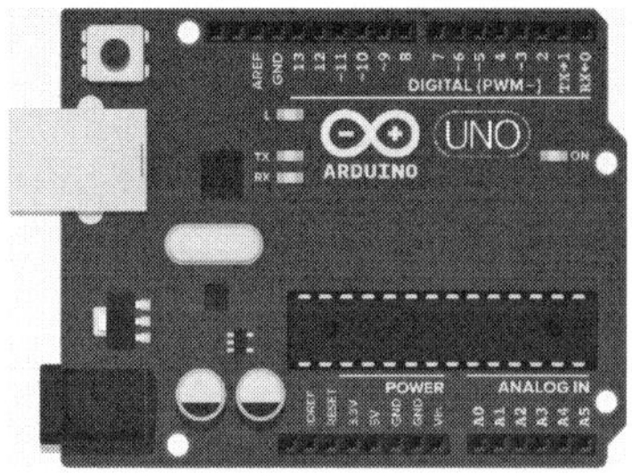</td><td>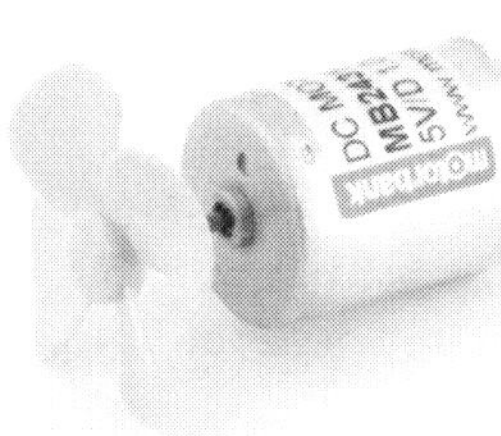</td></tr>
<tr><td>아두이노 1개</td><td>DC모터(5V/1,050rpm/모터뱅크) 1개</td></tr>
<tr><td></td><td>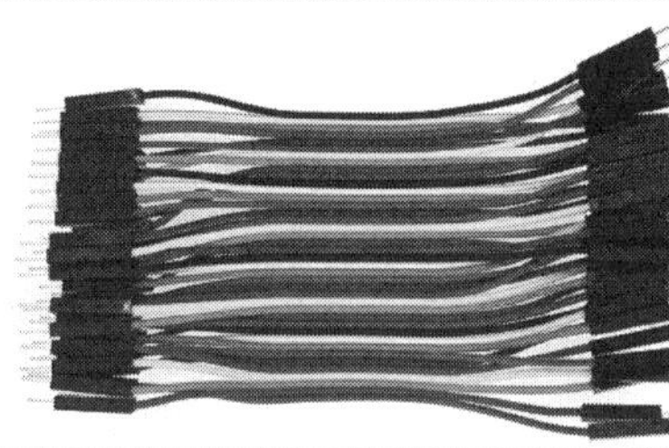</td></tr>
<tr><td>L293D 1개</td><td>점퍼 케이블</td></tr>
</table>

2) 회로 및 배선

L293D는 2개의 모터를 지원하는데 실습에서는 하나의 모터를 사용하므로 IC의 핀 1번~8번 그리고 16번을 이용하여 모터 A에 대한 회로 및 배선은 다음과 같다.

① 아두이노의 +5V, 접지(GND)를 브레드보드의 양극(+), 음극(-)에 연결한다.

② IC(L293D)의 1번 핀과 아두이노의 9번 핀을 연결한다.

③ IC의 2번 핀(INPUT 1)과 아두이노의 2번 핀을 연결한다.

④ IC의 3번 핀(OUTPUT 1)과 모터의 양극(+) 단자를, 6번 핀(OUTPUT 2)에 모터의 음극(-) 단자를 연결한다.

⑤ IC의 4번 핀과 5번 핀은 브레드보드의 접지(GND)에 연결한다.

⑥ IC의 7번 핀(INPUT 2) 와 아두이노의 4번 핀을 연결한다.

⑦ IC의 8번 핀(vs, 모터 전원용) 와 브레드보드의 양극(+) 단자에 연결한다. 만약 5V용 모터가 아니라면 별도의 외부 전원을 IC의 8번 단자에 연결해야 한다.

⑧ IC의 16번 핀(IC 구동 전원용) 을 브레드보드의 양극(+) 단자에 연결한다.

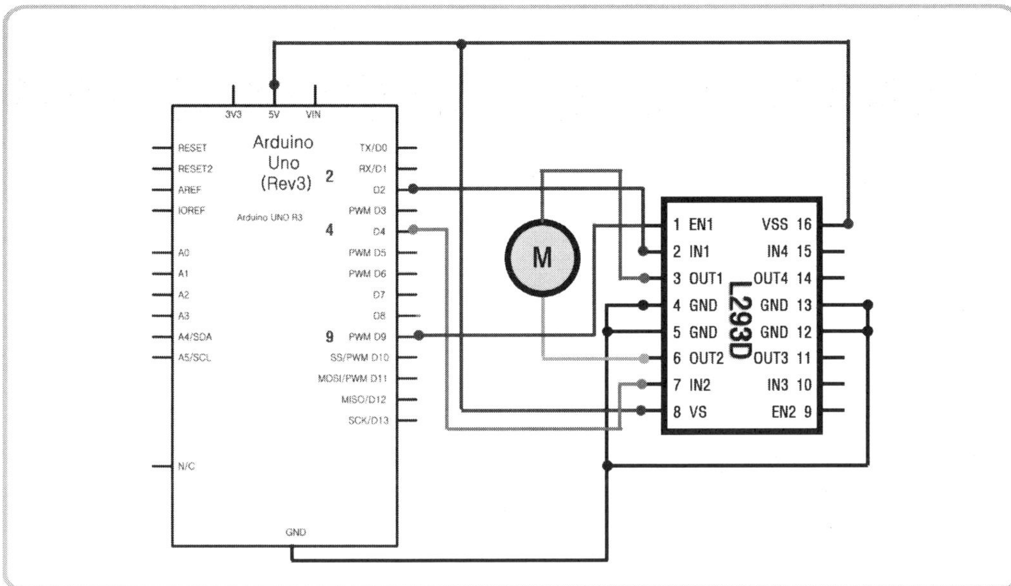

▲ 그림 3-16. 회로도

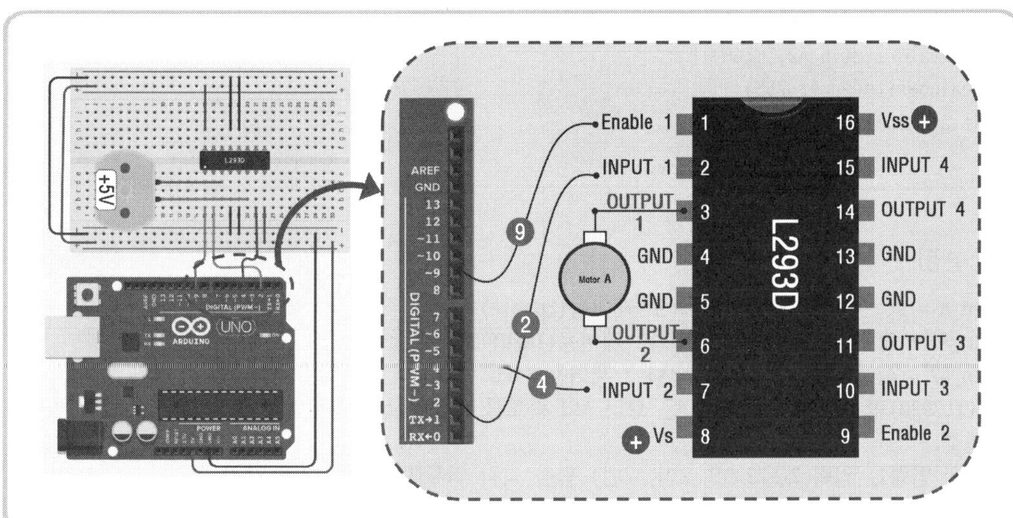

▲ 그림 3-17. 택트 스위치, 모터배선

3) 코딩

【소스】

```
int in_A1 = 2;
int in_A2 = 4;
int en_A = 9;

void setup( )
{
  pinMode(in_A1, OUTPUT);
  pinMode(in_A2, OUTPUT);
}
void loop( ) {
  // Forward
  digitalWrite(in_A1, HIGH);
  digitalWrite(in_A2, LOW);
  analogWrite(en_A, 255);
  delay(1000);

  // Backward
  digitalWrite(in_A1, LOW);
  digitalWrite(in_A2, HIGH);
  analogWrite(en_A, 255);
  delay(1000);
}
```

[코딩 설명]

```
int en_A = 9;     // 모터 A의 속도 제어용(Enable).
int in_A1 = 2;    // 모터 A의 입력1 제어용(INPUT 1)
int in_A2 = 4;    // 모터 A의 입력 2 제어용(INPUT 2).
```

IC(L293D)의 1번 핀(Enable 1)은 모터 A의 속도를 제어용으로 아두이노 보드의 9번(PWM) 단자에 연결.
IC의 입력1, 입력 2(L293D의 2번, 7번) 핀을 각각 아두이노 2번, 7번 단자 연결.

```
pinMode(in_A1, OUTPUT);
pinMode(in_A2, OUTPUT);
```

아두이노 보드의 2번(in_A1), 4번(in_A2)을 출력포트로 지정

```
digitalWrite(in_A1, HIGH);
digitalWrite(in_A2, LOW);
analogWrite(en_A, 255);
delay(1000);
```

1초 동안 모터의 최대 속도(255)로 모터 정회전(입력1(HIGH), 입력 2(LOW)

```
digitalWrite(in_A1, LOW);
digitalWrite(in_A2, HIGH);
analogWrite(en_A, 255);   // 모터 속도 250 지정
delay(1000);
   1초 동안 모터의 최대 속도(255)로 모터 역회전. (입력 1 LOW, 입력 2 HIGH)
```

4) 실습 결과 및 확인

① 1초 간격으로 모터가 정회전, 역회전을 반복하는지 확인

② 한쪽 방향으로만 회전이 반복할 경우, 입력 1과 입력 2의 코딩 내용을 확인

【연습문제】

01 트랜지스터(Tr)를 이용하여 DC모터를 동작할 때 트랜지스터의 주요 기능은 무엇인가?

02 트랜지스터와 다이오드를 이용하여 DC모터를 구동할 때 다이오드의 기능에 관해서 설명하시오.

03 H-브리지 동작에 관해서 설명하시오.

04 제품으로 생산된 모터 드라이버 IC의 종류 및 주요 특징에 관해서 설명하시오.

05 모터 드라이버 IC 중 L293D의 Vs(8번), Vss(16번) 핀의 기능 및 차이점에 관해서 설명하시오.

CHAPTER 4

DC모터 속도제어

DC모터는 구동에 필요한 전원만 공급하면 최대의 속도로 회전한다. 그러나 모터 자체로는 회전속도 조절이 쉽지 않다. 모터의 회전속도 제어를 위해 L293D 모터 드라이버에 대한 기본지식을 이해하고 가변저항과 펄스폭변조(PWM) 방식을 이용한 모터의 회전속도 제어에 관해서 학습한다.

4-1. 가변저항

가변저항은 저항값을 바꿀 수 있도록 만들어진 저항으로 종류로는 일반 가변저항, 반고정 저항, 퍼텐쇼미터 등이 있다.

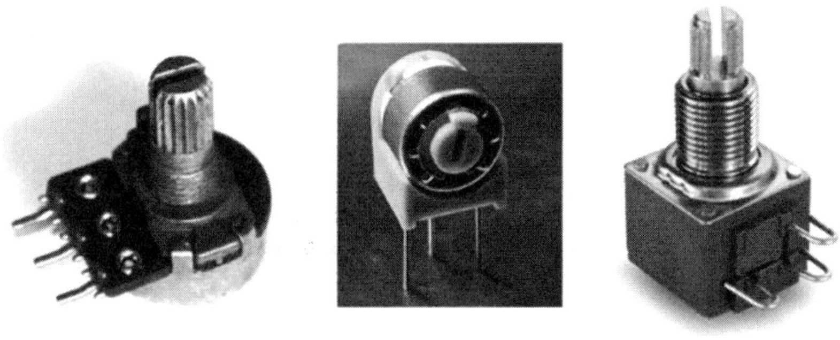

(a) 일반 가변 저항 (b) 반고정 저항 (c) 퍼텐쇼미터

▲ 그림 4-1. 가변저항

1) 가변저항 측정

일반적인 가변저항은 세 개의 단자(ⓐ,ⓑ,ⓒ)가 있는데, ⓐ-ⓒ 단자 간의 저항값은 항상 일정하다. 손잡이를 돌려도 변화 없이 일정하다. 그러나 ⓐ-ⓑ 단자 및 ⓑ -ⓒ 단자 사이의 저항값은 전체 저항값이 손잡이 위치에 따른 비율로 분배된다.

10K[Ω] 가변저항을 이용하여 각 단자(ⓐ,ⓑ,ⓒ)의 저항을 측정해 보자.

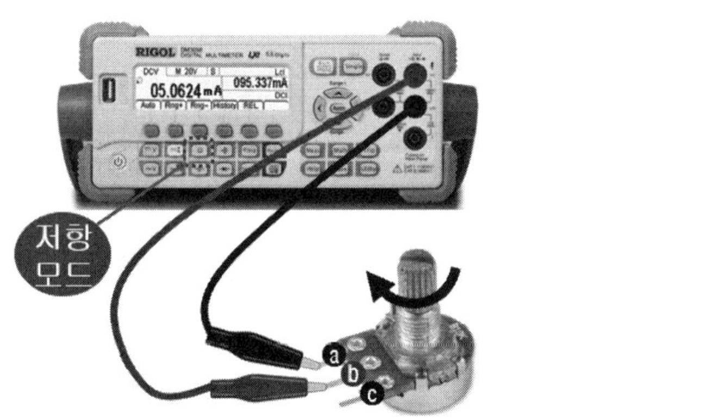

▲ 그림 4-2. 가변저항 측정

① 디지털 멀티미디어의 측정 모드를 저항 모드(Ω)로 두고 단자 ⓐ와 ⓒ를 측정한다.

② 측정 결과는 10K[Ω]을 나타낸다. 가변저항을 돌려도 아무런 변화가 없다.

③ 이번에는 단자 ⓐ와 ⓑ를 측정하자. 측정값이 7K[Ω]이 되도록 손잡이를 돌린다.

④ 다시 단자 ⓑ와 ⓒ를 측정한다. 측정값이 3K[Ω]이 나온다.

즉, 단자 ⓐ,ⓒ 측정치 = ⓐ,ⓑ[Ω] + ⓑ,ⓒ[Ω] = 7K[Ω] + 3K[Ω]=10K[Ω]이다.

가변저항 사용 시 반드시 가운데 단자(ⓑ)를 포함하고 ⓐ 또는 ⓒ 단자에 연결하여 손잡이를 돌려 저항값을 결정하면 된다.

4-2. 펄스폭변조(PWM)

펄스폭변조(Pulse Width Modulation) 펄스의 폭(width)을 바꾸어서 전체적인 전압이나 전력을 제어하는 방식이다.

1) 듀티 사이클(Duty Cycle)

듀티 사이클은 한 주기 동안 전류가 흐른 시간의 비를 의미한다. 즉, 한주기 동안 신호의 HIGH인 부분이 차지하는 비율을 듀티 사이클(Duty Cycle)이라 한다.

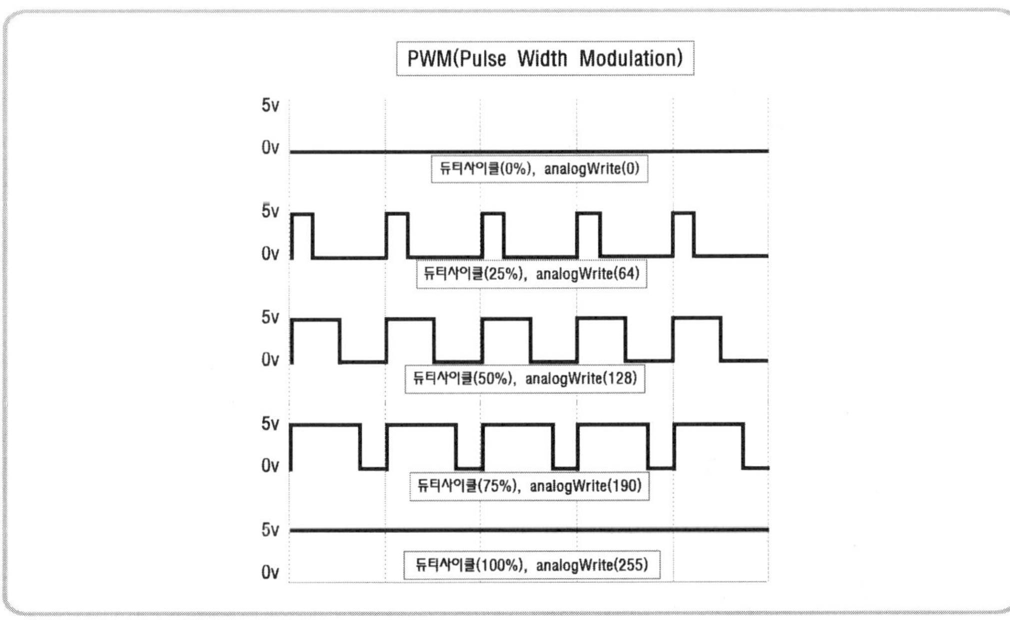

▲ 그림 4-3. 듀티사이클

신호의 간격(펄스의 폭)을 조절함으로써 출력 전력의 크기가 달리하며 듀티 사이클 100%는 5V 출력, 듀티 사이클 0%는 0V (꺼짐), 50% 듀티 사이클은 2.5V 출력을 의미한다.

다시 말하면 5V용 모터에 5V가 공급되면 최대의 속도로 회전하지만, 2.5V가 공급되면 회전속도가 절반으로 줄어든다. 이처럼 펄스의 폭을 조절하여 공급전압을 제한하여 회전속도를 조절하는 방식이다.

2) 아두이노 PWM 포트

듀티 사이클이 높을수록 전압(전력)이 높아지며 아두이노 보드의 ~표시 출력단자인 3, 5, 6, 9, 10, 11번 포트를 이용하여 사용할 수 있다.

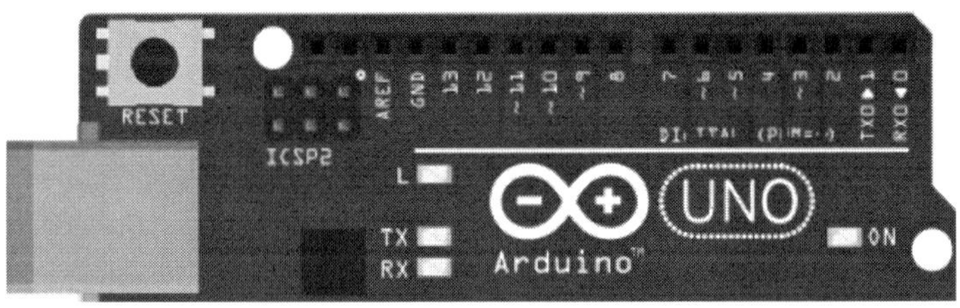

[그림 4-4.]

▲ **그림 4-4.** 아두이노 PWM 포트

4-3. 가변저항을 이용한 DC모터 속도제어 실습

가변저항을 이용하여 모터의 속도를 제어하는 실습 과정을 살펴보자

1) 실습부품

	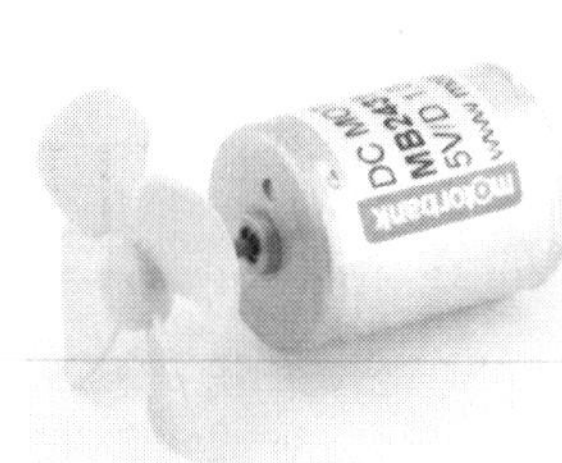
아두이노 1개	DC모터(5V/1,050rpm/모터뱅크) 1개

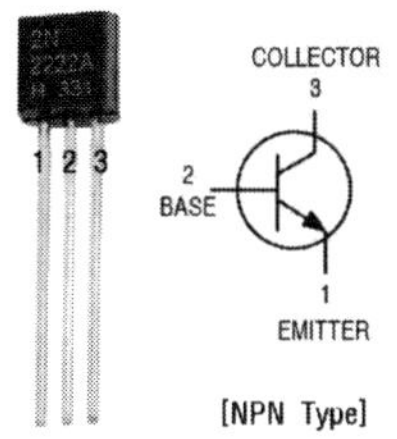	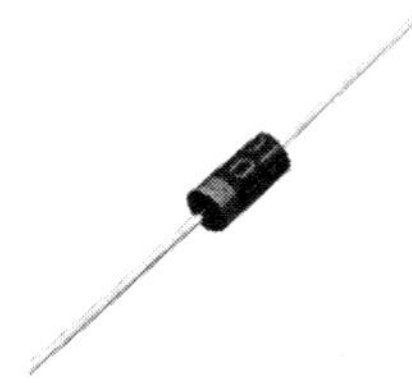
트랜지스터(NPN 2N2222A) 1개	정류 다이오드(1N4001) 1개
	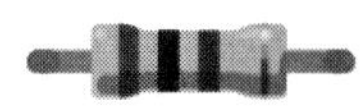
가변저항(10K) [Ω]	저항 1K[Ω]

2) 회로 및 배선

모터는 5V용(100mA)으로 아두이노 전원을 이용한 경우의 배선 방법은 다음과 같다.

① 모터의 양극(+)은 아두이노 보드의 11번 포트에 연결하고 음극(-)은 접지(GND)에 연결한다.

② 가변저항은 가운데 단자를 아두이노 보드의 아날로그 포트(A0)에 연결한다.

③ 가변저항의 첫 번째 단자와 세 번째 단자를 각각 아두이노의 양극(+,Vcc)와 접지(-,GND)에 각각 연결한다. 반대로 첫 번째 단자를 접지에, 세 번째 단자를 Vcc에 연결해도 된다. 반드시 가운데 단자는 A0(아날로그 단자)에 연결해야 한다.

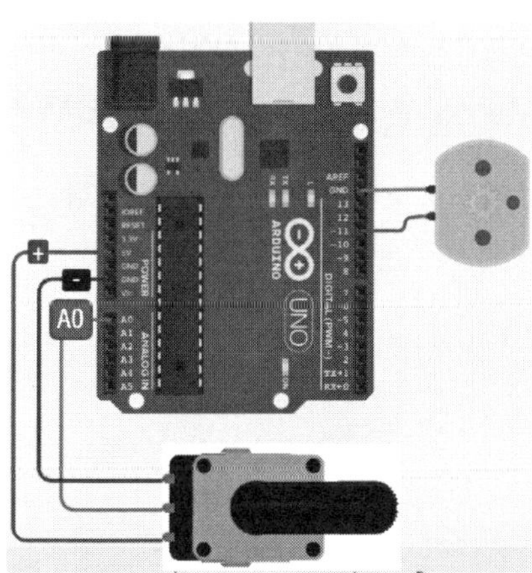

▲ **그림 4-5.** 모터와 가변저항 연결

만약 사용하려는 모터가 전류 소모가 많아 제대로 동작하지 않을 경우, 모터에 트랜지스터, 다이오드 등과 함께 외부 전원을 이용하여 다음과 같이 회로를 구성하면 된다.

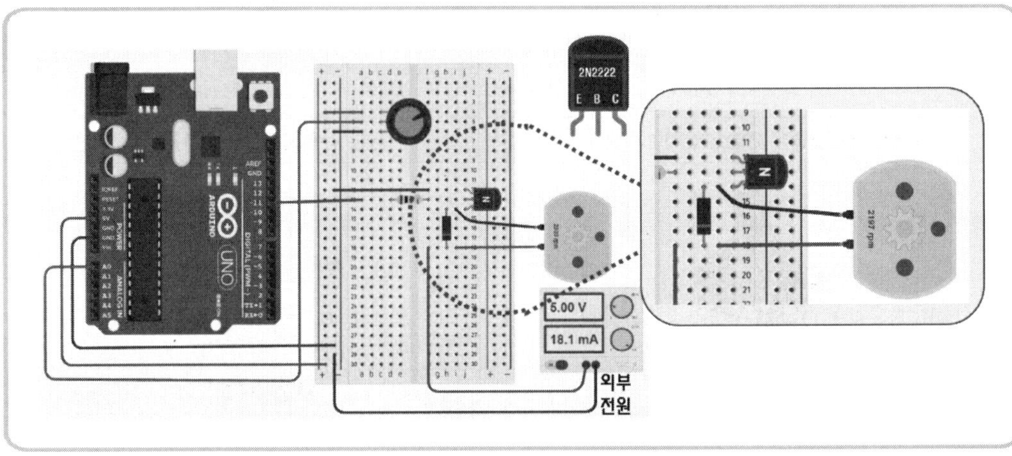

▲ **그림 4-6.** 외부 전원과 모터 연결

① 아두이노 보드의 5V와 GND 핀을 브레드보드의 양극(+), 음극(-)단자에 연결한다.

② 트랜지스터의 가운데 단자(Base)에 저항 1K[Ω]을 연결한다.

③ 다이오드와 DC모터와 연결한다. 다이오드 띠 방향(캐소드, -)을 확인하여 배선한다.

④ 트랜지스터의 첫 번째 이미터(E) 단자를 브레드보드의 음극(-)단자에 연결한다.

⑤ 트랜지스터의 두 번째 베이스(B)단자와 연결된 저항을 아두이노 보드의 11번 핀에 연결한다.

⑥ 트랜지스터의 세 번째 컬렉터(C) 단자와 DC모터의 음극(-) 커넥터와 연결한다.

⑦ DC모터의 양극(+)을 외부 전원의 양극(+) 커넥터와 연결한다.

⑧ 가변저항 첫 번째 단자를 브레드보드의 음극(-)단자에 연결한다.

⑨ 가변저항 두 번째 단자를 브레드보드의 A0 단자에 연결한다.

⑩ 가변저항 세 번째 단자를 브레드보드의 양극(+)에 연결한다.

3) 코딩

【소스】

```
void setup() {
  pinMode(A0, INPUT);
  pinMode(11, OUTPUT);
  Serial.begin(9600);
}
void loop() {
  int Vr_R=analogRead(A0);
  int motor=map(VR,0,1023,0,255);
  analogWrite(11, motor);
  Serial.println(Vr_R);
  delay(100);
}
```

[코딩 설명]

```
pinMode(A0, INPUT);
pinMode(11, OUTPUT);
```

A0(가변저항 값)는 입력(INPUT)모드, 모터와 연결된 11번은 출력(OUTPUT) 모드로 설정한다.

```
Serial.begin(9600);
```

9600[Baud] 속도로 시리얼 통신 시작.

```
int Vr_R=analogRead(A0);
```

가변 저항값(아날로그입력, A0)을 읽어 변수 VR에 저장한다.

```
int motor=map(VR,0,1023,0,255);
```

아날로그 입력(A0)는 10비트로 처리(0~1023)되고 아날로그 출력(2~13번 포트, analogWrite()이용)은 8비트로 처리되기 때문에 출력 범위가 서로 맞지 않아 map() 명령을 이용하여 0~1023의 데이터를 0~255의 값으로 대치시켜 모터 속도를 안정적으로 유지시켜 준다.

```
analogWrite(11, motor);
```

아두이노 11번 포트로 A0의 값(속도) 출력한다.

위의 코딩을 다음과 같이 하나의 문장으로 표현해도 동작은 동일하다.

```
analogWrite(11, map(analogRead(A0),0,1023,0,255));
```

```
Serial.println(Vr_R);
delay(1000);
```

1초마다 가변저항 값(10비트로 처리된 A0값)을 시리얼 모니터로 출력.

4) 실습 결과 및 확인

① 가변저항을 돌릴 때 모터의 회전속도에 변화가 있는지 확인한다.

② 시리얼 모니터의 값이 커질수록 모터의 속도가 빨라지는지 확인한다.

③ 시리얼 모니터의 변화가 없을 때는 배선 및 코딩 내용을 확인한다.

4-4. 모터 드라이버를 이용한 DC모터 속도제어 실습

L293D 모터 드라이브 IC를 이용하여 모터의 속도를 제어하는 과정을 살펴보자

1) 실습부품

아두이노 1개	DC모터(5V/1,050rpm/모터뱅크) 1개
	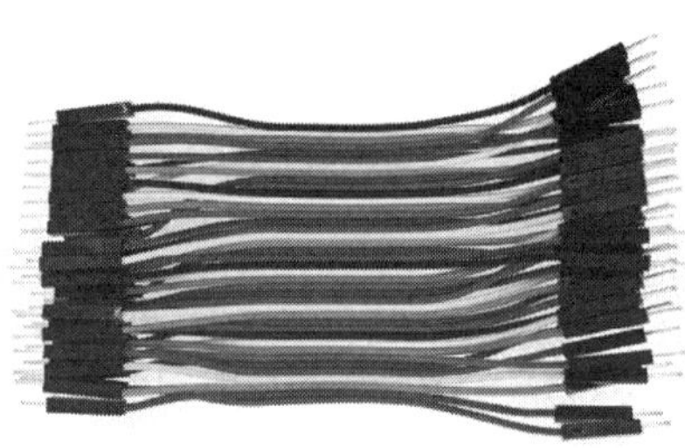
가변저항(10K) [Ω]	저항 1K[Ω]

2) 회로 및 배선

L293D는 2개의 모터를 지원하는데 실습에서는 하나의 모터를 사용하므로 IC의 핀 1번~8번 그리고 16번을 이용하여 모터 A에 대한 배선은 다음과 같다.

① 아두이노의 +5V, 접지(GND)를 브레드보드의 양극(+), 음극(-)에 연결한다.

② IC(L293D)의 1번 핀과 아두이노의 9번 핀을 연결한다.

③ IC의 2번 핀(INPUT 1)과 아두이노의 2번 핀을 연결한다.

④ IC의 3번 핀(OUTPUT 1)과 모터의 양극(+) 단자를, 6번 핀(OUTPUT 2)에 모터의 음극(-) 단자를 연결한다.

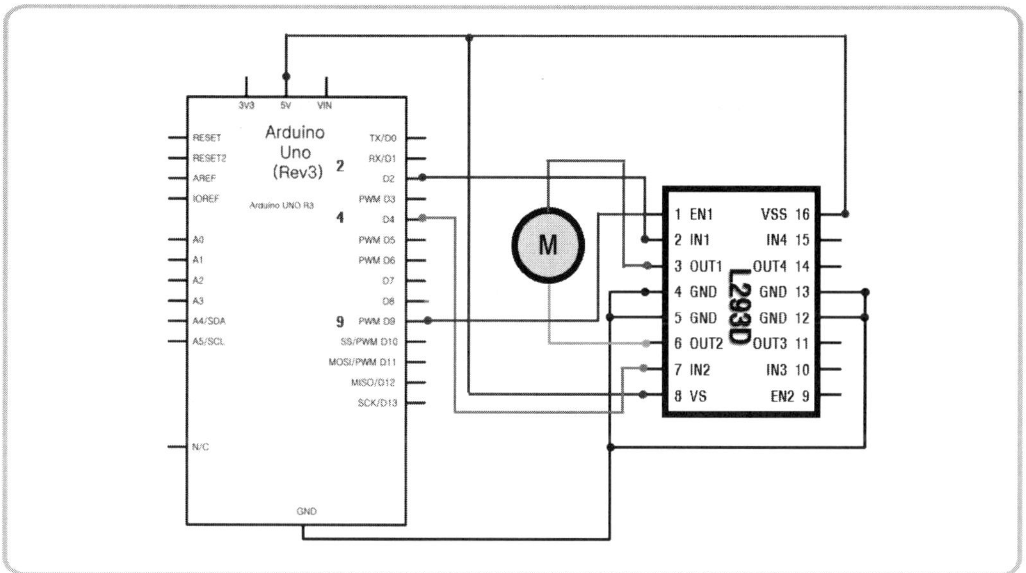

▲ 그림 4-7. 회로도

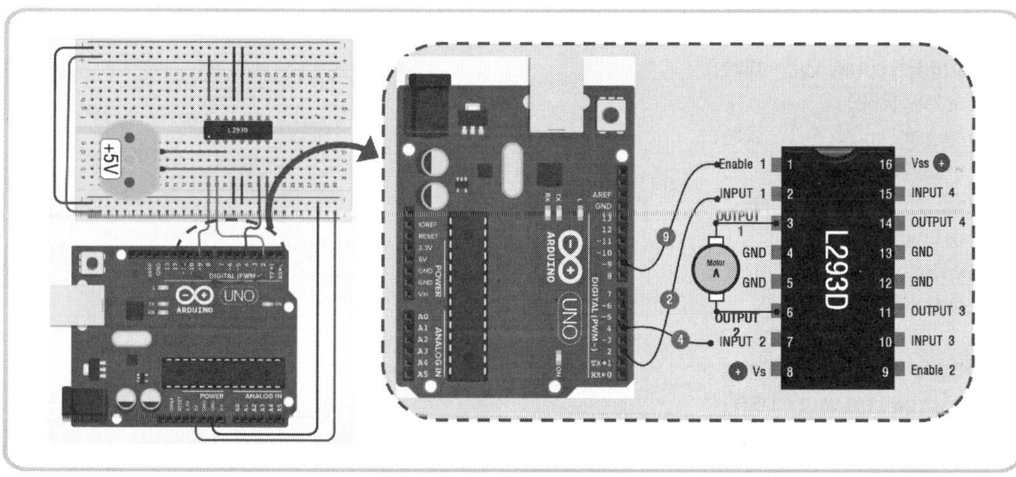

▲ 그림 4-8. L293D 배선도

⑤ IC의 4번 핀과 5번 핀은 브레드보드의 접지(GND)에 연결한다.

⑥ IC의 7번 핀(INPUT 2) 와 아두이노의 4번 핀을 연결한다.

⑦ IC의 8번 핀(vs, 모터 전원용) 와 브레드보드의 양극(+) 단자에 연결한다. 만약 5V용 모터가 아니라면 별도의 외부 전원을 IC의 8번 단자에 연결해야 한다.

⑧ IC의 16번 핀(IC 구동 전원용) 을 브레드보드의 양극(+) 단자에 연결한다.

3) 코딩

【소스】

```
#define mA_En1 9
#define mA_1   2
#define mA_2   4

void setup() {
  pinMode(mA_1, OUTPUT);
  pinMode(mA_2, OUTPUT);
  analogWrite(mA_En1, 0);
}

void loop() {
  // 순방향(Forward) 회전
  digitalWrite(mA_1, HIGH);
  digitalWrite(mA_2, LOW);

  analogWrite(mA_En1, 255);
    delay(1000);
  analogWrite(mA_En1, 150);
    delay(1000);
  analogWrite(mA_En1, 100);
    delay(1000);
  analogWrite(mA_En1, 80);
    delay(1000);
  analogWrite(mA_En1, 0);
    delay(1000);

// 역방향(Backward) 회전
  digitalWrite(mA_1, LOW);
  digitalWrite(mA_2, HIGH);

  analogWrite(mA_En1, 255);
    delay(1000);
  analogWrite(mA_En1, 150);
      delay(1000);
  analogWrite(mA_En1, 100);
    delay(1000);
```

```
    analogWrite(mA_En1, 80);
      delay(1000);
  analogWrite(mA_En1, 0);
      delay(1000);
}
```

[코딩 설명]

```
#define mA_En1 9
#define mA_1   2
#define mA_2   4
```

모터 드라이브 IC(L293D)의 모터 A용 Enable 1(1번 핀)과 아두이노 보드의 9번 포트와 연결되어 있고, IC의 입력 1(2번 핀)과 입력 2(7번 핀)을 각각 아두이노의 2, 4번 포트에 연결되어 있음을 나타낸다.

```
pinMode(mA_1, OUTPUT);
pinMode(mA_2, OUTPUT);
```

IC의 입력모드와 연결된 아두이노 2번, 4번 포트는 출력모드로 지정한다.

```
analogWrite(mA_En1, 0);
```

모터의 초기 회전속도는 정지(속도 0)

```
digitalWrite(mA_1, HIGH);
digitalWrite(mA_2, LOW);
```

모터(Motor A)를 회전하기 위해 IC의 입력1, 2와 연결된 아두이노 2번 포트에 HIGH를 4번 포트에 LOW 신호 출력을 표현

```
analogWrite(mA_En1, 255);
delay(1000);
```

1초(1,000ms) 동안 가장 빠른 속도로 회전(255)

```
analogWrite(mA_En1, 150);
analogWrite(mA_En1, 100);
analogWrite(mA_En1, 80);
```

모터 드라이버 IC의 Enable 1(1번 핀)은 PWM 방식으로 속도를 제어하므로 코딩처럼 analogWrite()를 이용하여 회전속도를 지정할 수 있다. 최고속도는 255, 최저 속도는 0(정지)이다. 모터의 구동 능력에 따라 중간의 80, 50등 낮은 값에서도 정지될 수 있다. 값을 변경하면서 모터의 회전 시작점을 찾을 수 있다.

```
digitalWrite(motorA_1, LOW);
digitalWrite(motorA_2, HIGH);
```

기존 방향과 반대로 회전하기 위해 2번 포트에 LOW 신호를 4번 포트에 HIGH 신호 출력을 표현한다. 그러면 기존 방향과 반대로 회전한다.

4) 실습 결과 및 확인

① 모터가 정방향, 역방향으로 회전을 반복하는지 확인한다.

② 모터의 속도가 점점 줄면서 회전하는지 확인한다.

③ 모터의 회전에 변화가 없을 때는 배선 및 코딩 내용을 확인한다.

4-5. 키보드로 DC모터의 속도제어 실습

DC모터를 시리얼 모니터를 이용하여 속도를 제어하는 실습이다.

시리얼 모니터 창에서 모터의 속도제어를 위한 입력을 수신하여 모터 속도를 제어한다.

만약 여러 개의 입력을 수신(123421)하면 순차적으로 받아들여 모터가 동작(1, 2만 동작)

1) 회로 및 배선

실습 4-4의 회로와 동일하다.

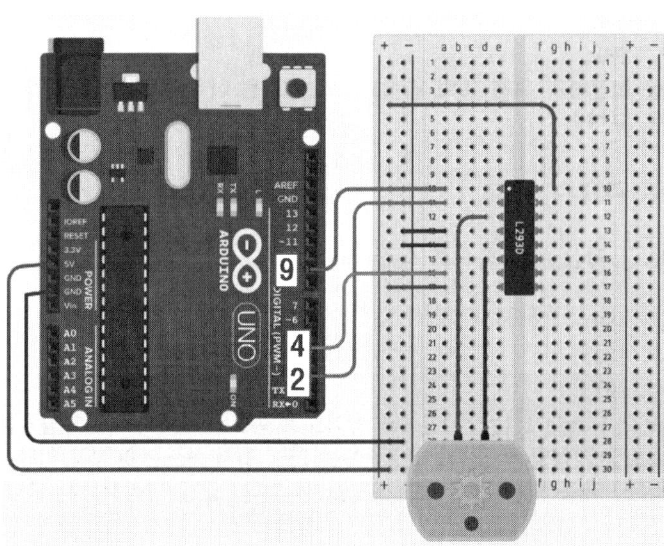

▲ **그림 4-9.** L293D 속도제어 배선도

2) 코딩

【소스】

```
// 키보드로 입력을 받아 모터 제어하기 실습

int in1 = 2;
int in2 = 4;
int enA = 9;

void setup() {
  pinMode(in1, OUTPUT);
  pinMode(in2, OUTPUT);
  pinMode(enA, OUTPUT);
  Serial.begin(9600);
  analogWrite(enA, 255);
}


void loop() {
  if ( Serial.available() ) {
    char input_data;
        input_data =Serial.read();
        Serial.println(input_data);

        if(input_data =='1') {
        digitalWrite(in1, HIGH);
            digitalWrite(in2, LOW);
            delay(1000);
         }

    else  if (input_data =='2') {
            digitalWrite(in1,LOW);
            digitalWrite(in2,HIGH);
            delay(1000);
        }

             else {
            digitalWrite(in1,LOW);
            digitalWrite(in2,LOW);
        delay(1000);
             }
    }
  }
```

[코딩 설명]

DC모터를 L293D와 함께 시리얼 모니터에서 입력받아 모터의 속도를 제어한다.
시리얼 창에 입력을 여러 개(123421) 하면 순차적으로 받아들여 모터가 동작(1, 2만 동작)

```
int in = 2;
int in2 = 4;
int enA = 9;
```

모터 드라이버 IC(L293D)의 입력1, 입력 2핀과 아두이노의 2번((in1), 4번(in2) 단자와 연결하고 모터 드라이브 IC의 1번(Enable) 핀과 아두이노 9번을 연결한다.

```
pinMode(in, OUTPUT);
pinMode(in2, OUTPUT);
pinMode(enA, OUTPUT);
```

모터 드라이브 IC(L293D)의 입력1, 입력 2, Enable 1 핀과 연결된 아두이노의 2번(in1), 4번(in2), 9번(enA) 단자를 출력(OUTPUT) 모드로 지정한다.

```
Serial.begin(9600);
```

9600[Baud] 속도로 시리얼 통신 시작.

```
analogWrite(enA, 255);
```

모터 드라이브 IC의 Enable 1핀으로 유입되는 PWM의 값을 255로 설정하여 모터가 최고속도로 회전하도록 설정.

```
if (Serial.available()) {
```

available() 명령은 시리얼 통신선로에 전송되는 데이터가 없으면 '0'을 되돌려주고(Return) 데이터가 들어오면 바이트 값을 되돌려준다. 즉, 전송되는 데이터가 있다면 '0'이 아닌 정수 데이터를 돌려줌으로써 if() 명령의 결과는 참(True)이 되어 데이터가 전송되고 있음을 알 수 있다.

```
input_data =Serial.read();
```

시리얼 통신 선로의 데이터를 읽어 변수(in_data)로 전송(저장)

```
Serial.println(input_data);
```

시리얼 통신 선로의 데이터를 시리얼 모니터에 출력. 줄 바꾸며 출력(println)

```
if(input_data =='1') {
```

입력값이 '1'이면~. 즉, 키보드로 입력되어 전송되는 데이터는 숫자가 아닌 텍스트 형태로 변환되어 입력되므로 반드시 작은따옴표('')를 이용해야 한다.

```
digitalWrite(in, HIGH);
digitalWrite(in2, LOW);
delay(1000);
}
```

1초 동안 모터 회전. 모터가 회전하려면 반드시 in1, in2의 신호가 서로 HIGH, LOW로 달라야 한다. 만약 둘 다 동일(LOW 또는 HIGH)하면 모터가 회전하지 않고 정지상태가 된다.

```
else if (input_data =='2') {
digitalWrite(in,LOW);
digitalWrite(in2,HIGH);
delay(1000);
 }
   입력값이 '2'이면 1초 동안 모터가 반대 방향으로 회전한다.
   in1, in2의 신호를 서로 반대로 변경하면 된다.

digitalWrite(in1,LOW);
digitalWrite(in2,LOW);
delay(1000);
   1초간 모터가 정지.
```

---

3) 실습 결과 및 확인

① 시리얼 모니터 입력창에 키보드로 '1'을 입력하면 정방향으로 회전하는지 확인한다.

② 키보드로 '2'를 입력하면 역방향으로 회전하는지 확인한다.

모터가 정방향, 역방향으로 회전을 반복하는지 확인한다.모터의 속도가 점점 줄면서 회전하는지 확인한다.

③ 키보드로 '3' 또는 'a'와 같이 1, 2가 아닌 키를 입력하였을 때 모터가 정지하는지 확인한다.

④ '12312'와 같이 키보드로 숫자키를 연속으로 입력했을 때 정회전 ⇨ 역회전 ⇨ 정지 ⇨ 정회전 ⇨ 역회전 동작을 연속으로 수행하는지 확인한다.

⑤ 모터의 회전에 변화가 없을 때는 배선 및 코딩 내용을 확인한다.

【연습문제】

01 트랜지스터(Tr)를 이용하여 DC모터를 동작할 때 트랜지스터의 베이스단자에 저항을 연결하여 사용한 이유를 설명하시오.

02 아두이노 명령 중 analogRead(), analogWrite() 명령의 데이터 처리에 대한 차이점을 설명하시오.

03 코딩 중 Serial.available( ) 명령에 관해서 설명하시오.

04 모터 드라이브 IC(L293D)의 핀 단자 중 PWM과 관계가 있는 단자는 무엇인가?

05 L293D 모터 드라이브 IC를 이용하여 2개의 모터(모터 A, 모터 B)를 연결하려고 한다. 다음의 모터를 각각 연결하시오.

CHAPTER 5

DC모터 선풍기

DC모터의 회전속도를 제어하기 위한 예제로 모터 드라이버(L293D)를 이용하여 선풍기를 제어하는 방법을 학습한다. 택트 스위치를 이용하여 선풍기 팬의 회전 동작(On), 멈춤 동작(Off) 및 팬의 속도가 3단까지 조절이 가능한 선풍기의 회전속도 제어를 위한 과정을 학습한다.

5-1. 모터 드라이버 이해

1) 전기적 특성

293D 모터 드라이브 IC의 전기적 특성을 알아보자.

2개의 모터를 구동할 수 있는 2채널 모터 드라이브이며 4.5V부터 36V까지 이르는 넓은 공급전압 범위를 가지고 있다.

일반적으로 드라이버마다 출력전류는 600mA의 성능을 보여주고 있으며 제한적으로 최대 1.2A까지 출력이 가능하다. 또한 L293B와는 달리 역기전력 방지를 위한 내부에 다이오드를 포함하고 있다.

	MIN	MAX	UNIT
Supply voltage, V_{CC1} (2) IC 구동용 전압	4.5	36	V
Output supply voltage, V_{CC2} 모터에 외부전원 사용시 전압	V_{CC1}	36	V
Input voltage, V_I		7	V
Output voltage, V_O	−3	V_{CC2} + 3	V
Peak output current, I_O (nonrepetitive, t ≤ 5 ms): L293	−2	2	A
Peak output current, I_O (nonrepetitive, t ≤ 100 μs): L293D	−1.2	1.2	A
Continuous output current, I_O: L293 소모전류	−1	1	A
Continuous output current, I_O: L293D	−600	600	mA
Maximum junction temperature, T_J		150	°C
Storage temperature, T_{stg}	−65	150	°C

▲ 그림 5-1. L293과 L293D 규격(Spec.)

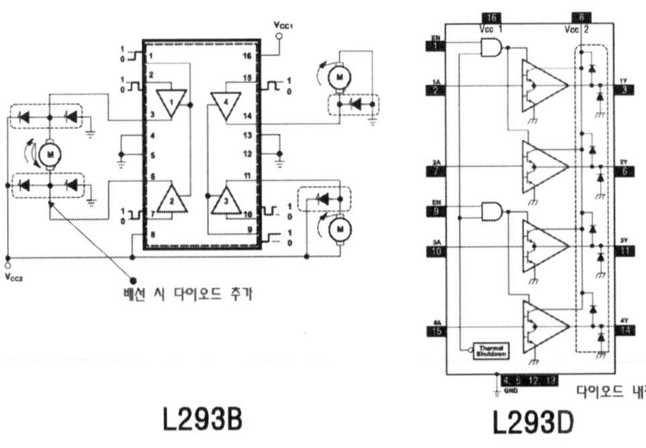

▲ 그림 5-2. L293B와 L293D 비교

2) 기본 동작

L293D는 2채널의 모터 드라이브이며 Enable 핀(IC의 1번, 9번)을 이용하여 속도를 제어할 수 있다. 또한 입력 핀은 서로 다른 신호를 입력해야 한다.

그림 5-3과 같이 모터1의 동작을 살펴보자. 입력 1(IN1)과 입력 2(IN2)는 서로 다르게 신호가 입력되어야 한다. 만약 모두 똑같이 HIGH 또는 LOW 신호를 입력하면 모터가 회전하지 않는다. 입력 1(IN1)에 HIGH, 입력 2(IN2)는 LOW와 같이 서로 다르게 신호가 입력되어야 한다.

회전 방향을 반대로 회전하도록 하려면 입력 1(IN1)에 LOW, 입력 2(IN2)는 HIGH와 같이 반대로 입력하면 역방향으로 회전한다. 그리고 Enable 1핀에 HIGH 신호를 반드시 입력해야 한다.

표 5-1. 모터1(M1) 동작

Enable A	IN1	IN2	모터 동작
HIGH	HIGH	LOW	모터 회전
HIGH	LOW	HIGH	역회전

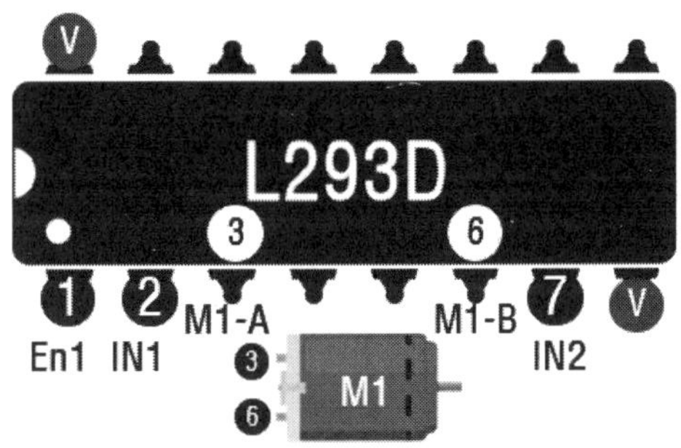

▲ **그림 5-3.** 모터1(M1) 입출력 핀

모터 2는 IC의 9번 핀(Enable 2)에 HIGH를 입력하고 입력 3(IN3)과 입력 4(IN4)는 서로 다르게 신호를 입력하면 된다. 마찬가지로 입력 신호를 반대로 입력하면 역방향으로 회전한다.

2개의 Enable 핀(IC의 1번, 9번)은 반드시 HIGH 신호일 때만 동작한다. 아무리 입력 핀에 신호를 제대로 유입시켜도 Enable 핀에 HIGH 신호가 입력되지 않으면 동작하지 않는다.

표 5-2. 모터2(M2) 동작

Enable B	IN3	IN4	모터 동작
HIGH	HIGH	LOW	모터 회전
HIGH	LOW	HIGH	역회전

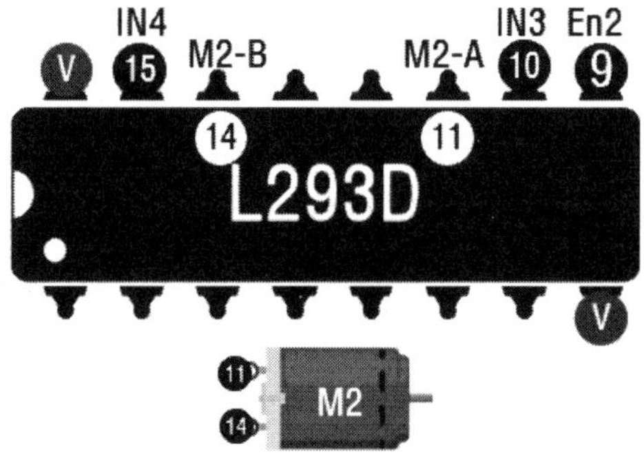

▲ 그림 5-4. 모터2(M2) 입출력 핀

5-2. 택트 스위치

1) 택트 스위치 종류

택트(Tact) 스위치는 버튼을 눌렀을 때만 회로가 닫히거나, 또는 회로가 열리는 스위치를 의미하며 누름(Push) 스위치라고도 한다. 종류는 그림과 같이 다양하다.

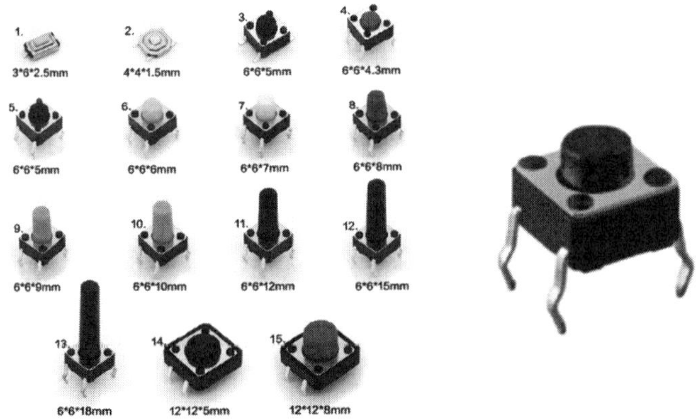

▲ 그림 5-5. 택트 스위치 종류

2) 구조

택트 스위치는 보통 4개의 핀으로 구성되어 있다. 연결 구조는 버튼을 누르지 않는 상태에서 핀 ⓐ와 핀 ⓑ 그리고 핀 ⓒ와 핀 ⓓ는 서로 연결되어 있다. 또한 핀 ⓐ와 핀 ⓒ는 서로 떨어져 있으면 또한 핀 ⓑ와 핀 ⓓ도 떨어져 있다.

버튼을 누르면 핀 ⓐ,ⓑ,ⓒ,ⓓ 모두가 하나로 연결되는 구조이다.

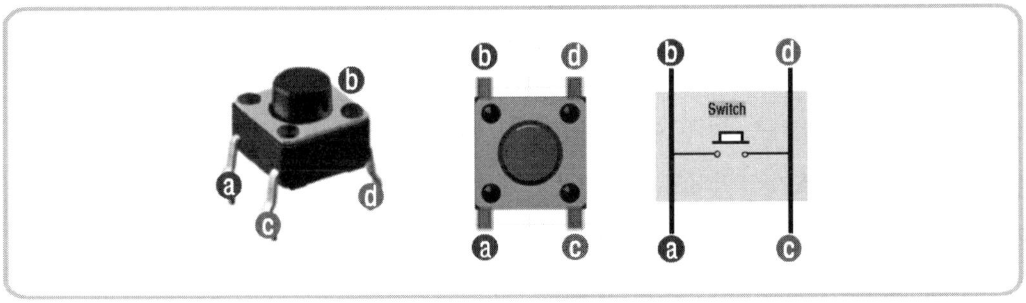

▲ **그림 5-6.** 택트 스위치 구조

5-3. 풀업, 풀다운 저항

택트 스위치와 함께 사용하는 풀업(Pull Up), 풀다운(Pull Down) 저항의 연결 상태 및 특징을 살펴보자

1) 플로팅(Floating)

플로팅 상태란 입력 또는 출력으로 사용하기 위해 연결된 핀의 상태가 “LOW”도 아니고 “HIGH” 아닌 불안정하게 들떠있는(Floating) 상태를 의미한다.

그림의 왼쪽 택트 스위치는 아두이노 4번 포트의 입력으로 연결되어 있고 버튼을 눌렀을 경우 “HIGH” 신호가 입력되는데 버튼을 누르지 않았을 때는 “LOW” 상태도 “HIGH” 상태도 아닌 들떠있는 상태가 되어 주변의 간섭신호로 인해 오동작 가능성이 있다.

이것은 핀에 소량의 전류가 평소에도 흐르기 때문에 핀의 전압이 “LOW”와 “HIGH” 상태를 교차하며 불안정하게 동작하는 현상을 의미한다.

이러한 플로팅 상태로 인해서 올바른 신호 값을 인식할 수 없는 문제가 있어 핀의 전압을 LOW 또는 HIGH로 고정시켜 사용해야 하는데, 이 때문에 저항을 버튼에 연결한 것이다.

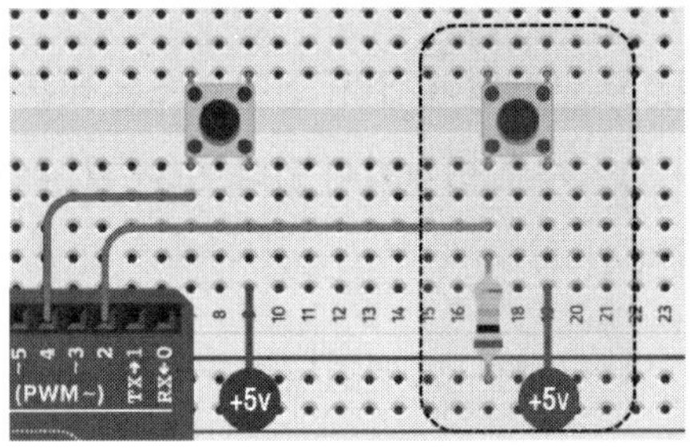

▲ **그림 5-7.** 플로팅

그림 5-7의 오른쪽 택트 스위치는 아두이노 2번 단자의 입력으로 연결되어 있는데 버튼을 눌렀을 경우 "HIGH" 신호가 입력되고 버튼을 누르지 않았을 때는 저항이 접지와 연결되어 있어 안정적으로 "LOW" 상태를 유지하며 입력된다.

2) 풀업 저항

입력 단자와 전원(Vcc) 사이에 저항을 연결하는 방법이다. 전원과 택트 스위치 사이에 저항 10K[Ω]을 연결하고 택트 스위치 단자와 아두이노의 입력 단자와 연결하면 된다.

스위치를 누르지 않는 상태(Open)인 경우 입력 핀이 전원과 연결이 되어있으므로 전압이 +5V가 되고 스위치가 눌리면(Close) 입력 핀의 전압은 접지와 동일한 0V가 된다.

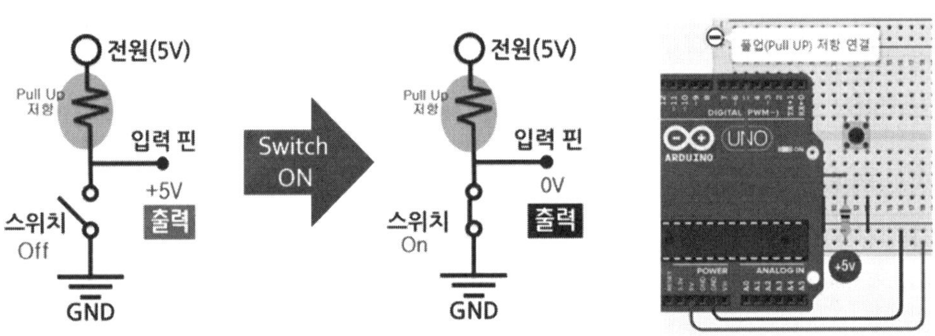

▲ **그림 5-8.** 풀업 저항

3) 풀다운 저항

입력 단자와 접지(GND) 사이에 저항을 연결하는 방법이다. 접지와 택트 스위치 사이에 저항

(10K옴)을 연결하고 택트 스위치 단자와 아두이노의 입력 단자와 연결하면 된다.

스위치를 누르지 않는 상태(Open)인 경우 입력 핀이 접지와 연결이 되어있으므로 전압이 0V가 되고 스위치가 눌리면(Close) 입력 핀의 전압은 전원과 동일한 +5V가 된다.

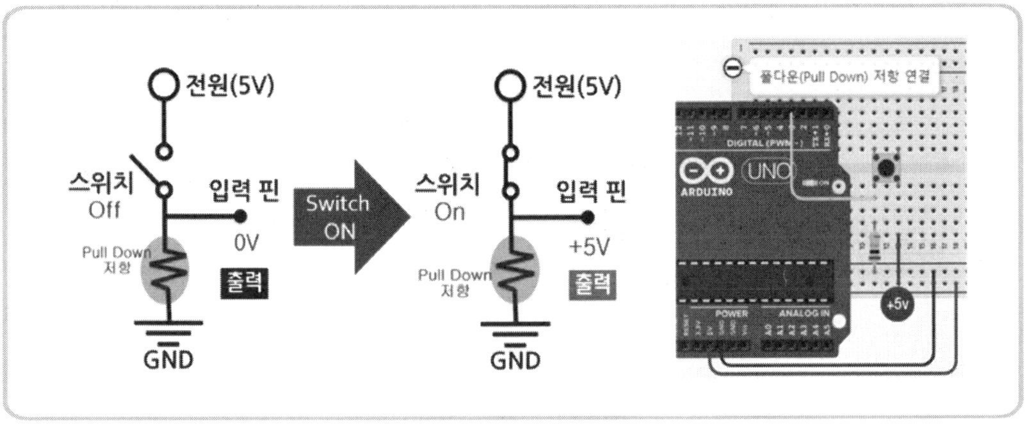

▲ **그림 5-9.** 풀다운 저항

5-4. 택트 스위치 실습

택트 스위치의 구조를 이해하기 위한 과정을 실습을 통해 살펴보자.

1) 실습부품

택트 스위치 1개	브레드보드
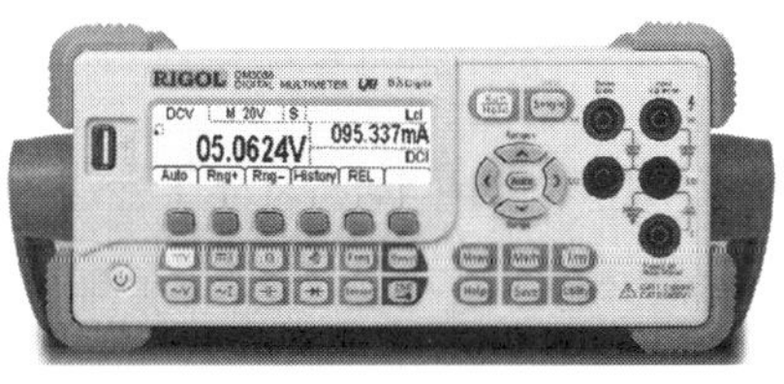	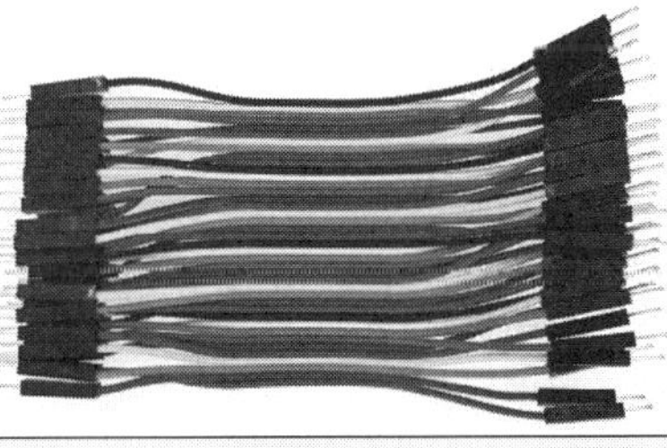
디지털 멀티미터	점퍼 케이블

2) 회로 및 배선

택트 스위치의 구조를 이해하기 위한 실습으로 ⓐ와 ⓑ점, ⓑ와 ⓓ점의 연결 상태를 확인하는 (통전 검사) 실습은 다음과 같다.

① 택트 스위치를 그림 5-9와 같이 브레드보드에 삽입하고 멀티미터를 연결하여 시험한다.

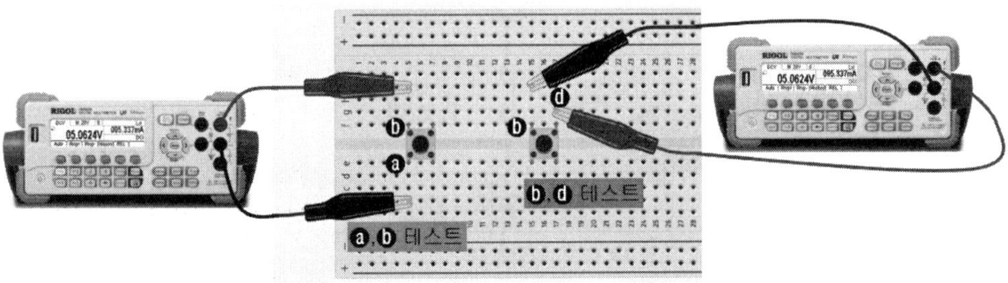

▲ **그림 5-10.** 택트 스위치 연결

② 디지털 멀티미터를 통전 검사 모드(🔊)에 둔다.

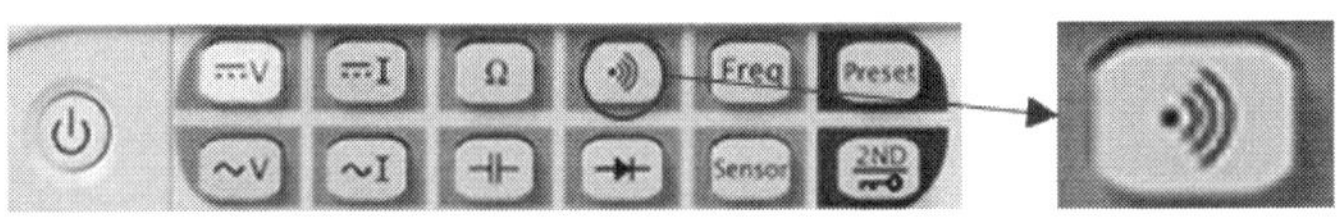

▲ **그림 5-11.** 통전 검사 모드

3) 실습 결과 및 확인

① 디지털 멀티미터에 연결된 테스트용 케이블을 택트 스위치의 ⓐ와 ⓑ점을 연결한다.
② 디지털 멀티미터에서 서로 연결되었음을 알리는 소리가 나는지 확인한다.
③ 택트 스위치의 ⓑ와 ⓒ점도 소리가 나는지 확인한다.

두 번째 실습으로 ⓑ와 ⓓ점이 서로 떨어져 있는지를 확인하는 실습은 다음과 같다.

④ 디지털 멀티미터에 연결된 테스트용 케이블을 택트 스위치의 ⓑ와 ⓓ점을 연결한다.
⑤ 택트 스위치의 버튼을 눌렀을 때 디지털 멀티미터에서 소리가 나는지 확인한다. 버튼을 누를 때만 소리가 나는지 확인한다.
⑥ 이번에는 택트 스위치의 ⓐ와 ⓒ를 연결하여 누를 때만 소리가 나는지 확인한다.

⑦ 실습을 통해 택트 스위치의 ⓐ와 ⓒ, 또는 ⓑ와 ⓓ는 버튼을 누를 때 모두 연결되는 것을 확인한다.

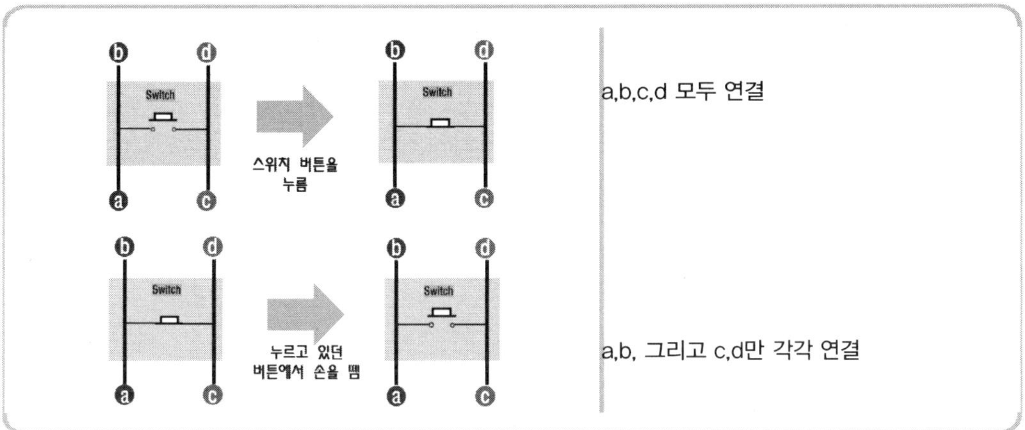

▲ 그림 5-12. 버튼 On/Off

5-5. 풀업, 풀다운 저항 실습

풀업, 풀다운 저항과 연결된 단자의 출력 상태 및 특징을 실습을 통해 살펴보자.

1) 실습부품

아두이노 우노	브레드보드
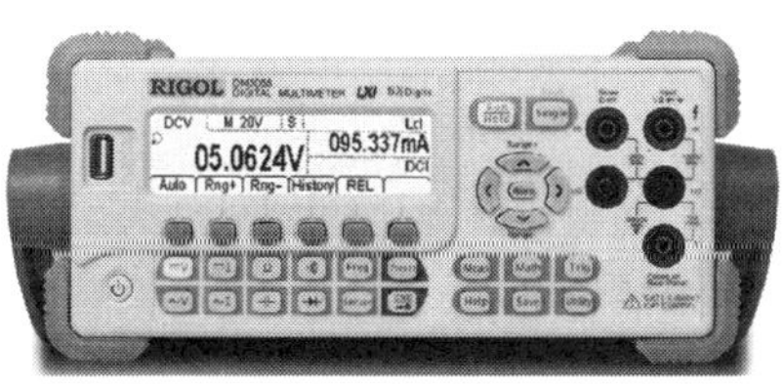	
디지털 멀티미터	택트 스위치 1개

2) 회로 및 배선

아두이노의 전원을 이용하여 풀업 저항을 테스트하기 위한 과정은 다음과 같다.

① 아두이노의 전원 단자(5V)와 접지(GND) 단자를 브레드보드에 연결한다.

② 택트 스위치를 브레드보드에 삽입한다.

③ 브레드보드의 전원(+5V) 단자와 택트 스위치 사이에 저항 10K[Ω]을 연결한다.

④ 저항이 연결된 택트 스위치 옆 단자에 접지를 연결한다.

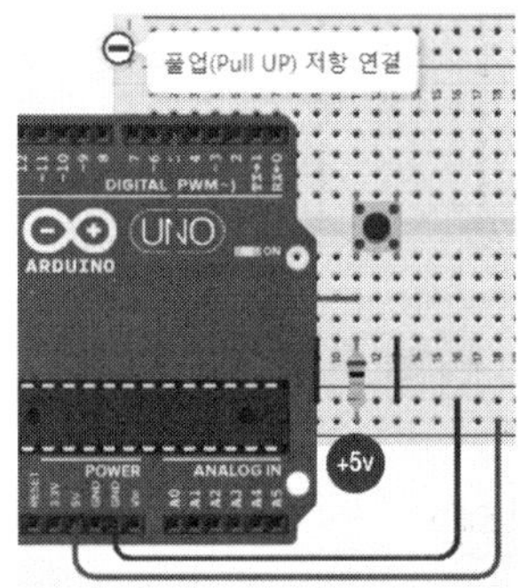

▲ **그림 5-13.** 풀업 저항

3) 실습 결과 및 확인

① 디지털 멀티미터를 전압측정 모드로 설정한다.

② 아두이노의 전원을 공급하고 디지털 멀티미터의 양극(+) 단자를 저항과 택트 스위치가 연결된 지점을 연결하여 전압을 측정한다,

③ 버튼을 누른 상태에서 다시 한번 측정한다.

④ 측정 결과를 확인한다.

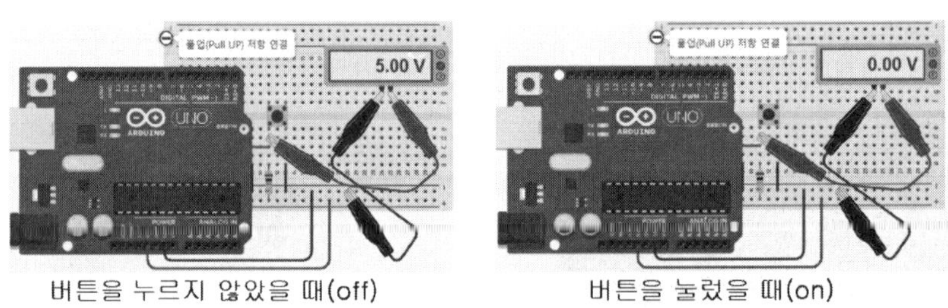

▲ **그림 5-14.** 풀업 저항 결과

4) 회로 및 배선

이번에는 풀다운 저항을 테스트하기 위한 과정은 다음과 같다.

① 아두이노의 전원 단자(5V)와 접지(GND) 단자를 브레드보드에 연결한다.

② 택트 스위치를 브레드보드에 삽입한다.

③ 브레드보드의 접지(GND) 단자와 택트 스위치 사이에 저항 10K[Ω]을 연결한다.

④ 저항이 연결된 택트 스위치 옆 단자에 전원(+5V)를 연결한다.

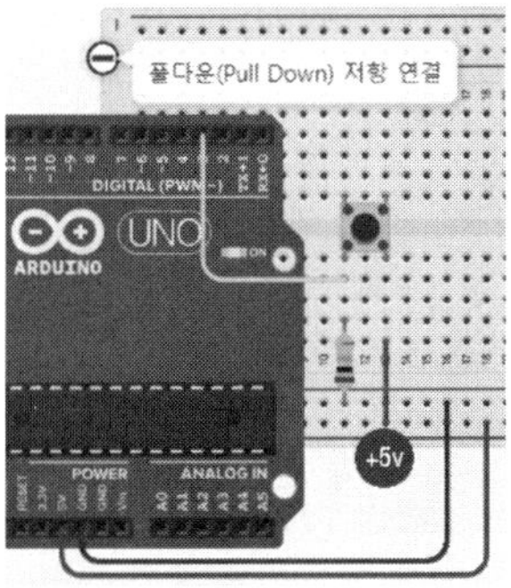

▲ **그림 5-14.** 풀다운 저항

5) 실습 결과 및 확인

① 디지털 멀티미터를 전압측정 모드로 설정한다.

② 아두이노의 전원을 공급하고 디지털 멀티미터의 양극(+) 단자를 저항과 택트 스위치가 연결된 지점을 연결하여 전압을 측정한다,

③ 버튼을 누른 상태에서 다시 한번 측정한다.

④ 측정 결과를 확인한다.

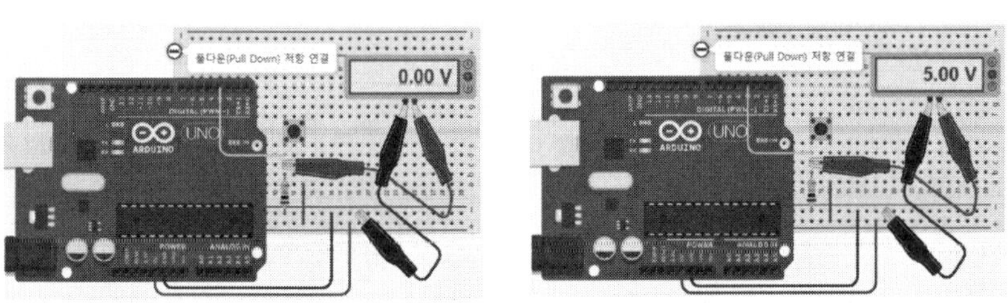

버튼을 누르지 않았을 때(off) 버튼을 눌렀을 때(on)

▲ **그림 5-16.** 풀다운 저항 결과

5-6. 온 오프(On / Off) 선풍기

버튼을 누르면 선풍기가 돌아가고 누르고 있던 버튼에서 손을 떼도 선풍기가 계속 돌아가며 다시 버튼을 누르면 선풍기가 멈추는 기능을 가진 선풍기에 관해서 살펴보자. 즉, 버튼스위치를 누를 때만 On이 아니라 스위치를 누를 때마다 회전(On), 정지(Off)가 반복되도록 코딩을 이용하여 버튼의 상태를 제어해 보자.

▲ 그림 5-17. 버튼 상태 제어

1) 실습부품

	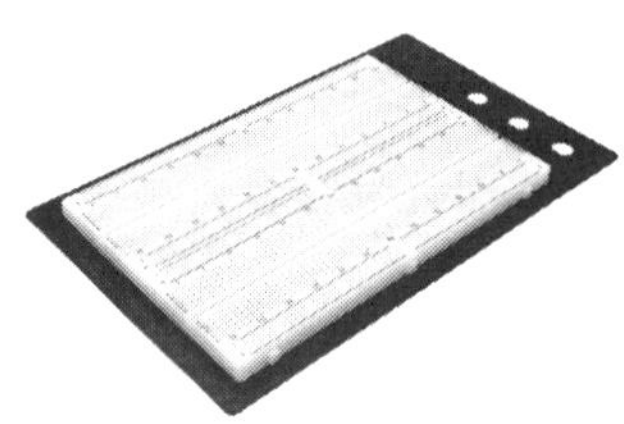
아두이노 우노	브레드보드
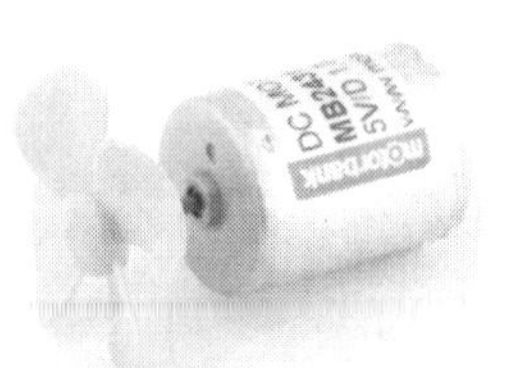	
DC모터(5V/1,050rpm/모터뱅크) 1개	L293D 1개

택트 스위치 1개	저항 10K[Ω] 1개

2) 회로 및 배선

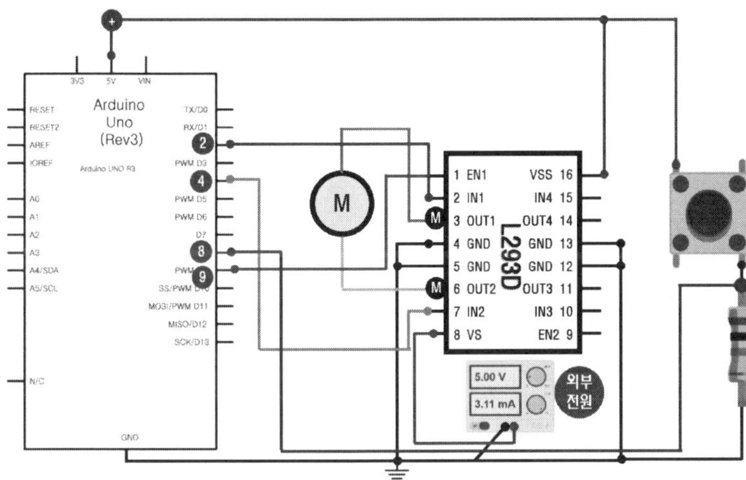

▲ 그림 5-18. 회로도

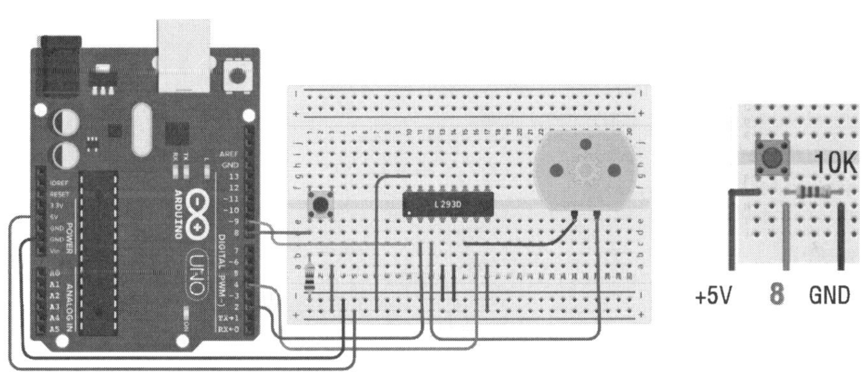

▲ 그림 5-19. 배치도

3) 코딩

【소스】

```
#define motorA_EN  9
#define motorA1  2
#define motorA2  4
int state=0;

void setup() {
  pinMode(motorA1, OUTPUT);
  pinMode(motorA2, OUTPUT);
  pinMode(8, INPUT);
  analogWrite(motorA_EN,0);
}

void loop() {
  if (digitalRead(8) == HIGH) {
     if(state ==0) {
       state=1;
       }
     else if (state == 1) {
        state=0;
         }
     delay(100);
   }

  if(state ==1) {
    digitalWrite(motorA1, HIGH);     // 모터A 입력1. HIGH동작
    digitalWrite(motorA2, LOW);     // 모터A 입력 2. LOW 동작
    analogWrite(motorA_EN, 250);  // DC모터 속도는 255(최대)
   }
  else if(state ==0) {
    digitalWrite(motorA1, LOW);
    digitalWrite(motorA2, LOW);
    analogWrite(motorA_EN, 0);
   }
  delay(100);
}
```

[코딩 설명]

#define motorA_EN 9

IC의 모터 A의 enable 단자(1)에 아두이노 9번 핀 연결한다.

#define motorA1 2

```
#define motorA2  4
```
모터A의 입력1 단자에 아두이노 2번 핀을, 입력 2 단자에 아두이노 4번 핀 연결.
선풍기는 정회전만 필요하므로 다른 입력 단자(A2)는 LOW 상태로 계속 유지.

```
int state=0;
```
버튼의 초기 상태. 0(LOW)
```
pinMode(8, INPUT);
```
버튼(택트)스위치의 입력과 연결된 아두이노 포트 8번
```
analogWrite(motorA_EN,0);
```
처음 시작 시 모터 Off(Enable Low)

```
if (digitalRead(8) == HIGH) {
```
아두이노 8번과 연결된 버튼이 눌린 상태(High)라면

```
if(state ==0) {
  state=1;
```
현재의 모터 상태가 ‘ 0 (정지상태)’라면, state(모터 상태)를 1(회전 상태)로 바꾼다.

```
else if (state == 1) {
  state=0;
```
현재의 모터 상태가 ‘ 1 (회전 상태)’라면, state(모터 상태)를 0(정지 상태)로 바꾼다.

```
delay(100);
```
지연시간(100ms). 지연시간의 크기와 버튼의 누른 속도가 맞지 않을 수 있음.

4) 실습 결과 및 확인

① 컴파일 후 업로드 후 버튼을 눌러본다.

② 버튼을 눌렀을 때만 선풍기가 돌아가고 손을 떼면 멈추는지 확인한다.

③ 버튼을 눌러도 선풍기가 돌아가지 않으면 배선을 확인한다. 특히 택트 스위치의 풀다운 저항 배선을 확인한다.

5-7. 3단 버튼 선풍기

4개의 버튼을 이용하여 정지, 1단, 2단, 3단으로 회전속도가 다르게 동작하는 선풍기에 관해서 살펴보자.

회전속도를 구분하는 방법으로 RGB LED를 이용하고 3단으로 동작하는 버튼 선풍기를 꾸미는 실습을 다음과 같다.

▲ **그림 5-20.** 3단 선풍기

1) 실습부품

	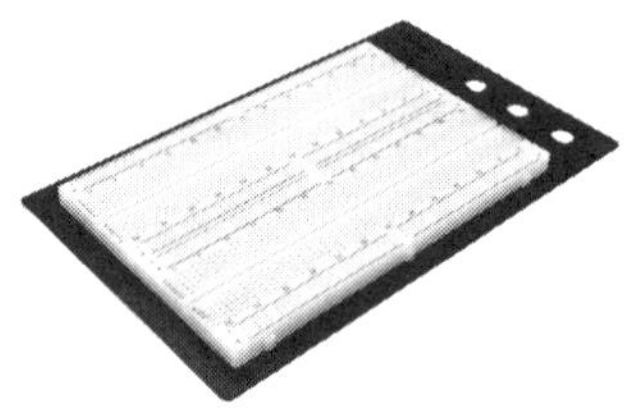	
아두이노 우노	브레드보드	
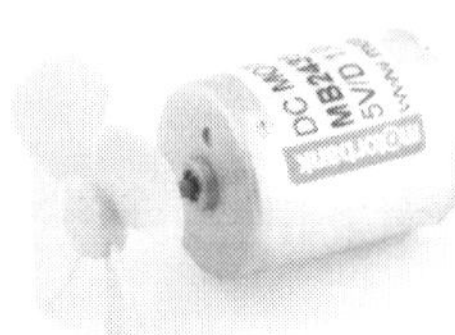		
DC모터(5V/1,050rpm/모터뱅크) 1개	L293D 1개	
		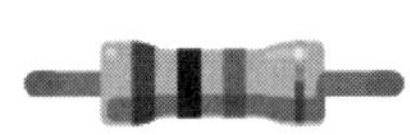
택트 스위치 4개	RGB LED 1개	저항 10K[Ω] 1개

2) 회로 및 배선

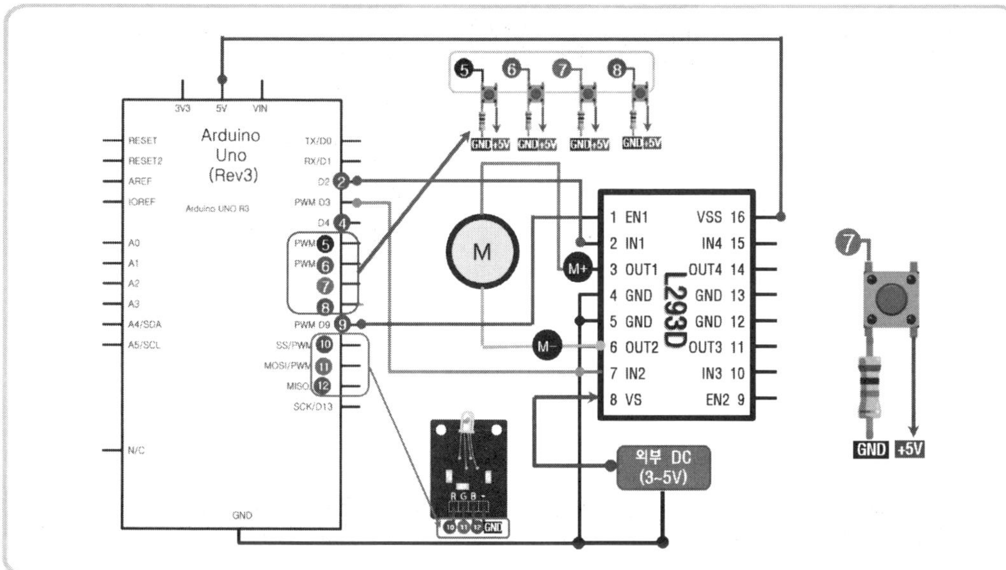

▲ 그림 5-21. 회로도

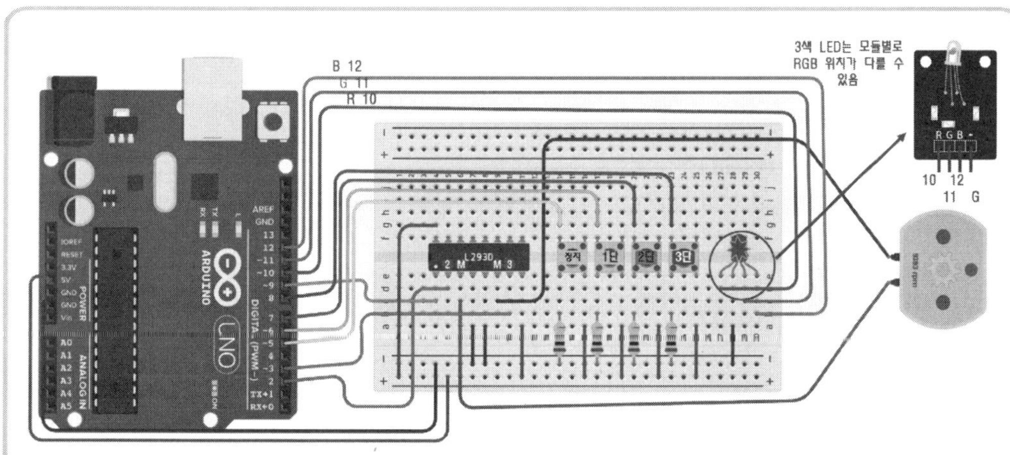

▲ 그림 5-22. 배선도

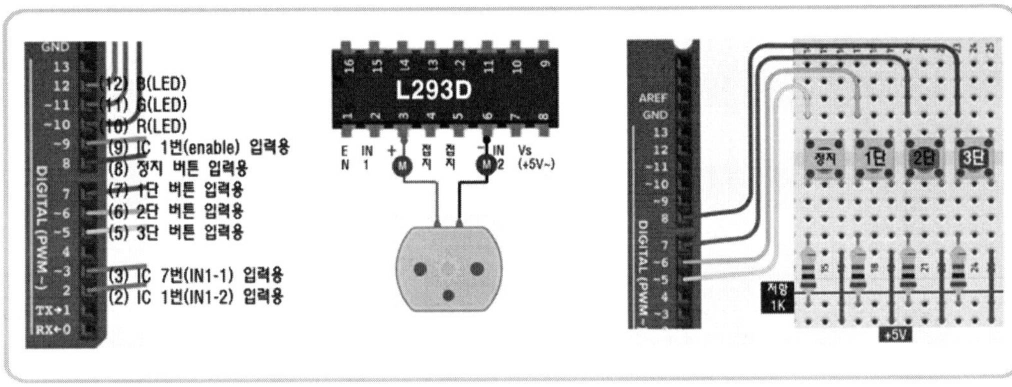

▲ **그림 5-23.** 연결도

3) 코딩

【소스】

```
#define motorA1  2
#define motorA2  3
#define motorA_EN 9
int btn=0;

 void setup( ) {
  pinMode(motorA1, OUTPUT);
  pinMode(motorA2, OUTPUT);
  pinMode(motorA_EN, OUTPUT);
  pinMode(5, INPUT);
  pinMode(6, INPUT);
  pinMode(7, INPUT);
  pinMode(8, INPUT);
  pinMode(10,OUTPUT);
  pinMode(11,OUTPUT);
  pinMode(12,OUTPUT);
  analogWrite(motorA_EN, 0);
}
```

[코딩 설명]

#define motorA1 2
#define motorA2 3

IC의 모터 A의 입력 1과 입력 2를 각각 아두이노의 포트 2번, 3번에 연결

#define motorA_EN 9

IC의 모터A Enable1 입력과 아두이노 포트 9번 연결

int btn=0;

버튼의 초기 상태. 0(LOW)

```
pinMode(motorA1, OUTPUT);
pinMode(motorA2, OUTPUT);
```

L293D(모터 IC)의 입력 1(2번 핀)과 입력 2(7번 핀)과 연결된 아두이노의 단자(포트 2, 포트 3)을 출력(OUTPUT) 모드로 설정.

```
pinMode(motorA_EN, OUTPUT);
```

L293D(모터 IC)의 Enable 1(1번 핀)핀과 연결된 아두이노의 단자 9를 출력(OUTPUT) 모드로 설정.

```
pinMode(5, INPUT);
pinMode(6, INPUT);
pinMode(7, INPUT);
pinMode(8, INPUT);
```

정지용 버튼(택트 스위치)와 연결된 아두이노 포트 5번을 입력모드로 설정. 그리고 1단, 2단, 3단 용 버튼과 연결된 아두이노 6번,7번,8번 포트를 입력(INPUT)모드로 설정한다.

```
pinMode(10,OUTPUT);
pinMode(11,OUTPUT);
pinMode(12,OUTPUT);
```

선풍기(모터)의 회전속도를 색으로 나타내기 위해 RGB LED의 단자와 연결된 아두이노 10번,11번, 12번 포트를 출력(OUTPUT) 모드로 설정한다.

```
analogWrite(motorA_EN, 0);
```

모터의 초기값(모터 속도)는 정지(0)상태.

【소스】 계속

```
void loop() {
if (digitalRead(5) == HIGH) {
  btn=0;
 }
if (digitalRead(6) == HIGH) {
  btn=1;
 }
if (digitalRead(7)== HIGH) {
  btn=2;
 }
if (digitalRead(8)== HIGH) {
  btn=3;
 }
```

[코딩 설명]

```
if(digitalRead(5) == HIGH) {
 btn=0; }
```

정지 버튼((아두이노 5번 포트와 연결)이 눌렸다면(High) 버튼의 상태를 저장하고 있는 변수 btn의 값을 0으로 저장한다.

```
if (digitalRead(6) == HIGH) {
  btn=1; }
if (digitalRead(7)== HIGH) {
  btn=2; }
if (digitalRead(8)== HIGH) {
  btn=3; }
```

아두이노 보드의 6번, 7번, 8번 포트와 연결된 1단, 2단, 3단 용 버튼이 눌렸다면(High) btn 값은 해당 버튼값에 맞추어 각각 1,2,3으로 저장된다. 즉, btn에 저장되는 값은 선풍기의 단수(회전속도)를 저장하기 위한 변수이다.

【소스】 계속

```
switch(btn) {
  case 0:
    analogWrite(motorA_EN,0);
    digitalWrite(motorA1, LOW);
    digitalWrite(motorA2, LOW);
    analogWrite(10,0);
    analogWrite(11,0);
    analogWrite(12,0);
  break;

  case 1:
    analogWrite(motorA_EN, 120);
    digitalWrite(motorA1,HIGH);
    digitalWrite(motorA2,LOW);
    analogWrite(10,0);
    analogWrite(11,255);
    analogWrite(12,0);
  break;

  case 2:
    analogWrite(motorA_EN, 180);
    digitalWrite(motorA1,HIGH);
    digitalWrite(motorA2, LOW);
    analogWrite(10,0);
    analogWrite(11,0);
    analogWrite(12,255);
  break;

  case 3:
    analogWrite(motorA_EN, 250);
    digitalWrite(motorA1, HIGH);
```

```
      digitalWrite(motorA2, LOW);
      analogWrite(10,255);
      analogWrite(11,0);
      analogWrite(12,0);
    break;
  }
}
```

[코딩 설명]

```
switch(btn){
 case 0:
  analogWrite(motorA_EN,0);
  digitalWrite(motorA1, LOW);
  digitalWrite(motorA2, LOW);
  analogWrite(10,0);
  analogWrite(11,0);
  analogWrite(12,0);
  break;
```

switch case break 문장을 이용하여 각 버튼의 상태에 따라 모터의 회전속도와 LED의 색상을 다르게 표시한다. 정지 버튼(btn=0) 누르면 선풍기는 정지상태(motorA_EN,0)가 되고 RGB LED의 R,G,B 출력은 각각 '0,0,0'이 되어 불빛은 모두 꺼져있는 상태가 된다.

```
 case 1:
  analogWrite(motorA_EN, 120);
  digitalWrite(motorA1,HIGH);
  digitalWrite(motorA2, LOW);
  analogWrite(10,0);
  analogWrite(11,0);
  analogWrite(12,255);
 break;
```

1단 버튼을 눌렀을 때 선풍기는 1단(저속)으로 회전하도록 IC의 Enable 핀(1번) 과 연결된 아두이노의 9번 포트(motorA_EN)의 출력(analogWrite())을 120(최대 255)이 되도록 한다. analogWrite(motorA_EN, 120).

그리고 선풍기의 회전속도가 낮은 속도(저속)임을 파란색으로 표현하기 위해 RGB LED의 R,G,B 단자 중 초록색(B) 단자와 연결된 아두이노의 12번 포트 출력만 255로 지정한다. analogWrite(12,255). 나머지 2, 3단 버튼에 대한 처리는 동일한 방법으로 모터의 속도와 RGB LED만 색상을 바꾸어 주면 된다. 즉, 2단일 때는 analogWrite(motorA_EN, 180)와 analogWrite(11,255)로, 3단(최고속도) 일 때는 analogWrite(motorA_EN, 255)와 analogWrite(10,255)로 추가하여서 코딩하면 된다.

4) 실습 결과 및 확인

① 1단 속도 버튼을 눌렀을 때 비교적 느린 속도로 선풍기가 돌아가는지 확인한다.

② 선풍기 동작 중 정지 버튼을 누르면 멈추는지 확인한다.

③ 나머지 2단, 3단 버튼을 눌러 해당 속도로 선풍기가 돌아가는지 확인한다.

④ RGB LED가 해당 속도에 맞게 정상적으로 동작하는지 확인한다.

⑤ 선풍기가 돌아가지 않으면 배선 및 코딩 내용을 을 확인한다.

【연습문제】

01 L293D의 Enable 1(1번)핀에 HIGH 신호를 입력한 상태에서 입력 단자 IN1, IN2에 'HIGH' 신호를 입력하였을 경우 모터가 동작하지 않는다. 원인 및 해결 방법을 설명하시오.

02 택트 스위치의 구조에 관해서 설명하시오.

03 플로팅 현상에 대하여 설명하시오.

04 풀업, 풀다운 저항에 대하여 설명하시오.

05 택트 스위치에 풀다운 저항(10K)을 연결하여 정상적으로 동작하도록 브레드보드를 이용하여 택트 스위치(c,d,e,f)와 저항(a,b), 전원 등을 연결하여 배선을 완성하시오.

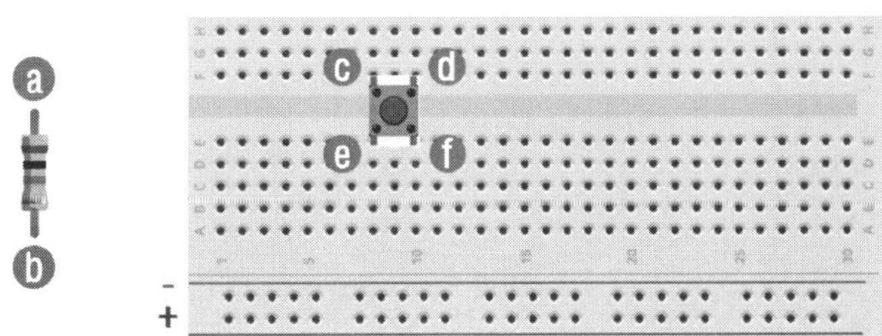

CHAPTER 6

DC모터 선풍기 응용

하나의 버튼만으로 선풍기의 속도를 제어하기 위한 DC모터 응용 예제를 통해 기본지식을 학습한다. 하나의 택트 스위치를 이용하여 선풍기 팬의 속도를 정지, 1단(저속), 2단(중속), 3단(고속) 등 속도 조절이 가능한 3단 선풍기 제작 및 회전속도 제어를 위한 과정을 학습한다.

6-1. 모터 드라이버 기본 동작

293D 모터 드라이버를 이용하여 2개의 모터 중 하나(M1)를 사용하기 위한 연결 방법과 동작 모드를 살펴보자

1) 회로 배선 및 참고 내용

① PWM 방식으로 속도 조절을 위해 IC의 1번 핀과 아두이노 포트를 연결한다. 아두이노는 아날로그 출력이 가능한 포트(~표시)에 연결한다.

② IC의 2번 핀과 7번 핀은 입력용으로 아두이노와 연결한다. 모터가 회전하려면 서로 반대로 신호가 유입되어야 한다. 즉, 2번 핀에 "HIGH"가 7번 핀 "LOW" 신호가 유입되면 모터가 정회전을 하고 2번 핀에 "LOW"를 7번 핀 "HIGH" 신호가 유입되면 역회전한다.

③ 모터를 IC의 3번과 6번 단자에 연결한다.

④ IC의 4, 5번 핀은 접지 단자와 연결한다.

⑤ IC 동작용 전원으로 16번(Vss)에 +5V를 연결한다.

⑥ IC의 8번(Vs)은 모터 동작용 전원으로 만약 +12V용 모터라면 IC의 동작 전압과 다르므로 12V용 외부 전원을 연결하고 5V용 모터라면 16번 핀과 같이 연결하면 된다.

모터 1

Enable A	IN1	IN2	모터 동작
HIGH	HIGH	LOW	모터 정회전
HIGH	LOW	HIGH	역회전
LOW	-	-	멈춤(정지)

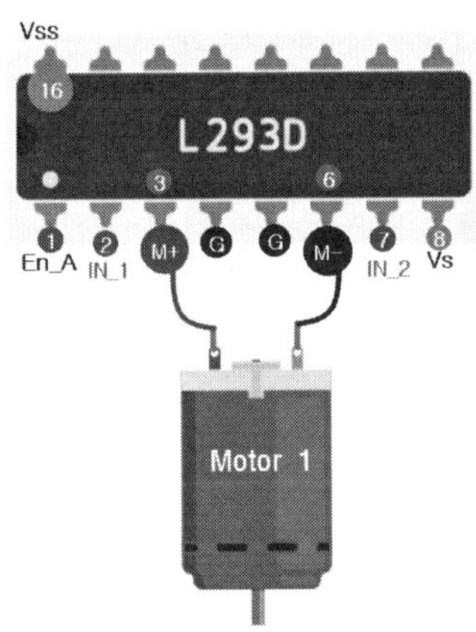

▲ 그림 6-1. L293D의 주요 배선

6-2. 원(One) 버튼 3단 선풍기 속도제어 실습

하나의 버튼을 이용하여 3단으로 모터의 속도를 제어하는 3단 선풍기의 실습 과정을 살펴보자.

1) 실습부품

아두이노 우노

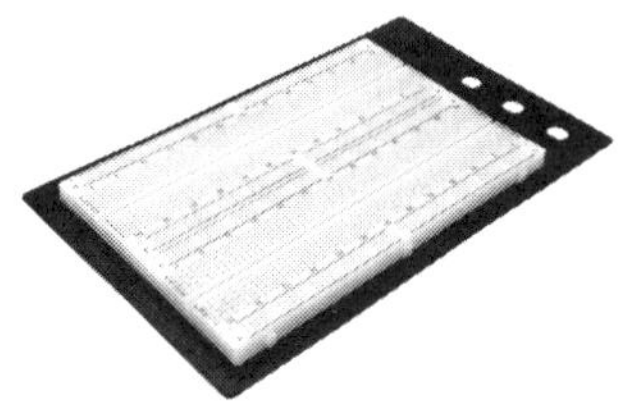

브레드보드

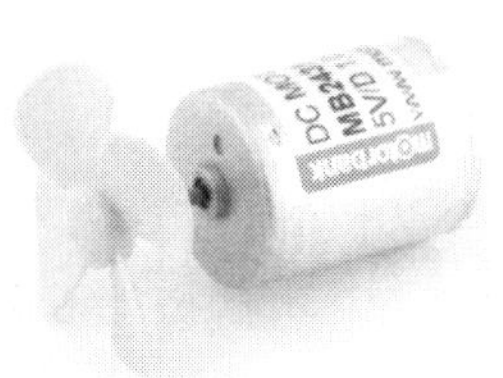

DC모터(5V/1,050rpm/모터뱅크) 1개

L293D 1개

택트 스위치 4개

RGB LED 1개

저항 10K[Ω] 1개

2) 회로 및 배선

선풍기의 회전속도를 1단, 2단, 3단 등으로 제어하며 RGB LED 모듈을 사용하여 시각적으로 속도를 표시하기 위한 과정을 살펴보자.

RGB LED를 사용하면 선풍기의 1단, 2단, 3단 등 회전속도를 시각적으로 표시할 수 있는데 만약 RGB LED가 없는 경우는 일반 LED와 저항 220[Ω]을 연결하면 된다.

4개의 택트 스위치에 10K[Ω] 풀다운 저항을 연결하여 아두이노의 5번 포트부터 8번 포트까지 연결하여 속도제어 입력용으로 사용하였다.

하나의 모터를 사용하여 선풍기를 만들면 되므로 L293D 모터 드라이버는 1번부터 8번 핀, 그리고 16번 핀(IC 구동 전원용)을 사용한다.

① 아두이노의 9번 포트와 IC의 1번(Enable 1)과 연결한다.
② 아두이노의 2번과 4번 포트를 IC의 입력 1(2번) 핀, 입력 2(4번) 핀과 연결한다.
③ 모터의 각 단자를 IC의 3번 핀(OUT 1)과 6번 핀((OUT 2)와 연결한다. 만약 선풍기가 반대로 돌면 위치를 서로 바꾼다.
④ 4개의 택트 스위치를 브레드보드에 삽입 후 각 스위치에 풀다운 저항을 연결한다. 그리고 스위치와 저항이 연결된 부분을 아두이노 보드의 5번부터 8번까지 입력용으로 연결한다.
⑤ RGB LED 모듈은 4개의 핀으로 구성되어 있으며 접지(GND)를 제외한 나머지 핀을 아두이노의 10,11,12번 포트에 출력용으로 연결한다.

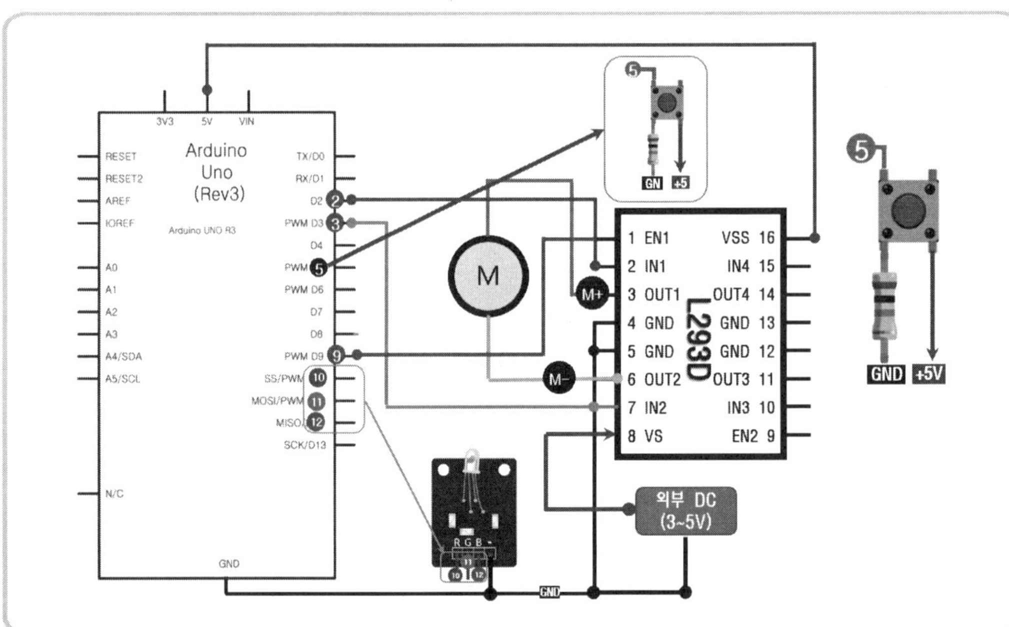

▲ 그림 6-2. 회로도

⑥ 만약 모터용 전원과 아두이노 전원을 같이 사용하였을 경우 힘이 약하면 그림 6-2처럼 회로처럼 외부 전원(직류전원공급기, 배터리)를 사용하면 된다.
⑦ RGB LED 모듈은 제조사마다 RGB가 다를 수 있으므로 주의해야 한다.

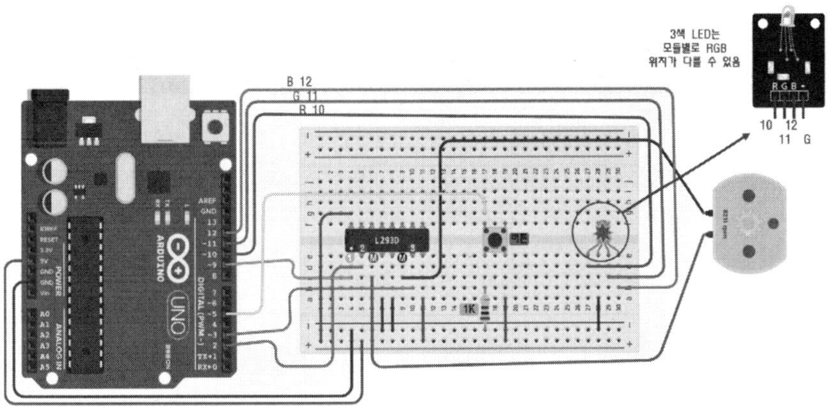

▲ **그림 6-3.** 배선도

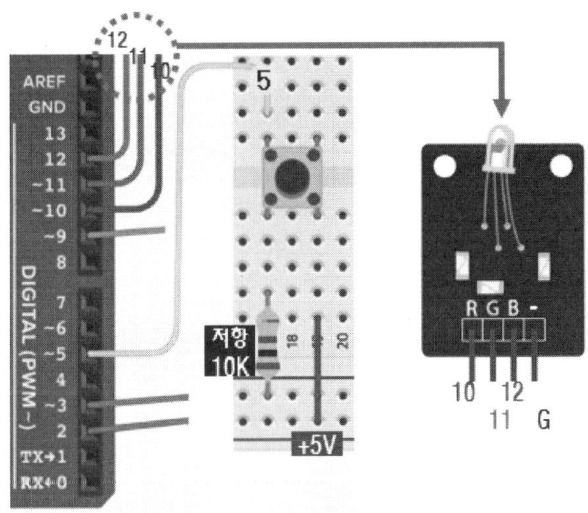

[그림 6-4.]

▲ **그림 6-4.** 풀다운 저항과 RGB LED 배선도

3) 코딩

【소스】

```
#define motorA1  2
#define motorA2  3
#define motorA_EN 9
#define SW1 5
int R=10;
int G=11;
int B=12;
int btn_cnt=0;

 void setup( ) {
  pinMode(motorA1, OUTPUT);
  pinMode(motorA2, OUTPUT);
  pinMode(motorA_EN, OUTPUT);
  pinMode(SW1, INPUT);
  pinMode(R,OUTPUT);
  pinMode(G,OUTPUT);
  pinMode(B,OUTPUT);

  digitalWrite(motorA1,HIGH);
  digitalWrite(motorA2,LOW);
  digitalWrite(motorA1,LOW);
  analogWrite(motorA_EN, 0);
  Serial.begin(9600);
}
```

[코딩 설명]

```
#define motorA1  2
#define motorA2  3
```

IC의 모터 A의 입력 1과 입력 2를 각각 아두이노의 포트 2번, 3번에 연결한다.

```
#define motorA_EN 9
```

IC의 모터A Enable1 입력과 아두이노 포트 9번 연결한다.

```
#define SW1 5
```

아두이노 5번 포트와 택트 스위치의 입력 핀 연결한다.

```
int R=10,  int R=11,  int R=12,
```

RGB LED 또는 RGB 모듈의 각 단자와 아두이노 포트와 연결상태. 즉, LED의 R(빨강),G(초록),B(파랑) 단자를 각각 아두이노의 10,11,12번 포트와 연결한다

```
int btn_cnt=0;
```
스위치 누른 횟수(카운트). 초기 상태는 0이다.

```
pinMode(SW1, INPUT);
```
속도 제어용 택트 스위치와 연결된 아두이노 포트 5번을 입력모드로 설정한다.

```
pinMode(motorA1, OUTPUT);
pinMode(motorA2, OUTPUT);
```
L293D(모터 IC)의 입력 1(2번 핀)과 입력 2(7번 핀)과 연결된 아두이노의 단자(포트 2, 포트 3)을 출력(OUTPUT) 모드로 설정한다.

```
pinMode(motorA_EN, OUTPUT);
```
L293D(모터 IC)의 Enable 1(1번 핀)핀과 연결된 아두이노의 단자 9를 출력(OUTPUT) 모드로 설정한다.

```
pinMode(R,OUTPUT); pinMode(G,OUTPUT); pinMode(B,OUTPUT);
```
선풍기(모터)의 회전속도를 색으로 나타내기 위해 RGB LED의 단자와 연결된 아두이노 10번,11번,12번 포트를 출력(OUTPUT) 모드로 설정한다.

```
digitalWrite(motorA1, HIGH);
digitalWrite(motorA2, LOW);  // 모터 A2의 입력=HIGH(이때 A1은 LOW)
```
모터 동작. A1(HIGH), A2(LOW) 신호를 입력한다.
모터 동작 조건은 A1=LOW && A2=HIGH 또는 역회전시 A1=HIGH && A2=LOW

```
analogWrite(motorA_EN, 0);
```
모터의 초기 값(모터 속도)는 정지(0)상태이다.

```
Serial.begin(9600);
```
9600[baud] 속도로 시리얼 통신 시작.

【소스】 계속

```
void loop( ) {
Serial.println(btn_cnt);
if (digitalRead(SW1) == HIGH) {
  if(btn_cnt==0) {
    btn_cnt++;
   }
  else if (btn_cnt== 1) {
    btn_cnt++;
   }
  else if (btn_cnt== 2) {
    btn_cnt++;
   }
  else if(btn_cnt== 3) {
    btn_cnt=0;
   }
 delay(200); 버튼 지속시간이 너무 작거나 크면 버튼 누름 시 오동작 발생)
 }
```

[코딩 설명]

```
Serial.println(btn_cnt);
```

스위치 누른 횟수(카운트)를 시리얼 모니터로 출력한다.

```
if (digitalRead(SW1) == HIGH) {
```

만약 스위치(SW1)가 눌렸다면(HIGH). 즉, 풀 다운 저항이 연결된 택트 스위치는 누르지 않았을 때는 LOW 신호를 출력하고 눌렸을 때는 HIGH 신호를 출력하여 아두이노의 입력포트(5번 포트)로 입력된다.

```
if (btn_cnt==0) {
  btn_cnt++;
 }
else if (btn_cnt==1) {
  btn_cnt++;
 }
else if (btn_cnt==2) {
  btn_cnt++;
 }
else if (btn_cnt==3) {
   btn_cnt=0;
 }
```

스위치(SW1)를 누를 때마다 누르기 직전의 누른 횟수(btn_cnt)를 확인하고 1씩 증가시켜 선풍기의 속도를 점점 증가시킨다. 즉, 누른 횟수(btn_cnt)가 0일 때 스위치를 누르면 1단(btn_cnt=1)으로 동작하고 1단일 때 누르면 2단(btn_cnt=2)으로 동작하고 2단일 때 누르면 3단(btn_cnt=3)으로 동작하다가 다시 누르면 정지((btn_cnt=0)하도록 동작한다.

【소스】 계속

```
switch(btn_cnt) {
   case 0:
    analogWrite(motorA_EN,0);
    analogWrite(R,0);
        analogWrite(G,0);
        analogWrite(B,0);
   break;

   case 1:
       analogWrite(motorA_EN,150);
    analogWrite(R,0);
    analogWrite(G,255);
    analogWrite(B,0);
   break;

   case 2:
   analogWrite(motorA_EN,200);
    analogWrite(R,0);
        analogWrite(G,0);
        analogWrite(B,255);
   break;

   case 3:
      analogWrite(motorA_EN,255);
      analogWrite(R,255);
      analogWrite(G,0);
      analogWrite(B,0);
  break;

  }
}
```

[코딩 설명]

```
switch(btn_cnt) {
  case 0:
    analogWrite(motorA_EN,0);
    analogWrite(10,0);
    analogWrite(11,0);
    analogWrite(12,0);
  break;
```

스위치를 한 번도 누르지 않았거나, 4번 눌렀을 때(btn_cnt)는 정지 모드(case 0)이며 IC의 1번 핀(Enable 1)과 연결된 아두이노의 9번 출력을 0(LOW) 신호를 출력(motorA_EN,0)하여 모터를 정지한다. 또한 속도를 색으로 표현하기 위해 RGB LED를 이용할 경우 정지상태이므로 RGB 모두 0(LOW)으로 출력한다.

```
analogWrite(10,0);
```

```
case 1:
  analogWrite(motorA_EN,150);   // DC모터 속도는 150(최대 255)
  analogWrite(R,0);             //RED 색 LED 출력 0
  analogWrite(G,255);           //GREEN색 LED 출력 1
  analogWrite(B,0);             //BLUE 색 LED 출력  0
break;
```

선풍기가 정지상태에서 스위치를 누르면 저속의 1단 모드(case 1)가 되며 IC의 1번 핀(Enable 1)과 연결된 아두이노의 9번 포트에서 150의 PWM 신호(최대 255)가 출력된다. RGB LED를 이용하여 1단(저속)임을 표현하기 위하여 RGB 중 초록색 단자(G)에만 255의 값을 출력(analogWrite(G,255);)하고 나머지 빨강(R), 파랑(B) 단자의 값은 0(LOW)으로 출력(analogWrite(R,0); analogWrite(B,0);)한다.

만약 switch case 문장 대신 if 문을 이용할 경우 loop 문 아래의 코딩은 다음과 같다.

【if 문을 이용한 경우】 switch case ⇨ if else

```
void loop( ) {
 Serial.println(Level);                //모터 속도 레벨을 시리얼 모니터 출력
 if (digitalRead(SW1) == HIGH) {
   if(Level==0){
          Level++;                     // 모터 속도 레벨을 1증가(Level=1).
          analogWrite(9,90);           // 1단 모드 동작
   }
 else if(Level==1) {
        Level++;                       // 모터 속도 레벨을 1증가(Level=2).
        analogWrite(9,130);            // 2단 모드 동작
  }
 else if(Level==2) {
   Level++;                            // 모터 속도 레벨을 1증가(Level=3).
      analogWrite(9,255);              // 3단 모드 동작
      }
 else if(Level==3){
      Level=0;                         // 모터 속도 레벨을 0. 정지(Level=0).
      analogWrite(9,0);                // 정지 모드 동작
   }
 delay(200);
 }
}
```

[코딩 설명]

```
void loop( ) {
Serial.println(Level);
   모터의 속도 레벨을 시리얼 모니터 출력한다.

if (digitalRead(SW1) == HIGH) {
   스위치(SW1) 읽은 값이 'HIGH'이면. 버튼을 누른 경우

if(Level==0){
  Level++;
  analogWrite(9,90);
}
   모터의 속도 레벨이 '0'이라면 모터의 속도 레벨을 1 증가시키고 모터는 1단 모드로 동작한다.

else if(Level==1) {
  Level++;
  analogWrite(9,130);
  }
   모터의 속도 레벨이 '1'이라면 모터의 속도 레벨을 1 증가시키고 모터는 2단 모드로 동작한다.

else if(Level==2) {
    Level++;
       analogWrite(9,255);
       }
   모터의 속도 레벨이 '2'라면 모터의 속도 레벨을 1 증가시키고 모터는 3단 모드로 동작한다.

else if(Level==3){
       Level=0;
       analogWrite(9,0);
   }
   모터의 속도 레벨이 '3'라면 모터의 속도 레벨을 0으로 하여 모터는 정지모드로 동작한다.
```

4) 실습 결과 및 확인

① 버튼을 누를 때마다 1단 ⇨ 2단 ⇨ 3단 ⇨ 정지를 반복하며 선풍기가 돌아가는지 확인한다.

② 버튼을 너무 빠르게 또는 오랫동안 누르면 정확한 동작이 어려우므로 일정 시간 동안 버튼을 눌러 동작을 확인한다.

③ RGB LED를 동시에 동작하려면 이전 예제의 코딩을 참고하여 추가한다.

④ 선풍기가 돌아가지 않으면 배선 및 코딩 내용을 확인한다.

【연습문제】

01 if ~ else if 문에 대하여 설명하시오.

02 switch ~ case 문에 대하여 설명하시오.

03 만약 위의 실습 회로에서 버튼을 눌렀을 때 'LOW'가 누르지 않았을 때 'HIGH'가 유입되게 하려면 택트 스위치와 저항을 풀업, 풀다운 저항 중 어떠한 형태로 연결해야 하는지 설명하시오.

04 선풍기의 속도 조절을 위해 L293D의 Enable 단자 1번, 또는 9번 핀에 analogWrite()를 사용하는 이유는 무엇인가?

05 다음 그림은 모터 드라이브 IC(L293D)의 핀 배열이다. 핀 1번~16번까지의 명칭(기능) 중 빠져 있는 부분을 채워 넣으시오.

핀	1	2	3	4	5	6	7	8
기능		입력1 (모터A)		접지 (GND)	접지 (GND)	모터A 연결 2		

핀	9	10	11	12	13	14	15	16
기능	enable (모터B)		모터B 연결 1	접지 (GND)	접지 (GND)		입력3 (모터B)	

CHAPTER 7

서보모터 위치제어

서보모터의 특징, 구조 등 기본지식을 학습하고 위치제어를 위한 기본 동작 및 가변저항을 이용한 서보모터의 각도를 제어하는 과정을 학습한다.

7-1. 서보모터의 개념 및 특징

서보모터는 제어된 위치로 정밀하게 움직이도록 설계된 모터이다. 이 모터는 특별한 피드백 시스템과 함께 작동하여 목표 위치를 정확하게 유지할 수 있다.

서보모터의 개념을 이해하기 위해 몇 가지 기본 개념을 살펴보자.

1) 서보모터의 정의

서보모터((Servo Motor)는 명령에 따라 정밀한 위치와 속도로 회전할 수 있으며 각도 또는 선형 위치, 속도 및 가속도를 정확하게 제어할 수 있는 회전식 액추에이터(actuator) 또는 선형 액추에이터이다. 즉, 제어 대상이 되는 장치의 입력이 임의로 변화할 때, 출력을 미리 설정한 목표 값에 이르도록 자동으로 제어하는 장치인 서보기구(servo mechanism)를 구동시키는 모터를 의미한다.

서보(Servo)라는 용어는 노예를 의미하는 라틴어의 'servus'에서 유래한 말로써 '추종한다', '따른다'는 의미를 갖는다.

서보모터는 피드백 시스템과 함께 작동하여 정확한 위치제어를 가능케 하며, 이는 로봇공학, 자동화 시스템, CNC 기계 및 다양한 제어 시스템에서 사용된다.

서보모터는 빠른 응답과 넓은 속도제어의 범위를 가진 제어용 모터로서 그 전원에 따라 직류 서보모터와 교류 서보모터로 분류된다. 교류 서보모터의 대부분은 3상 서보모터이다.

움직임을 지정하면 원형으로 빙빙 돌기만 하는 일반적인 모터와는 달리 제어·계측 회로에 의해 정확하게 움직이며 설정한 각도(일반적으로 0에서 180도)까지 돌릴 수 있다.

2) 특징

서보모터는 피드백 제어 시스템과 함께 사용되어 원하는 위치를 정확하게 유지하고 제어할 수 있으며 일반적으로 다음과 같은 특징을 가지고 있다.

① 피드백 시스템

서보모터는 피드백 장치를 통해 현재 위치를 감지하고 이 정보를 제어 시스템에 제공한다. 일반적으로는 엔코더 또는 리미트 스위치와 같은 장치가 사용되며, 이를 통해 제어 시스템은 모터의 현재 위치를 실시간으로 알 수 있다.

② 고속 및 고토크

서보모터는 높은 토크와 빠른 회전속도를 제공할 수 있다. 이러한 특성으로 인해 고속 및 고정밀 응용 분야에서 많이 사용된다.

③ 정밀한 위치제어

서보모터는 제어 시스템에서 목표 위치와 현재 위치의 차이를 계산하여 오차 신호를 생성한다. 이 오차 신호를 토대로 제어 알고리즘은 모터를 움직이고, 피드백 시스템을 통해 실제 위치를 계속 감시하여 오차를 최소화할 수 있어서 목표 위치로의 정확한 이동이 가능하다.

④ 모션 프로파일 지원

서보모터는 물리적인 동작 정보를 알려주고 모터가 이동 중에 동작하는 방법을 그래픽으로 나타내어 컨트롤러에서 모터에 보낼 명령을 결정하는 데 사용하는 모션 프로파일(Motion Profile)을 지원하여 다양한 운동 제어 요구에 대응할 수 있다. 가속, 감속 및 속도 프로파일 등을 지원한다.

⑤ 내구성 및 안정성

서보모터는 일반적으로 내구성이 뛰어나며 안정적으로 작동할 수 있도록 설계되어 있다.

7-2. 서보모터 응용 분야

서보모터는 정밀한 위치제어와 고속 회전에 적합한 모터로 다양한 산업 분야에서 사용되며, 자동화 및 로봇 응용, CNC 기계, 자동차 산업, 항공우주 산업, 의료 기기, 소비자 전자제품 등 다양한 분야에서 활용된다. 서보모터의 주요 응용 분야 다음과 같다.

1) 로봇공학 분야

서보모터는 로봇의 다양한 부분에서 사용된다. 로봇 팔, 다리 및 기타 관절 부분에서 정밀한 위치제어가 필요하기 때문에 서보모터가 적합하다.

2) 자동차 제조업 분야

자동차 산업에서는 서보모터가 차량의 다양한 기능을 제어하는 데 사용된다. 예를 들어, 장눈, 좌석 및 미러 등의 작동 부분에서 서보모터가 사용된다.

3) 항공우주 산업 분야

비행기와 우주 탐사기에서는 서보모터가 승무원의 좌석, 날개 조절 및 다양한 기타 시스템에서 사용된다.

4) 산업 자동화 및 CNC 기계 분야

서보모터는 공작 기계 및 CNC (컴퓨터 숫자 제어) 기계에서 정밀한 위치제어를 위해 사용된다.

5) 의료 기기 분야

의료 분야에서는 서보모터가 환자의 치료를 위한 다양한 기기에서 사용된다. 예를 들면 의료 로봇, 스캐너 및 수술 로봇에서 서보모터가 활용된다.

6) 소비자 전자제품 분야

카메라의 포커스 제어, 프린터의 운전 부분, 드론의 각종 움직임 제어 등 다양한 소비자 전자제품에서도 서보모터가 사용된다.

7) 로켓 및 위성 제어 분야

우주 비행체에서는 서보모터가 로켓 및 위성의 제어 시스템에서 사용되어 정밀한 방향 조절이 가능하다.

7-3. 서보모터 시스템

서보모터 시스템은 전동 모터, 피드백 장치, 제어 시스템으로 구성되어 정밀한 위치제어 및 운동을 가능케 하는 시스템이다. 각 구성요소는 서보 시스템의 원활한 운영과 정확한 제어를 위해 협력한다. 일반적인 서보모터 시스템의 구성요소는 다음과 같다.

1) 서보모터 (Servo Motor)

서보모터는 시스템의 핵심 구성요소로, 전동 모터의 일종으로서 정밀한 위치제어와 고속 운전이 가능합니다. 서보모터는 피드백 시스템에 의해 감지된 현재 위치와 제어 시스템으로부터의 명령을 받아 정확한 위치로 움직인다.

2) 피드백 시스템 (Feedback System)

피드백 시스템은 서보모터의 현재 위치, 속도, 가속도 등의 정보를 측정하는 역할을 합니다. 주로 엔코더가 사용되며, 이 정보는 제어 시스템으로 보내져 현재 상태를 실시간으로 감지하고 피드백 한다.

3) 제어 시스템 (Control System)

제어 시스템은 피드백 시스템의 정보를 기반으로 서보모터를 제어합니다. 오차 신호를 계산하고 제어 알고리즘을 활용하여 모터를 목표 위치로 움직이도록 신호를 생성합니다. 제어 시스템은 종종 PID(Proportional, Integral, Derivative) 제어와 같은 알고리즘을 사용하여 정밀한 위치 제어를 수행한다.

4) 모션 프로파일 (Motion Profile)

모션 프로파일은 서보모터의 움직임을 정의하는 데 사용된다. 이는 가속, 감속, 최대 속도 등을 나타내는데, 서보 시스템이 부드럽게 움직이고 정밀한 제어를 실현하는 데 도움을 준다.

이와같이 서보모터 시스템은 자동화, 로봇공학, CNC 기계, 자동차 제조 및 다양한 산업 분야에서 사용되며, 정밀한 위치제어가 필요한 다양한 응용 분야에서 중요한 역할을 한다.

7-4. 서보모터의 구조

서보모터 중 SG90, MG995 모델은 비교적 작은 크기의 모델로 주로 모형 비행기, 로봇, RC 자동차 및 기타 자동화 응용 분야에서 사용되는 제품 중 하나이다. 표준적인 180도의 회전을 지원하며, 일반적으로 0도에서 180도까지의 범위 내에서 각도를 제어할 수 있다.

특히 SG90 모델은 가벼우면서도 안정적인 동작이 가능하며, 아두이노를 이용한 초기 학습 및 간단한 프로젝트에 적합한 모델로 선택되어 많이 사용된다.

일반적으로 서보모터의 구조는 다음과 같은 r 조로 구성된다.

▲ 그림 7-1. 서보모터

1) DC모터

일반적으로 DC(직류) 모터가 내장되어 있습니다. 이 모터가 회전 운동을 생성합니다.

2) 기어 박스 (Gearbox)

서보모터는 일반적으로 기어 박스를 포함하고 있습니다. 기어 박스는 모터의 회전을 증폭하거나 감소시켜 토크를 높이고 정밀한 운동을 가능하게 합니다.

3) 피드백 장치

MG995는 내장된 피드백 장치를 사용하여 현재의 각도를 감지하는 역할을 한다. 일반적으로 포텐셔미터(Potentiometer) 또는 엔코더 등의 장치로 이루어져 있다.

4) 서보 제어 회로

내부적으로 서보 컨트롤 회로를 가지고 있다. 이 회로는 외부에서 제공되는 PWM (펄스폭변조) 신호를 해석하고, 모터를 정확한 위치로 움직이도록 제어합니다.

5) 플라스틱 또는 금속 케이스

모터 및 내부 구성요소를 보호하기 위해 플라스틱 또는 금속으로 된 케이스가 있다.

6) 와이어 및 커넥터

모터에는 전원 공급을 위한 전원 및 지상 와이어, 그리고 PWM 신호를 받기 위한 커넥터 등이 있다.

7) 모터의 동작 제한 및 정지 기능:

일부 서보모터 모델은 최대 회전 각도를 제한하고, 정지된 상태에서 모터의 힘을 절전하기 위한 내부 회로를 가질 수 있다.

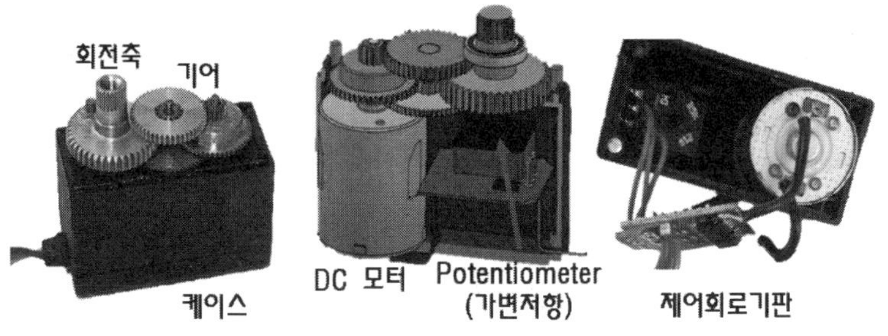

▲ 그림 7-2. 서보모터 MG995 내부 구조

7-5. 서보모터의 동작 원리

서보모터의 동작 원리를 살펴보자.

1) 회전각도 제어 원리

서보모터는 PWM을 이용하여 위치(각도)를 제어한다. 전체 20ms의 PWM 신호 주기 중 1~2ms 사이의 파형을 통해 각도를 제어한다.

1[ms]만큼 HIGH 신호를 주면 0도를 가리키고, 1.5[ms]만큼 HIGH 신호를 주면 90도를, 2[ms]만큼 HIGH 신호를 주면 180도를 가리킨다.

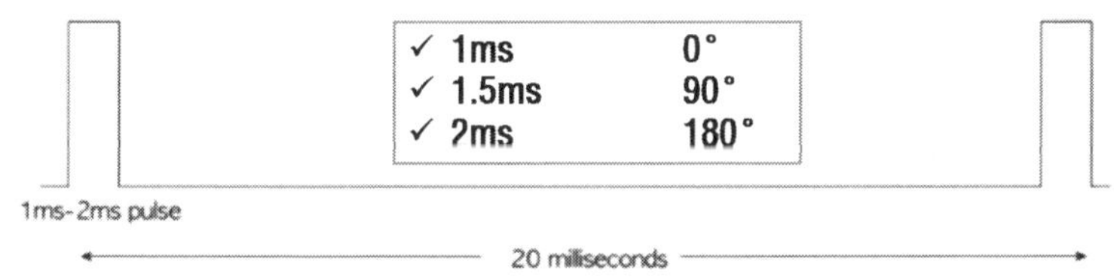

▲ 그림 7-3. 신호의 HIGH 유지 시간과 회전각도

참고로 서보모터의 동작 주기(T)와 주파수(f)를 알아보자.

T=20ms=0.02S이므로 $f=1/T=1/20[ms]=50[Hz]$이다.

서보모터가 PWM의 원리를 사용하지만, 서보모터는 PWM 핀이 아닌 디지털 핀 아무 곳에 연결해도 상관없다. 이것은 서보모터를 제어하는 PWM 신호가 아두이노의 PWM 신호와는 차이가 있기 때문에 서보모터는 별도의 PWM을 생성하여 제어하게 된다.

단 아두이노에서 서보모터를 사용하는 동안에는 디지털 9, 10번 핀에서는 PWM사용(analogWrite( ))를 사용할 수 없음에 유의해야 한다.

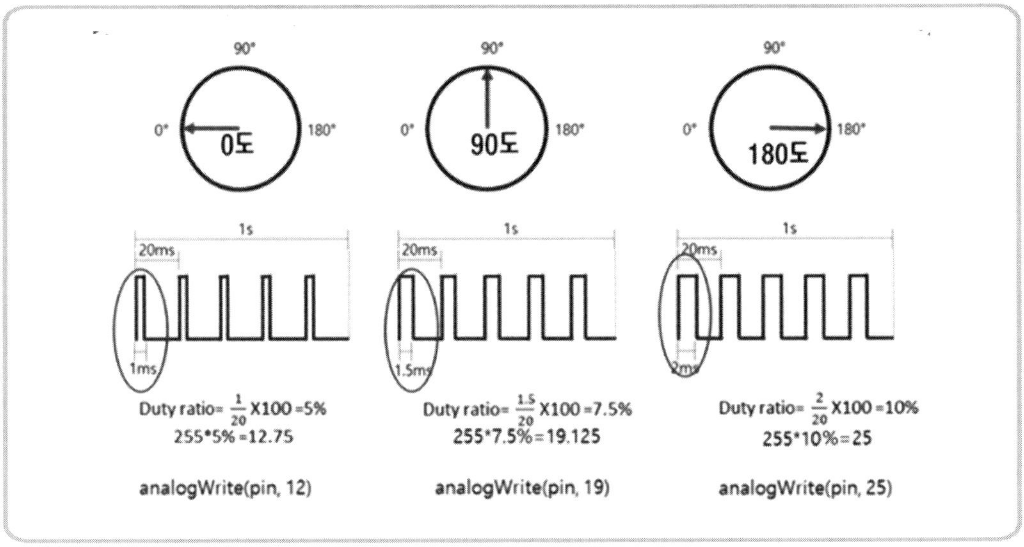

▲ **그림 7-4.** analogWrite() 출력과 회전각도

7-6. 서보모터 동작을 위한 명령

1) attach() 명령어

attach() 명령어는 서보모터 연결을 위한 명령어이며 attach의 사전적 의미는 붙이다, 첨부하다로 해석된다. 사용 형식은 다음과 같다.

표 7-1. attach() 명령어 형식

[형식] servo변수.attach(pin, [min, max])
servo변수 : 서보 라이브러리 객체 변수(Servo myservo;) pin : 서보모터 연결 핀 번호 min : 옵션, 서보에서 최소각도(0도)에 해당하는 pulse 폭(마이크로초) 지정. 기본값은 544 (0도) max : 선택사항. 서보에서 최대각도(180도)에 해당하는 pulse 폭 지정(마이크로초) 지정. 기본값은 2,400((180도)

servo 변수는 서보모터 라이브러리의 객체 명과 함께 사용자가 지정하여 사용해도 된다. 예를 들어 Servo myservo; 명령으로 서보모터 객체 변수를 지정하면 이후 모든 서보모터 객체의 이름은

myservo로 인식된다. 예를 들어 servo.attach(8)은 서보모터를 아두이노 8번 포트에 연결하여 사용 경우이다.

2) write() 명령어

servo.write() 명령어는 서보모터 축을 해당 방향으로 이동시키는 명령이다.

사용 형식은 다음과 같다.

표 7-2. write(angle) 명령어 형식

[형식] servo변수.write(angle)
servo변수 : 서보 라이브러리 객체 변수(Servo myservo;) angle : 회전시킬 각도(보통은 0~180)

myservo.write(45) 명령은 서보모터를 45도 회전한다.

3) map() 명령어

map() 명령어는 숫자 범위를 변경하는 데 사용한다. 형식은 다음과 같다.

표 7-3. map() 명령어 형식

[형식] map(value, fromLow, fromHigh, to Low , to High)
value : 변환할 수 fromLow : 현재 범위 최소값 fromHigh : 현재 범위 최대값 toLow : 목표 범위 최소값 toHigh ngle : 목표 범위 최대값

예를 들어 map(A0, 0,1023,0,255)의 경우 변수 A0의 값은 최소 0부터 최대 1023의 범위에 이르는 수이며 이것을 최소 0부터 최대 255까지 값을 변환하는데 만약 A0의 값이 512라면 map()명령어를 통해 128이 된다. 일정한 비율로 변환하며 최대치 255를 넘지 않는다.

이 명령어는 주로 아두이노에서 아날로그입력(A0,A1등)과 디지털 출력(D2,D2,D3 등)간 데이터 변환에 많이 사용한다.

아날로그입력 포트는 10비트로 처리하는데 범위는 0(최소) ~1023(최대)이 되며 이때 입력된 값 260을 디지털 출력으로 결정하는 과정을 가정하면 디지털 출력은 8비트 처리하므로 범위는 0(최소)~255(최대)이므로 출력이 260인 경우는 최대값 255를 초과하여 오동작 가능성이 높다.

그래서 map()을 이용하여 260이라는 값을 최대 1023의 데이터에 대한 일정한 비율로 변환시켜 최대 255 이내로 숫자 범위를 변경한다.

7-7. 서보모터 회전각도 제어 실습

서보모터의 회전 각도를 제어하는 과정을 실습을 통해 살펴보자

1) 실습부품

	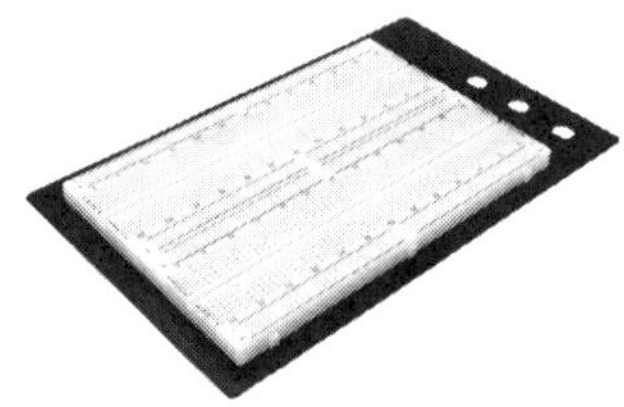
아두이노 우노	브레드보드

서보모터(SG90)	

2) 회로 및 배선

실습에 사용한 서보모터는 SG90 모델이다. 케이블은 신호용, 전원용 등 3개의 선으로 연결되어 있다.

일반적으로 오렌지색 케이블이 모터 구동용 신호선으로 아두이노의 출력포트(실습에서는 8번)에 연결하여 사용한다. 나머지 두 개의 선 중 갈색 선은 접지에, 빨간색은 +5V에 연결하여서 사용하면 된다.

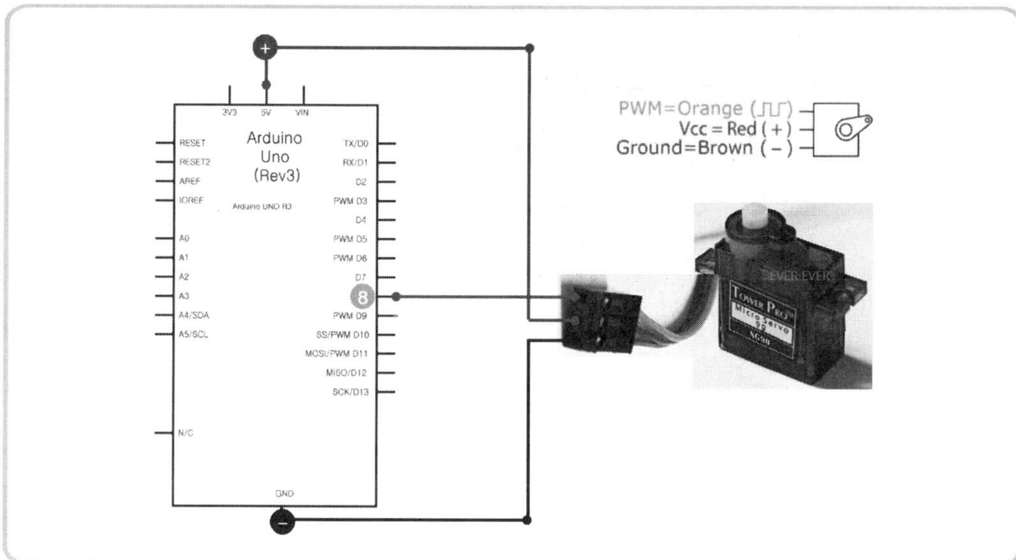

▲ **그림 7-5.** 회로도

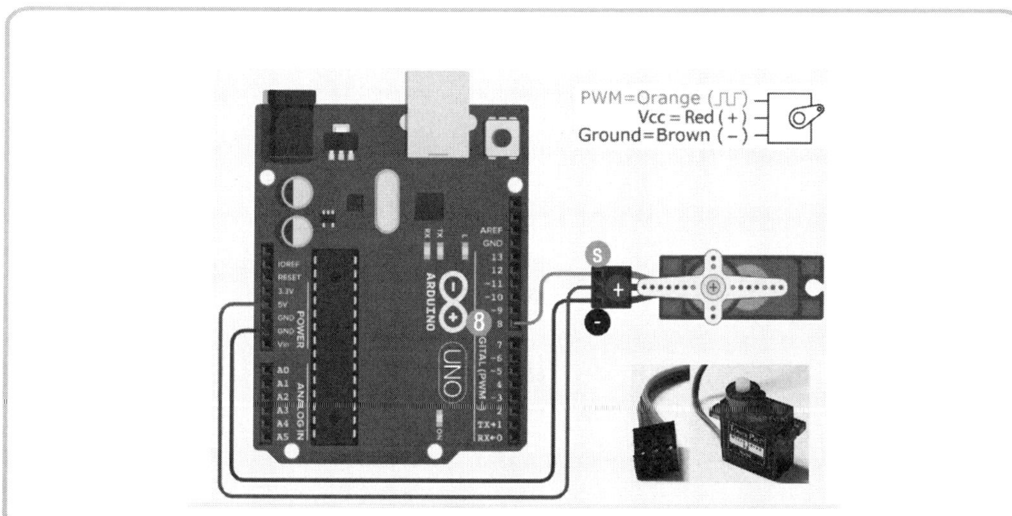

▲ **그림 7-6.** SG90을 이용한 배선도

서보모터 동작 시 전류가 부족할 때 커패시터(500~1,000[uF])를 서보모터의 전원(+, -)단자 사이에 연결하여 사용하면 일시적으로 효과가 있다. 더 많은 전류가 필요할 때는 외부 전원을 사용하면 된다.

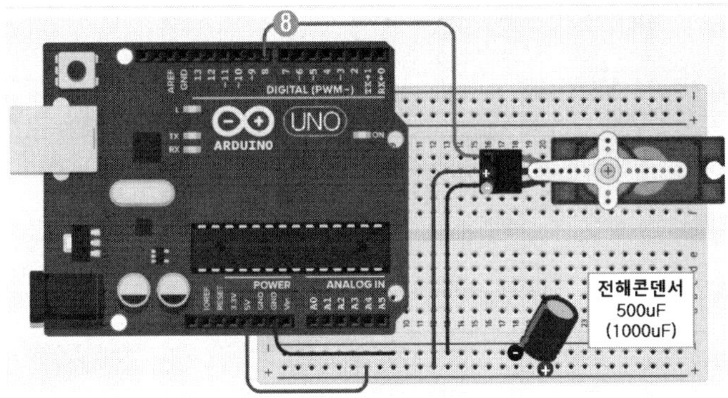

▲ **그림 7-7.** 커패시터를 이용한 전류 부족 해결 방안

3) 코딩

【소스】

```
#include <Servo.h>
int motor_control = 8;
Servo servo;
void setup( ) {
  servo.attach(motor_control);
  }

void loop()  {
servo.write(0);
 servo.write(45); // 45도
   delay(1000);
 servo.write(90); // 90도
  delay(1000);
 servo.write(180); // 180도
  delay(1000);
}
```

[코딩 설명]

#include <Servo.h>
  서보모터용 라이브러리 사용 호출

int motor_control = 8;
  서보모터의 펄스(Pulse) 단자와 아두이노 보드의 8번 포트와 연결.

Servo servo;

서보모터용 라이브러리를 사용하기 위한 객체 선언.

```
servo.attach(motor_control);
```
서보모터에 펄스를 공급해 줄 아두이노 보드의 포트 번호를 라이브러리에 전달

```
servo.write(0);
```
서보모터 각도를 0도 설정. 초기화

```
servo.write(45); // 45도
 delay(1000);
servo.write(90); // 90도
 delay(1000);
servo.write(180); // 180도
 delay(1000);
```
1초(1,000[ms])마다 단계적으로 서보모터가 45도, 90도, 180도 이동한다.

---

4) 실습 결과 및 확인

① 서보모터가 정상적으로 돌아가는지 확인한다. 만약 모터의 전류가 부족하여 떨림 또는 보드와의 연결 끊김 등 오동작이 발생하면 커패시터(1,000[uF])을 연결하거나 외부 전원을 이용한다.

② 회전 범위가 180도까지 이동하는지 확인한다.

③ 0도, 45도, 90도, 180도로 이동을 반복하는지 확인한다.

서보모터는 주어진 각도로 빠르게 움직인다. 움직임의 속도를 부드럽게 하는 방법을 생각해 보자. 다음 코딩은 for 문을 이용하여 이동 속도를 조정한 내용이다.

5) 코딩

【소스】

```
#include <Servo.h>
int motor_control = 8;
Servo servo;
void setup( ) {
   servo.attach(motor_control);
  }

void loop()  {
  int i;
  servo.write(0);
  delay(1000);

  for(i=0;  i<180;  i+=10) {
    servo.write(i);
    delay(20);
   }
  delay(1000);
}
```

[코딩 설명]

for (i=0; i<180; i+=10) {

servo.write(i) ;

회전 각도를 0°부터 180°까지 10°씩 증가시키며 회전. 만약 1도씩 증가하면 회전하도록 하려면 i+=10을 i+=1로 하면 된다.

delay(20);

지연시간. loop() 수행 시간이 서보모터 구동 시간보다 빠르기 때문에 반드시 코딩에 포함해야 한다. 만약 없으면 모터 회전에 문제가 발생하고 delay(100)을 주면 덜덜 떠는 것처럼 이동한다.

---

6) 실습 결과 및 확인

① 회전 범위가 180도까지 이동하는지 확인한다.

② 10도씩 천천히 부드럽게 움직이는지 확인한다.

③ 각도를 조정하면서 반복하여 실습한다.

7-8. 가변저항을 이용한 회전각도 제어 실습

가변저항을 이용하여 서보모터의 회전 각도를 제어하는 실습

1) 실습부품

	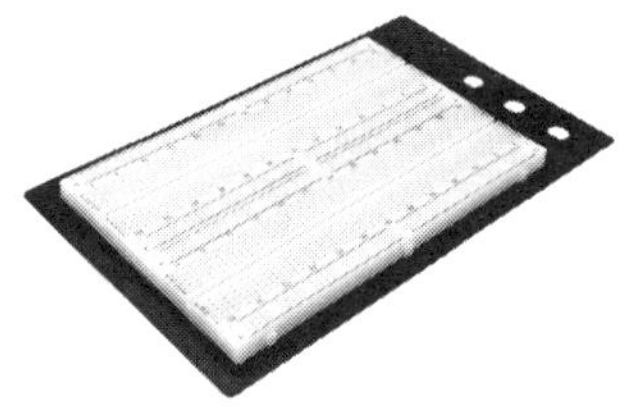
아두이노 우노	브레드보드

서보모터(SG90)	가변저항(10K[Ω])

2) 회로 및 배선

가변저항을 이용하여 서보모터의 회전 각도를 제어하려면 그림7-8의 회로와 같이 가변저항을 아두이노의 아날로그입력 포트에 연결하여서 사용하면 된다.

가변저항은 3개의 단자로 구성되어 있는데 반드시 중간 단자는 아두이노의 아날로그 단자(A0~A5 등)에 연결해야 한다. 나머지 저항 두 개의 단자는 각각 +5V와 접지에 연결하면 된다. 서로 반대로 연결해도 상관없다.

① 서보모터의 회전 각도를 사용자가 0~180도 이내에서 임의로 변경할 수 있게 하기 위해서 10K[Ω]의 가변저항을 이용한다.

② 가변저항의 아날로그 값을 입력받아 사용하기 위해 아두이노의 A0 포트 이용한다.

③ 서보모터 사용 시 아두이노 9,10번 포트의 PWM 기능이 불가하다.

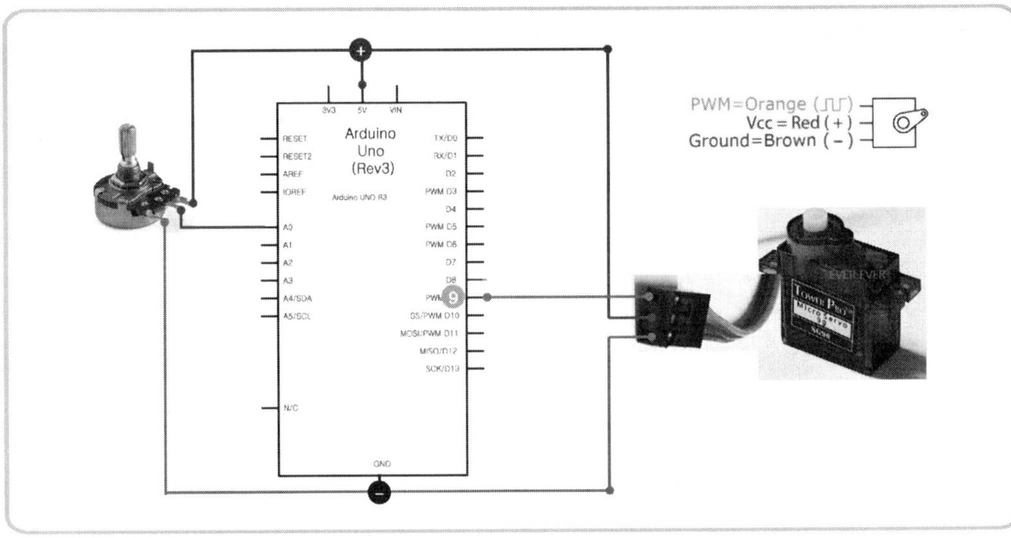

▲ **그림 7-8.** 회로도

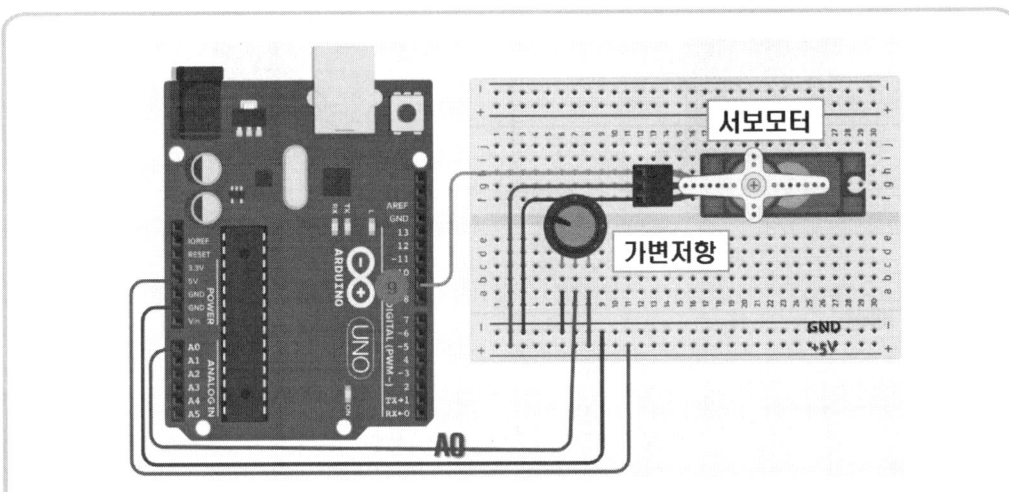

▲ **그림 7-9.** 배선도

3) 코딩

【소스】

```
#include <Servo.h>
int motor_control = 9;
Servo myservo;

void setup( ) {
 myservo.attach(motor_control);
 }

void loop( ) {
 int angle=map(analogRead(A0),0,1023,0,120));
 myservo.write(angle);
  delay(15);
 }
```

[코딩 설명]

#include <Servo.h>

서보모터 라이브러리를 사용.

int motor_control = 9;

아두이노 9번 포트에 서보모터 펄스 단자(오렌지색) 연결

Servo myservo;

서보모터용 라이브러리 객체용 변수 지정. 서보 변수명은 myservo.

myservo.attach(motor_control);

서보모터를 아두이노 보드의 9번 포트에 연결

int angle=map(analogRead(A0),0,1023,0,180));

가변저항이 연결된 A0로 유입되는 값은 10비트(2^{10}=1024)로 처리하기 때문에 가변저항을 돌릴 때마다 0~1023의 범위의 값이 발생한다.
서보모터의 최대 회전 각도는 180도 이기 때문에 회전각도 1023은 범위를 벗어나서 오동작한다. 그래서 map()명령어를 이용하여 A0의 입력값 최대 1023을 180으로 매칭시켜 입력된 A0값을 이 비율에 맞도록 매칭시킨다. 즉, 회전 각도는 180을 초과해서 발생하지 않는다.
map(변수값, 최소값, 최대값, 변환 최소값, 변환 최대값)

myservo.write(angle);

지정된 각도(angle)로 서보모터 회전
참고로 위의 코딩은 다음과 같이 한 줄로 작성할 수 있다.

```
myservo.write(map(analogRead(A0),0,1023,0,180));
```

4) 실습 결과 및 확인

① 가변저항을 오른쪽으로 살짝 돌리면 서보모터가 돌아가는지 확인한다.

② 가변저항을 왼쪽으로 살짝 돌리면 서보모터가 반대 방향으로 돌아가는지 확인한다.

③ 가변저항을 왼쪽 끝까지 돌렸다가 오른쪽 끝까지 돌렸을 때 서보모터의 회전 각도가 180도에 이르는지 확인한다.

【연습문제】

01 서보모터의 일반적인 회전 각도는 얼마인가?

02 서보모터의 전체 20ms의 PWM 주기 중 1~2ms 사이의 파형을 통해 각도를 제어한다. 1.5ms인 경우 회전 각도에 관해서 설명하시오.

03 코딩 내용 중 "#include <Servo.h>"에 관해서 간단하게 설명하시오.

04 코딩 내용 중 "myservo.attach(8);"에 관해서 간단하게 설명하시오.

05 다음은 가변저항을 이용하여 서보모터를 제어하려고 한다. 서보모터와 가변저항 배선을 완성하시오.

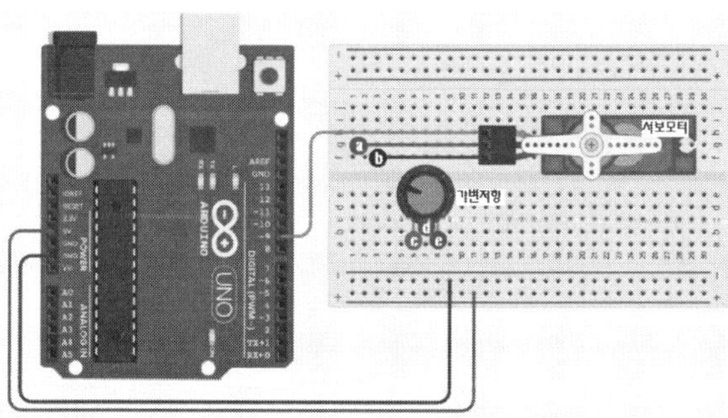

위치	연결 위치
a	
b	
c	
d	
e	

CHAPTER 8

조이스틱을 응용한 서보모터 제어

서보모터의 응용으로 조이스틱을 이용하여 서보모터를 제어하기 위해 조이스틱의 구조를 이해하고 조이스틱을 이동시켜 서보모터의 각도를 제어하는 방법을 학습한다.

8-1. 조이스틱

조이스틱(Joystick)은 긴 막대형(stick)의 레버를 잡고 상하좌우로 밀거나 당겨서 조작하는 방식의 입력 장치로 원하는 방향으로 이동하는 데 쓰는 입력 장치이다.

지팡이 모양의 손잡이가 달려 있으며, 여러 개의 버튼이 붙어 있기도 하다. 주로 게임 컨트롤러로 가장 많이 사용되며 그래픽을 입력할 때도 쓴다.

물체나 캐릭터의 움직임을 지시하고 여러 가지 명령을 전송한다.

▲ 그림 8-1. 조이스틱

1) 조이스틱 모듈 구조

아두이노와 함께 사용할 조이스틱 모듈은 전원(+5V), 접지(GND), X축(VRx), Y축(VRy), Z축(SW) 등 5개의 단자로 구성되어 있으며, X축(VRx), Y축(VRy)은 전후좌우로의 이동을 담당하고 Z축(SW)은 누름 스위치 역할을 한다. 누르지 않은 상태에서 Z축(SW) 값은 1이고 눌렀을 때 0이 된다.

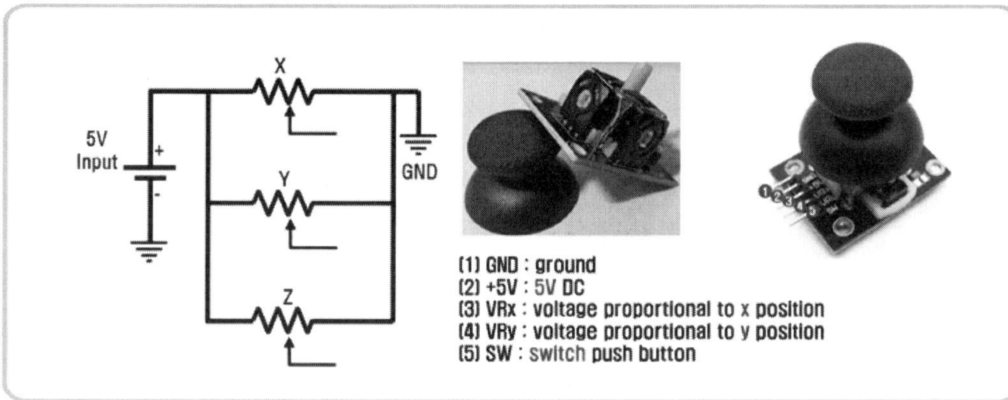

▲ **그림 8-2.** 조이스틱 구조

표 8-1. 조이스틱 단자별 기능

단자	기능
GND	접지
+5V	DC 5V
VRx	X축, 왼쪽(←), 오른쪽(→)으로 이동
VRy	Y축, 위(↑), 아래(↓)로 이동
SW	누름 버튼. Normal “1”, 누르면 “0”

2) 조이스틱 동작

조이스틱은 아날로그 전위차계로 만들어져 있다. 주로 아두이노의 아날로그 입력포트(A0~A5)에 연결하여 사용하며 아날로그입력 포트는 입력 신호를 10비트(2^{10}=1024)로 처리하므로 유효범위는 0부터 1023까지이다. 즉, 아두이노 아날로그입력 포트에 연결된 조이스틱을 움직이면 방향에 따라 출력 값이 0 ~ 1023 (=0V~ 5V)까지 달라진다.

중심 위치를 유지할 때 양쪽 전위차계(또는 축의 값)은 512이다.

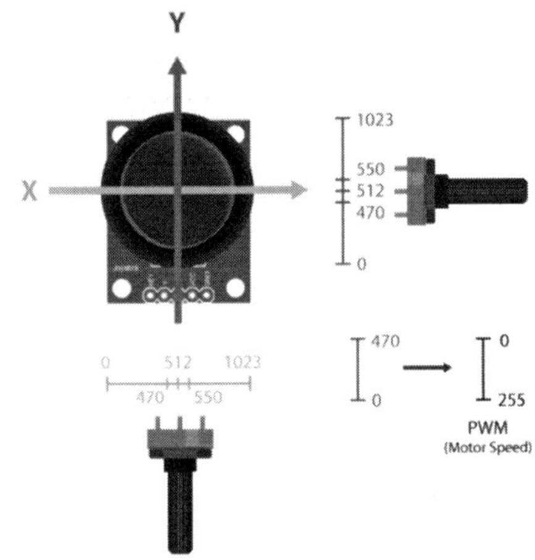

▲ **그림 8-3.** 조이스틱 동작

조이스틱 중간값이 512(=2.5V)라고 할 때 X축의 범위는 0(왼쪽) ~ 512(정지) ~ 1023(오른쪽)이다. 또한 Y축의 범위도 0(맨 위) ~ 512(정지) ~ 1023(맨 아래)이다.

그러나 약간의 오차가 발생하는데 허용 오차를 고려하였을 때 일반적으로 470에서 550까지의 값을 중심으로 설정하여 사용한다.

조이스틱을 위로 이동시킬 때 Y축의 변위는 550~1023이며 아래로 이동시킬 경우는 Y축 의 변위는 470~0이 된다. 또한 왼쪽으로 이동시킬 때 X축의 변위는 470~0이 되고 오른쪽으로 이동시킬 때 X축의 변위는 550~1023이 된다.

3) 서보모터 제어

서보모터는 PWM을 이용하여 각도(위치)를 제어한다. 전체 20ms의 PWM 신호 주기 중 1~2ms 사이의 파형을 통해 각도를 제어한다. 1[ms]만큼 HIGH 신호를 주면 0도를 가리키고, 1.5[ms]만큼 HIGH 신호를 주면 90도를, 2[ms]만큼 HIGH 신호를 주면 180도를 가리킨다.

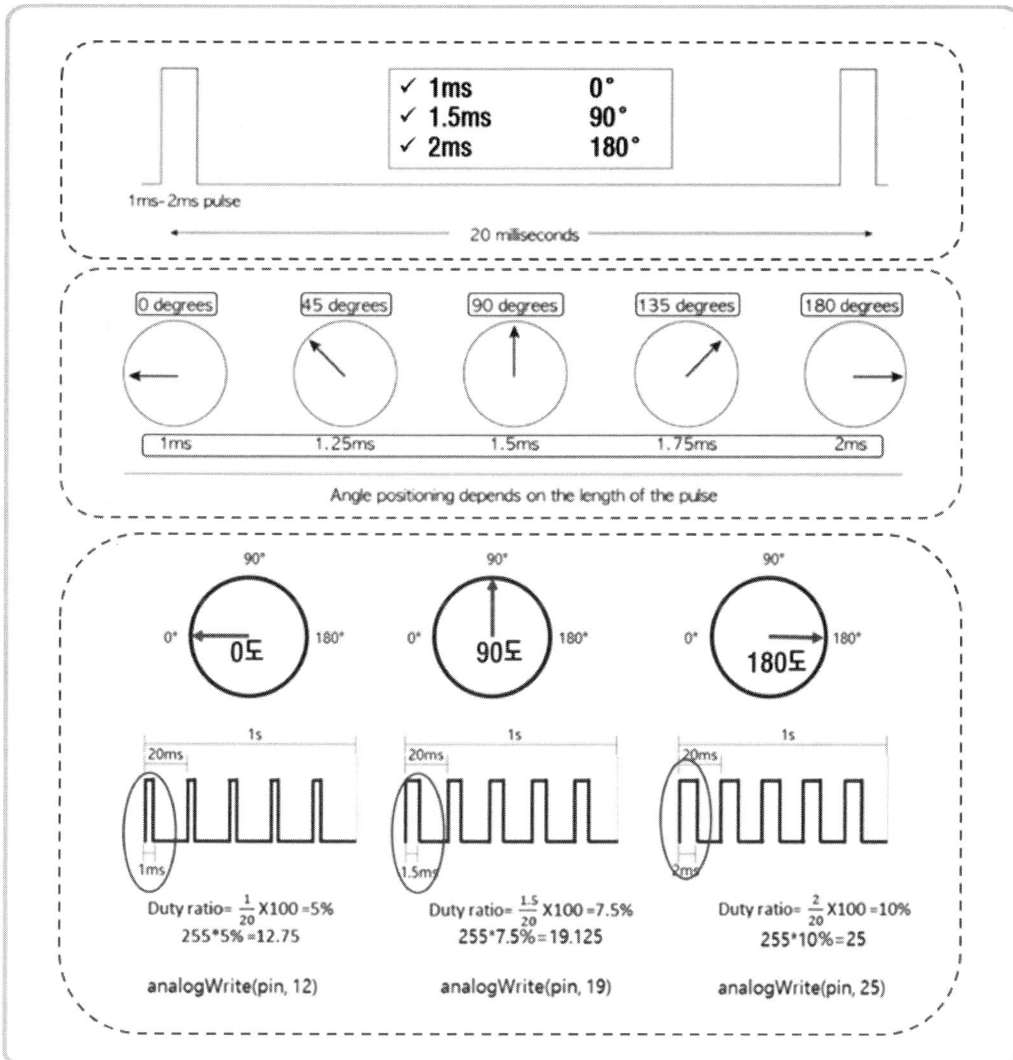

▲ **그림 8-4.** 신호의 유지 시간과 회전각도

8-2. 조이스틱으로 서보모터 회전각도 제어 실습

조이스틱의 이동 방향에 따라 LED(RED, Green)로 표시하며 조이스틱을 이용하여 서보모터를 이동(좌우, 위아래) 및 서보모터의 회전 각도를 제어하는 실습

1) 실습부품

아두이노 우노	브레드보드

서보모터(SG90) 2개	조이스틱 모듈

LED(빨간색, 초록색) 2개	저항 330[Ω] 2개

2) 회로 및 배선

2개의 서보모터와 1개의 조이스틱을 연결하는 방법을 살펴보자

① 좌우(X축)로 움직이는 첫 번째 서보모터를 아두이노 보드의 8번 포트에 연결한다.

② 위아래(Y축)로 움직이는 두 번째 서보모터를 아두이노 보드의 9번 포트에 연결한다.

③ 조이스틱의 X 단자(좌우 이동)를 아두이노 보드의 A0 포트에 연결한다.

④ 조이스틱의 Y 단자(위아래 이동)를 아두이노 보드의 A1 포트에 연결한다.

⑤ 조이스틱의 Z 단자(누름)를 아두이노 보드의 7번 포트에 연결한다.

⑥ 움직임 방향을 시각적으로 표시하기 위한 LED를 각각 아두이노 보드의 10,11번 포트에 연결한다.

⑦ 조이스틱 및 서보모터의 전원 단자(+5V, GND)를 각각 브레드보드의 전원(+,-)에 연결한다.

⑧ 조이스틱 모듈은 제조사별로 핀의 위치가 다를 수 있다.

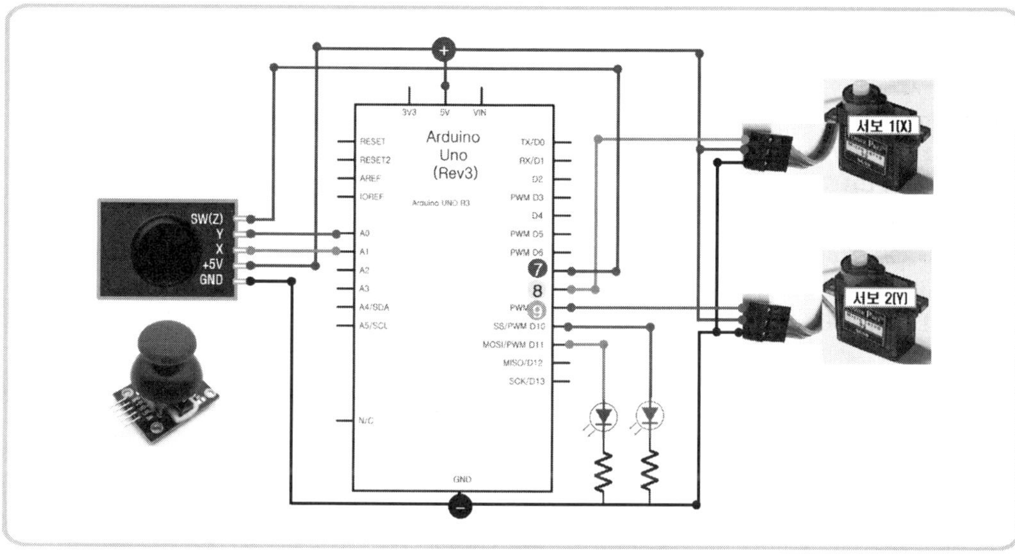

▲ **그림 8-5.** 회로도

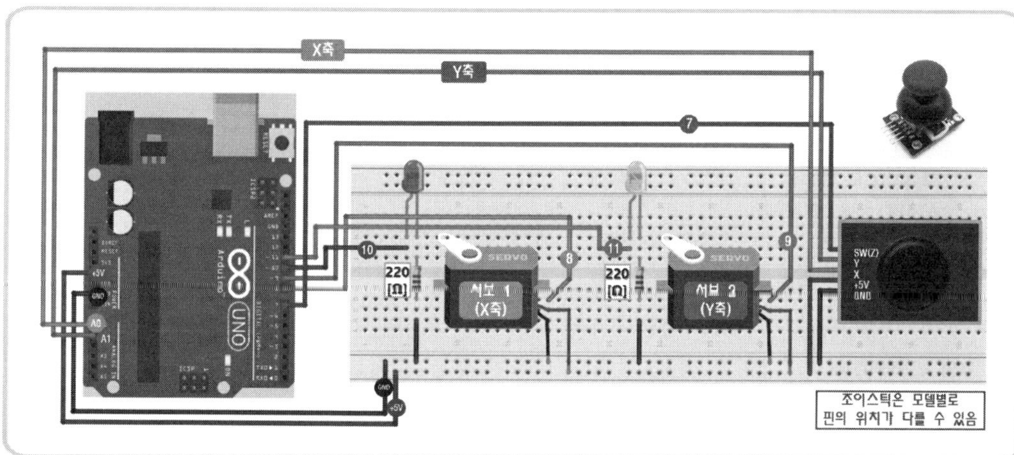

▲ **그림 8-6.** 내선도

3) 코딩

【소스】

```
#include <Servo.h>
Servo sv1;
Servo sv2;
void setup( ) {
  sv1.attach(8);
  sv2.attach(9);
  pinMode(7,INPUT);
  pinMode(10,OUTPUT);
  pinMode(11,OUTPUT);
  Serial.begin(9600);
}

void loop() {
  int x=analogRead(A0);
  int y=analogRead(A1);
  int angle1=map(x,0,1023,0,180);
  sv1.write(angle1);
  int angle2=map(y,0,1023,0,180);
  sv2.write(angle2);
  delay(15);
  Serial.print("x값:");
  Serial.print(analogRead(A0));
  Serial.print("   y값:");
  Serial.print(analogRead(A1));
  Serial.print("\n");
  delay(100);
```

[코딩 설명]

```
#include <Servo.h>
Servo sv1;
Servo sv2;
```

서보모터 라이브러리를 이용하여 2개의 서보모터 객체 변수(sv1,sv2)를 지정한다.

```
sv1.attach(8);
sv2.attach(9);
```

X축 서보모터(서보 1)과, Y축 서보모터(서보 2)를 각각 아두이노 보드의 8번, 9번 포트에 연결한다.

```
pinMode(7,INPUT);
```

조이스틱의 Z축(SW) 단자와 연결된 아두이노 7번 포트를 입력모드로 설정한다.

```
pinMode(10,OUTPUT);    //아두이노 10번 핀과 LED 1 연결한다.
```

```
pinMode(11,OUTPUT);    //아두이노 11번 핀과 LED 2 연결한다.
```
LED와 연결된 아두이노 10, 11번 포트를 입력모드로 설정한다.

```
Serial.begin(9600);
```
9600[baud]의 속도로 시리얼 통신 시작. 조이스틱 위치(변위) 변화 확인용.

```
int x=analogRead(A0);
int y=analogRead(A1);
```
아두이노 A0, A1핀에 연결된 조이스틱 X축, Y축 단자의 변화 값을 변수 x, y에 저장(변수 x, y는 정수형(int) 변수)

```
int angle1=map(x,0,1023,0,180);
```
조이스틱을 좌우(X축)로 움직일 때 X축의 이동량(변위)를 저장하기 위한 정수형 변수로 angle 1을 사용한다. 조이스틱의 이동 범위(변위)는 0~1023이고 서보모터의 범위가 0부터 180도 이기 때문에 map()을 이용하여 이동 범위를 0~180 이내로 비율적으로 매칭시켜 저장한다.

```
sv1.write(angle1);     // 조이스틱 x축 서보모터 위치(각도)제어
```
x축으로 조이스틱을 움직이면 움직인 만큼 서보모터 1을 이동시킨다.

```
Serial.print("x값:");
Serial.print(analogRead(A0));
```
시리얼 모니터에 x축으로 이동한 조이스틱의 값을 출력한다. 범위는 0~1023(10비트) 이고 마우스를 움직이지 않았어도 중간값(512) 근처 이내의 값을 출력한다.

【소스】 계속

```
// LED 1 동작
   if((analogRead(A0)<300)|| (analogRead(A0)>1000)){
    digitalWrite(10, HIGH);        // LED 1 ON
    delay(100);                    // 0.1초 동안
    digitalWrite(10, LOW);
  }
// LED2 동작
   if((analogRead(A1)<300)|| (analogRead(A1)>1000)){
    digitalWrite(11, HIGH);        // LED 2 ON
    delay(100);                    // 0.1초 동안
    digitalWrite(11, LOW);
    }
  }
```

[코딩 설명]

```
if ( (analogRead(A0)<300) || (analogRead(A0) > 1000)) {
```
만약 아두이노의 A0 포트(조이스틱의 x축과 연결) 입력값이 300보다 작거나 1,000보다 크다면. 여기서 '||'는 OR 논리.

```
digitalWrite(10, HIGH);
delay(100);
digitalWrite(10, LOW);
```
빨강색 LED에 불이 들어오도록 HIGH를 출력한다.

4) 실습 결과 및 확인

① 조이스틱을 움직였을 때 서보모터가 정상적으로 돌아가는지 확인(오동작, 떨림)

② 조이스틱을 건드리지 않은 상태에서 시리얼 모니터의 출력이 중간값 즉, X=512 근처(510등), Y=512 근처(530등)인지 확인한다. 그리고 서보모터의 이동 방향이 중간에 있는지 확인한다.

③ 조이스틱을 왼쪽 방향으로 최대로 당겼을 때 시리얼 모니터의 출력(X=0, Y=512 근처)을 확인한다. 그리고 좌우 방향 이동을 담당하는 서보모터1이 가장 왼쪽 방향으로 이동하는지 확인한다.

④ 다시 조이스틱에서 손을 떼면 모터가 원위치로 오고 시리얼 모니터의 X,Y 출력이 중간값(512 근처)에 위치하는지 확인한다.

⑤ 조이스틱을 오른쪽 방향으로 최대로 당겼을 때 시리얼 모니터의 출력(X=1023, Y=512 근처)을 확인한다. 그리고 좌우 방향 이동을 담당하는 서보모터1이 가장 오른쪽 방향으로 이동하는지 확인한다.

⑥ 조이스틱을 위쪽 방향으로 최대로 당겼을 때 시리얼 모니터의 출력(X=512, Y=1023 근처)을 확인한다. 그리고 위아래 방향 이동을 담당하는 서보모터2가 위쪽 방향으로 이동하는지 확인한다. 그리고 손을 떼면 다시 원위치로 오고 출력이 중간값인지 확인한다.

⑦ 조이스틱을 아래쪽 쪽 방향으로 최대로 당겼을 때 시리얼 모니터의 출력(X=512, Y=0 근처)을 확인한다. 그리고 위아래 방향 이동을 담당하는 서보모터2가 아래로 이동하는지 확인한다. 마찬가지로 손을 떼면 다시 원위치로 오고 출력이 중간값인지 확인한다.

⑧ 조이스틱이 놓인 방향에 따라 방향이 다를 수 있으므로 이동 방향을 확인 후 실습한다.

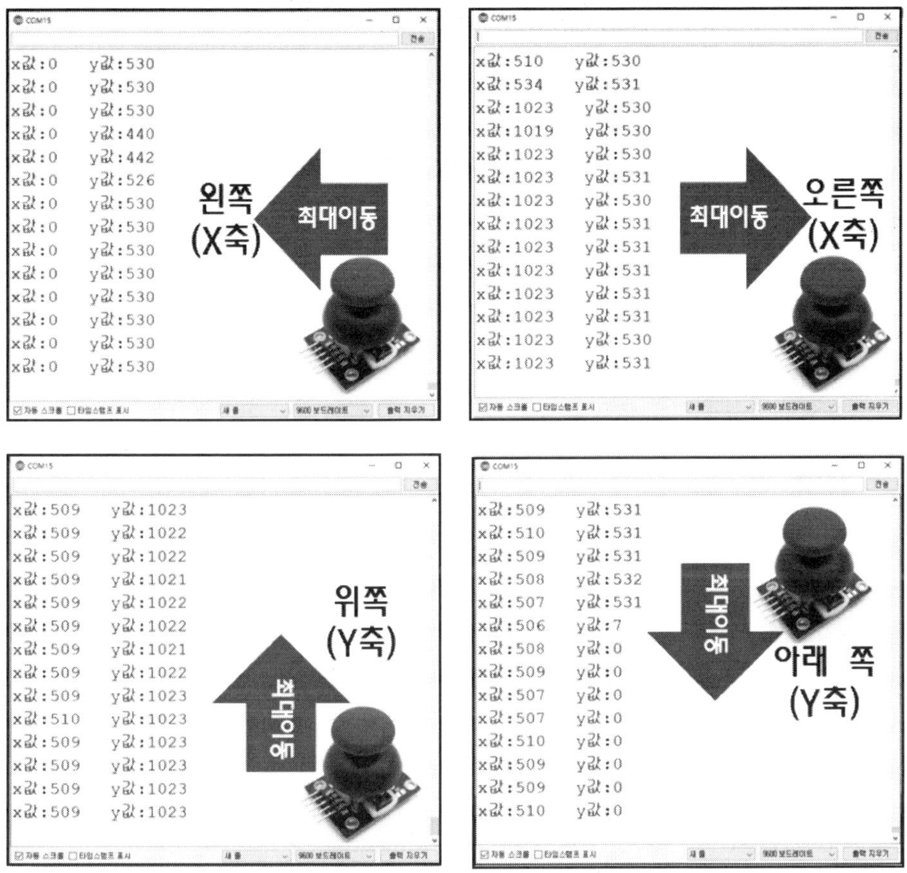
COM15
x값:0 y값:530
x값:0 y값:530
x값:0 y값:530
x값:0 y값:440
x값:0 y값:442
x값:0 y값:526
x값:0 y값:530
x값:0 y값:530
x값:0 y값:530
x값:0 y값:530
x값:0 y값:530
x값:0 y값:530
x값:0 y값:530
x값:0 y값:530
왼쪽 (X축)
최대이동
COM15
x값:510 y값:530
x값:534 y값:531
x값:1023 y값:530
x값:1019 y값:530
x값:1023 y값:530
x값:1023 y값:531
x값:1023 y값:530
x값:1023 y값:531
x값:1023 y값:531
x값:1023 y값:531
x값:1023 y값:531
x값:1023 y값:531
x값:1023 y값:530
x값:1023 y값:531
최대이동
오른쪽 (X축)
COM15
x값:509 y값:1023
x값:509 y값:1022
x값:509 y값:1022
x값:509 y값:1021
x값:509 y값:1022
x값:509 y값:1022
x값:509 y값:1021
x값:509 y값:1022
x값:509 y값:1023
x값:510 y값:1023
x값:509 y값:1023
x값:509 y값:1023
x값:509 y값:1023
x값:509 y값:1023
위쪽 (Y축)
최대이동
COM15
x값:509 y값:531
x값:510 y값:531
x값:509 y값:531
x값:508 y값:532
x값:507 y값:531
x값:506 y값:7
x값:508 y값:0
x값:509 y값:0
x값:507 y값:0
x값:507 y값:0
x값:510 y값:0
x값:509 y값:0
x값:509 y값:0
x값:510 y값:0
최대이동
아래 쪽 (Y축)

▲ **그림 8-7.** 실습 결과

【연습문제】

01 조이스틱을 아두이노의 아날로그입력(A0~A5)에 연결하여 조이스틱을 움직이면 방향에 따른 출력 범위는 얼마인가?

02 조이스틱이 중심 위치를 유지할 때(오차범위 포함) 축의 값은 얼마인가?

03 조이스틱 모듈(3축)의 SW단자 기능에 관해서 설명하시오.

04 서보모터는 전체 20ms의 PWM 주기 중 1~2ms 사이의 파형을 통해 각도를 제어한다. 45도, 90도 회전하기 위한 주기(T)는 각각 몇 ms인지 설명하시오.

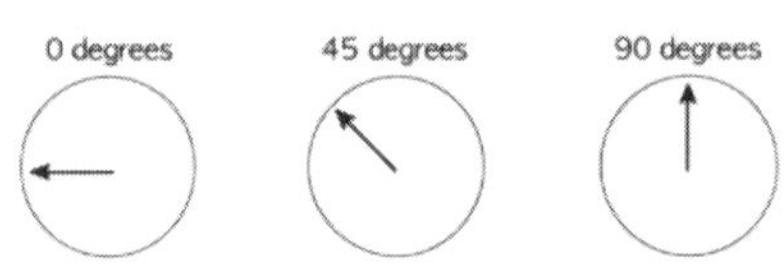

05 다음 코딩을 설명하시오.

```
if((analogRead(A0)<300) || (analogRead(A0)>1000))
```

CHAPTER 9

초음파센서를 응용한 서보모터 제어

초음파센서의 특징 및 거리를 구하는 방법에 대한 기본지식을 학습하고 초음파센서와 서보모터를 응용한 주차 차단기 및 스마트 쓰레기통의 동작 원리를 이해하기 위한 과정을 학습한다.

9-1. 초음파센서

1) 초음파

초음파(超音波)는 20K[Hz] 이상의 주파수를 가지는 음파를 의미한다. 초음파는 온도에 따라 속도가 달라지는데 섭씨온도 t[℃]에서의 음파의 속도(V)는 다음과 같다.

$$V = 331 + 0.6 \times \text{온도}[t] \tag{9-1}$$

섭씨 0[℃]일 때의 속도는 331[m/s]이며, 섭씨 15[℃]에서 340[m/s]이다.

일반적으로 계산 편의상 340[m/s]으로 계산한다. 그리고 초음파 속도는 매질(공기, 물, 금속 등)에 따라서 달라지는데 물에서의 초음파 속도는 1,493[m/s], 바닷물에서는 1,533[m/s]이며 금속에서는 5900[m/s]이다.

2) 동작 원리

간단한 실습에 많이 사용되는 초음파센서(HC-SR04)의 규격(Spec)은 동작 전압이 5V이며 40K[Hz]의 주파수를 이용한다. 최대 감지 거리는 4m이며 최소 감지 거리는 2cm이다.

아두이노의 출력포트와 센서의 트리거(Trigger) 단자를 연결하고 아두이노의 입력포트와 센서의 에코(Echo) 단자를 연결한다.

거리 측정을 하기 위해서 아두이노에서 10[us]의 HIGH 신호를 보내면 센서 모듈에서 생성된 8개의 40K[Hz]의 초음파 신호가 Trigger 단자를 통해 동시에 내보낸다. 이때 에코 단자는 다시 반사되어 돌아오는 신호를 감지하기 위해 LOW에서 HIGH 상태로 변한다. 이때 되돌아온 초음파 신호가 감지될 때까지 HIGH 상태 유지 시간을 계산하여 거리를 측정한다. HIGH의 시간은 무한정이지 않고 일정 시간이 지나면 다시 LOW 상태로 변한다.

시간 측정은 pulsIn() 명령어를 주로 이용한다.

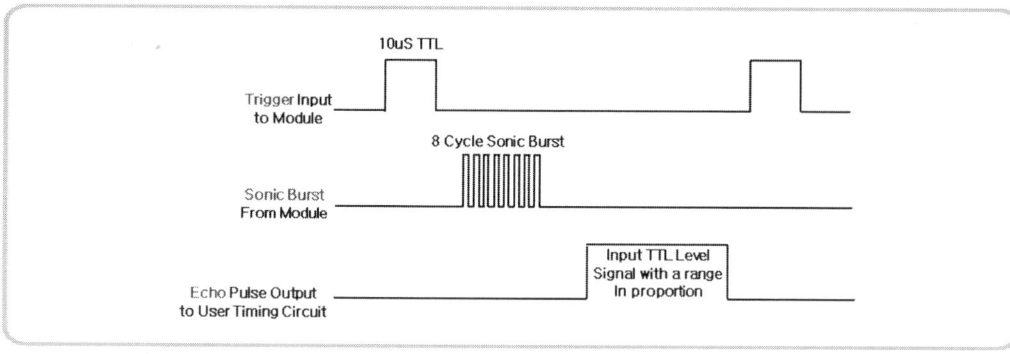

▲ **그림 9-1.** 초음파센서 동작 타이밍 차트

3) 거리 측정

일반적으로 초음파는 1초에 340m를 진행한다. 초음파가 1cm를 진행하는데 소요 되는 시간은 29[㎲]이다. 즉, 1초:340[m] = x초:1[cm]의 비례식을 적용하면, 1[cm]를 진행하는데 소요 되는 시간은 1초/340[m]=1초/34,000cm에 의해서 29.02757[㎲]이다.

위의 결과를 이용하여 거리를 구하려면 다음과 같은 수식을 이용하면 된다. 또한 초음파센서를 이용한 거리 측정은 왕복한 거리이므로 2로 나누어서 계산하면 된다.

$$\text{거리}(cm) = \frac{duration(\text{왕복시간}[us])}{29(=29.02757[us])} \div 2 = \frac{duration}{29} \times \frac{1}{2} = \frac{duration}{58} \quad (9\text{-}2)$$

$$= 0.017 \times duration$$

예를 들어 다음과 같이 초음파센서의 왕복시간(duration)이 500[us]이라고 할 때 거리(Distance)를 구하면, 거리 = 0.017 × 500[us] = 8.5cm가 된다.

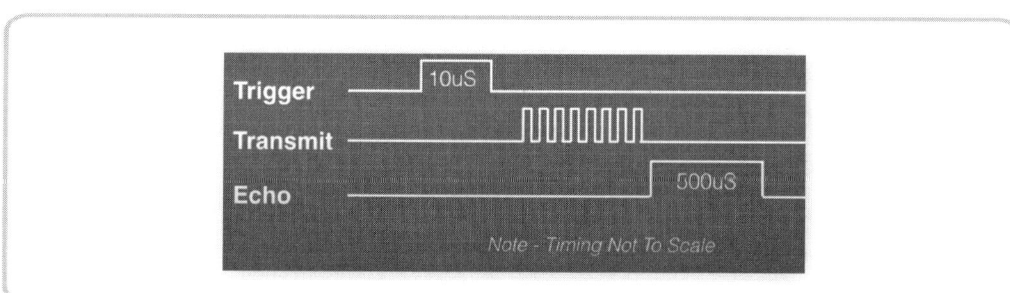

▲ **그림 9-2.** 거리 계산 타이밍 차트

4) 시간 측정

초음파센서로 직접 거리를 측정하기 어렵기 때문에 아두이노의 명령어 pulseIn() 명령어를 이용하여 거리를 계산한다.

pulseIn() 명령어는 아두이노의 기본 명령어로 입력 신호가 HIGH 또는 LOW가 될 때까지 시간을 측정하는 명령어이다. 기본 형식은 다음과 같다.

표 9-1. pulseIn 명령어

[형식] pulseIn(pin, value, timeout)	
pin	수신 단자(Echo)가 연결된 아두이노의 포트 번호.
value	읽어 들일 펄스의 유형으로 HIGH 또는 LOW이다. 또한 timeout은 펄스 시작을 기다리는 시간이다. 명령어는 수신 단자(Echo)에서 High(또는 LOW)가 될 때까지의 신호(펄스의 길이)를 us(마이크로초) 단위로 리턴한다.
timeout	선택사항으로 출력은 1[us] 단위로 10[us] ~ 3분까지의 길이의 펄스에 대해 동작한다. 만약 timeout 시간 동안 HIGH(또는 LOW)가 되지 않으면 0을 리턴하며 기본값은 1초이다.
사용 예	duration = pulseIn(echoPin, HIGH); [설명] echoPin(포트)가 HIGH가 될 때까지 시간을 us단위로 전환 후 duration에 리턴한다.

9-2. 주차 차단기

차단기는 주차장 입·출구에서 차량의 통제를 목적으로 설치한다. 최근에는 차단기 제어 이외에 차량번호 인식, 요금 정산 기능은 물론 차단기 바에 LED를 내장하여 야간 식별을 용이하게 하며, CCTV 등 다양한 기능을 탑재한 주차 시스템도 있다.

1) 리모컨을 이용한 차단기

차가 들어오고 나갈 때 운전자가 리모컨으로 차단기를 열고, 닫는 반수동 시스템이다. 운전자가 리모컨을 항상 휴대해야 하고 들어올 때 누르면 차단기가 열리고 지나고 나서 리모컨을 다시 누르면 차단기가 닫히는 시스템이다.

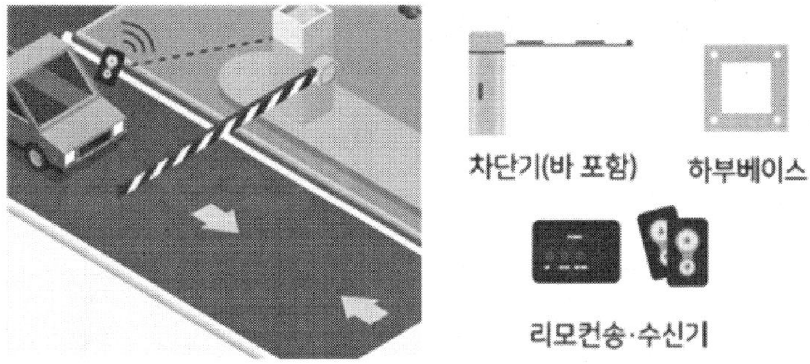

▲ 그림 9-3. 리모컨 시스템을 이용한 차단기

2) 충돌 방지 자동 출차 시스템

차가 들어갈 때만 리모컨으로 차단기를 열고, 바닥에 설치된 다운 루프를 통해 자동으로 닫히는 자동 출차 시스템이다. 들어올 때만 리모컨을 사용한다.

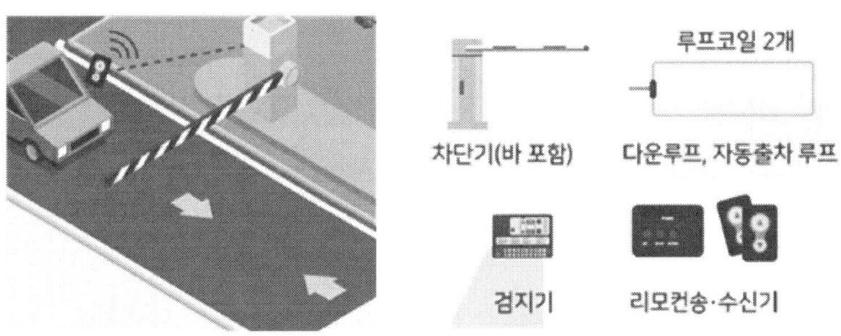

▲ 그림 9-4. 충돌 방지 자동 출차 시스템

3) RF카드를 이용한 시스템

차가 들어올 때 차량에 부착된 RF카드를 인식해 차단기가 열리고, 다운 루프를 통해 닫히는 자동 출차 시스템이다.

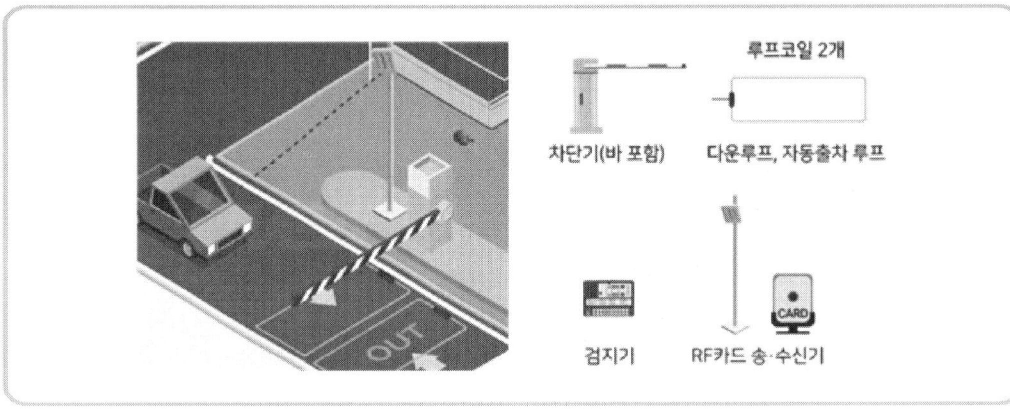

▲ **그림 9-5.** RF카드 시스템

4) 비밀번호 통제 시스템

차가 들어올 때 비밀번호, 인터폰을 통해 차단기가 열리고, 다운 루프를 통해 닫히는 자동 출차 시스템이다.

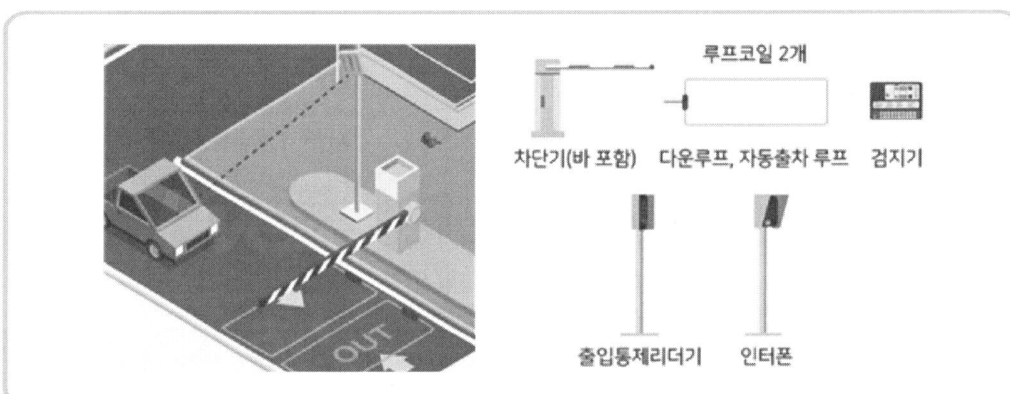

▲ **그림 9-6.** 비밀번호 통제 시스템

5) 코인 정산 시스템

차가 들어올 때 입구에서 자동으로 차단기가 열리고, 나갈 때 출구에서는 코인을 넣어야 열리는 시스템이다. 주차 시간을 계산한 무인정산 시스템과 유사하다.

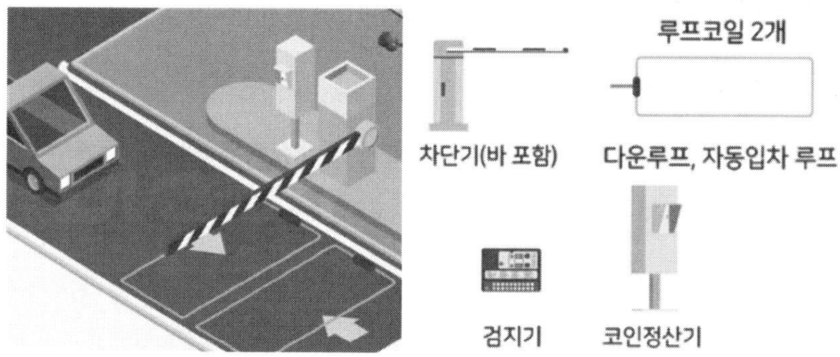

▲ **그림 9-7.** 코인 정산 시스템

6) 번호 인식 차단 시스템

입구에서 자동으로 차단기가 열리고, 출구에서는 차량번호를 인식해 주차비 정산이 완료된 차량만 차단기가 열리는 시스템이다.

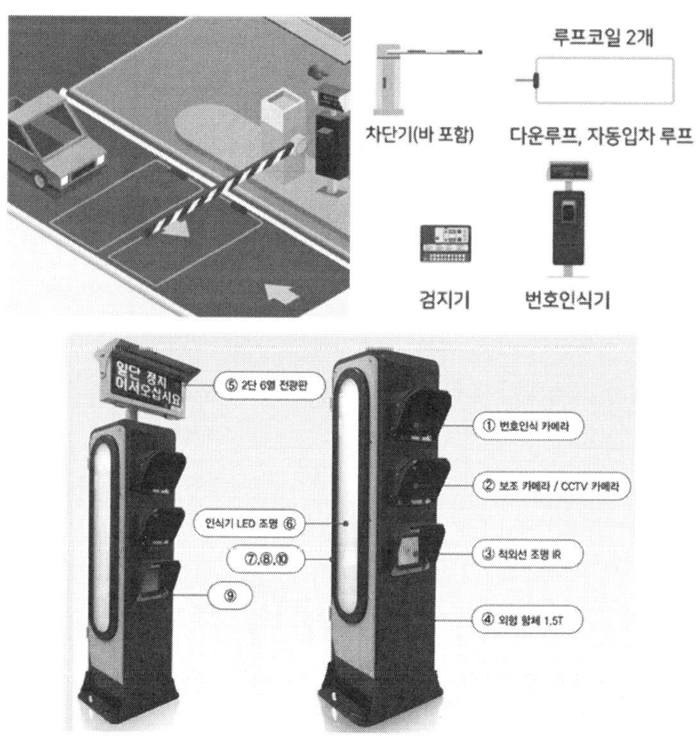

▲ **그림 9-8.** 번호 인식 차단 시스템

9-3. 차량번호 인식

1) 차량번호 인식(LPR)이란

차량번호 인식(License Plate Recognition)은 카메라가 차량번호를 찍으면 수집된 영상을 분석하여 차량번호 인식 소프트웨어를 이용하여 차량번호를 추출하는 기술이다.

찍은 사진에서 서로 다른 색이 만나는 경계선을 탐지해 그 모양을 읽어낸다.

우리나라 번호판은 흰 바탕에 검은색이나 초록, 노랑 바탕에 흰색으로 바탕색과 글자 색이 다르기에 그 경계를 파악하면 글자와 숫자를 파악하는 외곽선 추출 기술을 이용한다.

2) 번호판 인식 원리

촬영한 차량 전체 이미지에서 번호판 형태, 모서리, 가장자리 등 특징적인 부분을 분석해 번호판 위치 규정 등 번호판의 범위를 인식하고 앞자리 번호 부분, 한글 부분, 뒷자리 번호 부분 등 주요 부분을 기준으로 번호 인식을 위해 번호판을 여러 조각으로 분할한다.

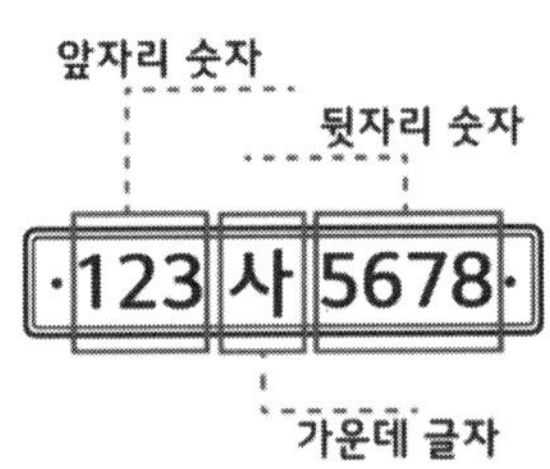

▲ 그림 9-9. 번호판 분할 인식

분할된 부분들의 이미지를 세밀하게 나누어 번호판 배경 부분은 0, 숫자가 있을 부분을 1로 판별해 데이터화하며 분석한다.

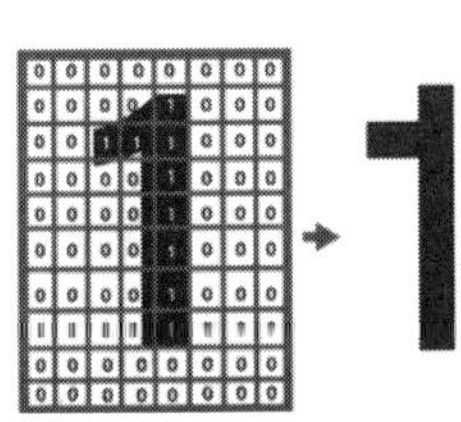

▲ 그림 9-10. 번호분석

3) 번호판 인식시스템

차량번호 인식기에 내장된 고성능 카메라가 차량 번호판을 촬영하여 촬영 이미지에서 번호판을 영상분석 기술을 통해 정보를 추출하고 분석한 정보를 주차 운영 서버에서 확인 절차를 거쳐 입차 시간 및 주차 시간에 따라 주차 요금을 계산하여 정산 후 차단기를 개방한다.

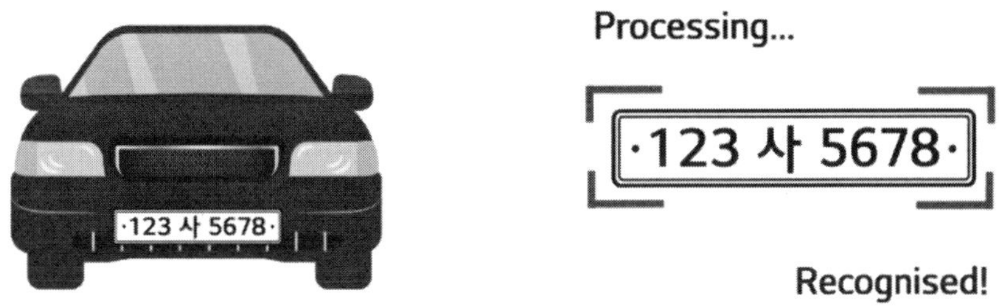

[그림 9-11.]

▲ **그림 9-11.** 번호판 인식시스템

9-4. 주차 차단기 제어 실습

초음파센서로 진입하는 차량을 감지하고 서보모터로 주차 차단기를 열거나 닫도록 제어해 보자.

1) 실습부품

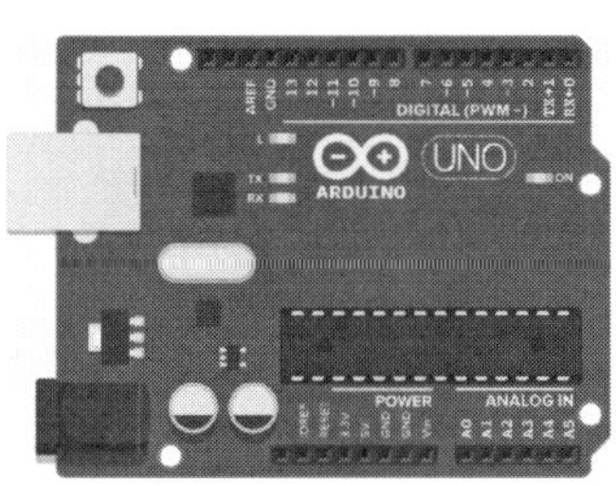	
아두이노 우노	서보모터(SG90) 1개
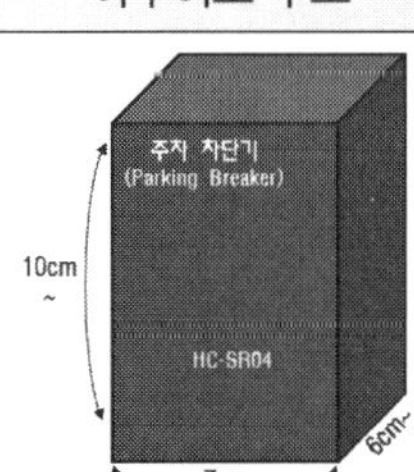	 차단 바
두꺼운 종이상자(또는 플라스틱 상자)	나무 스틱 (또는 플라스틱 빨대)

2) 회로 및 배선

자동차와 같이 차단기에 접근하는 물체를 감지하는 초음파센서와 차단기를 올리고 내리는 서보모터를 이용하여 차단기를 제어하는 자동차 차단기 자동제어를 위한 회로의 구성 방법을 살펴보자

서보모터의 전원 단자(+5V, GND)를 각각 브레드보드의 전원(+,-)에 연결한다.

① 초음파센서의 Echo(수신용) 단자는 아두이노 보드의 12번 포트에, Trig(발신용) 단자는 13번 포트에 연결한다.

② 초음파센서의 전원 단자(VCC, GND)를 브레드보드의 전원(+,-) 단자에 연결한다.

③ 서보모터의 신호 단자(오렌지색)를 아두이노 보드의 9번 포트에 연결한다.

④ 서보모터의 회전축에는 차단기 역할을 하도록 음료수 빨대를 꽂아 사용한다.

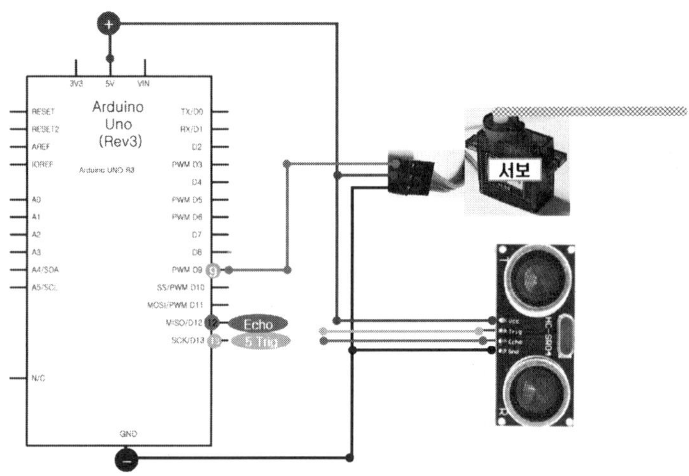

▲ 그림 9-12. 회로도

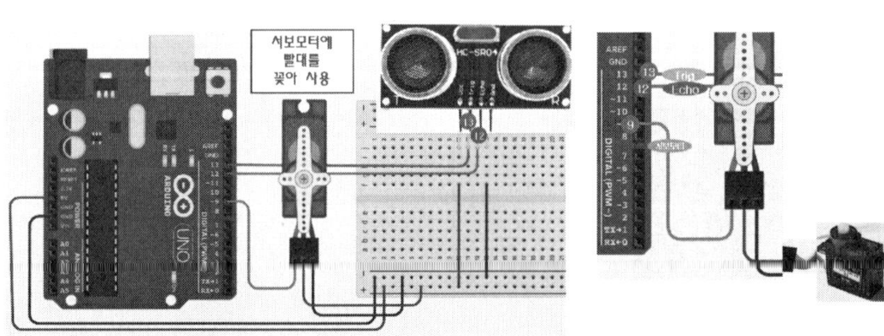

▲ 그림 9-13. 배선도

3) 코딩

【소스】

```
#include <Servo.h>
int Echo =12;
int Trig =13;
int i ;
Servo myservo;

void setup( ) {
 myservo.attach(9);
 pinMode(Echo, INPUT);
 pinMode(Trig, OUTPUT);
}

void loop() {
 digitalWrite(Trig, HIGH);
 delayMicroseconds(10);
 digitalWrite(Trig, LOW);
 long duration=pulseIn(Echo,HIGH);
 if(duration == 0)
  { return;
  }
long  distance=duration / 58;
 if(distance < 20)  {
   myservo.write(90);
 }
 else{
   myservo.write(0);
  }

 delay(10);
}
```

[코딩 설명]

```
int Echo -12;
int Trig =13;
```

아두이노 보드의 12번 포트를 초음파센서의 Echo 단자와, 13번 포트를 Trig 단자와 연결한다.

```
myservo.attach(9);
```

서보모터 펄스신호 핀을 아두이노 9번에 연결한다.

```
pinMode(Echo, INPUT);
pinMode(Trig, OUTPUT);
```

초음파센서의 Echo 단자와 연결된 아두이노 보드의 12번 포트를 입력모드로 설정하고 Trig 단자와 연결된 아두이노 보드의 13번 포트를 출력모드로 설정한다.

[코딩 설명]

```
digitalWrite(Trig, HIGH);
delayMicroseconds(10);
digitalWrite(Trig, LOW);
```

초음파센서의 동작 시작. Trig 단자에서 10[ms] 동안 HIGH 출력 후 LOW 신호 출력. 이후 8개의 펄스가 출력한다.

```
long duration=pulseIn(Echo,HIGH);
```

출발한 펄스 신호가 Echo 단자로 되돌아올 때까지의 왕복 소요 시간을 pulseIn 명령어를 이용하여 측정. 변수 duration은 마이크로초(us)이다.

```
long distance=duration / 58;
```

거리 측정. distance는 cm 단위. distance = 0.017 × duration도 가능

```
if (distance < 20)  {
   myservo.write(90);
  }
else{
   myservo.write(0);
  }
```

센서로부터 거리가 20cm 이내이면 서보모터를 90도 이동하고(차단기 Open) 그렇지 않으면(else) 서보모터를 0도 이동한다. (차단기 Close).

4) 실습 결과 및 확인

① 서보모터의 회전축과 주차바를 연결하여 주차 차단기 모형을 그림과 같이 완성한다.

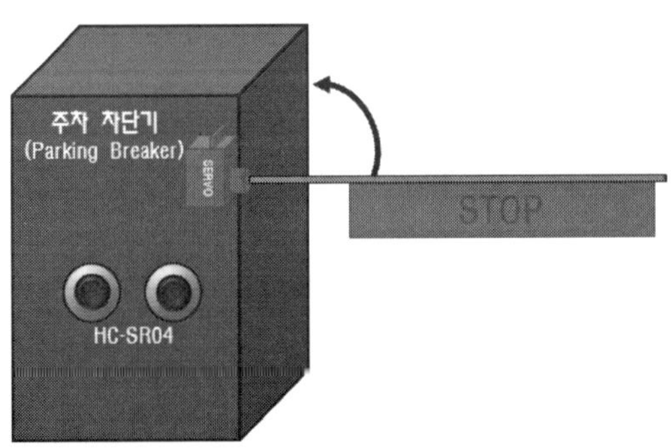

▲ 그림 9-14. 주차 차단기 완성

② 센서에 물체를 가져가면 차단기가 위로 올라가는지 확인한다. 만약 회전 방향이 반대로 동작하면 모터의 상하 위치를 바꾼다.

③ 차단기의 이동 속도가 적당한지 확인한다.

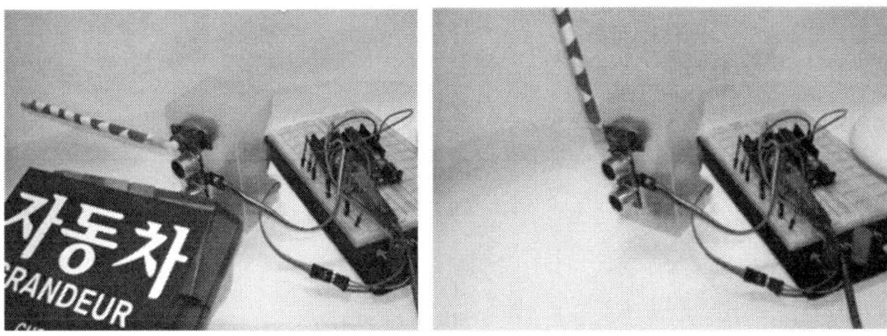

▲ **그림 9-15.** 차단기 실습

9-5. 스마트 쓰레기통

스마트 쓰레기통은 쓰레기를 버리기 위해 접근하는 사람(또는 물체)과의 거리를 측정하여 일정한 거리 이내로 접근하면 쉽게 쓰레기를 버릴 수 있도록 뚜껑을 열어주고, 자리를 떠나면 뚜껑을 자동으로 닫아주는(자동 개폐) 쓰레기통을 의미한다.

초음파센서를 이용한 서보모터 응용제어 과정으로 스마트 쓰레기통을 제작하는 과정을 살펴보자

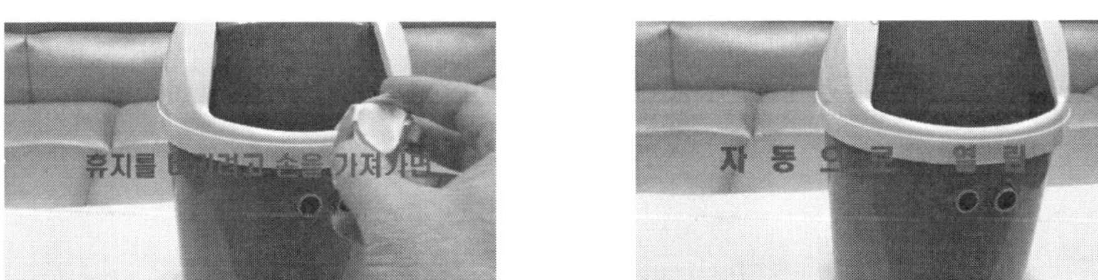

▲ **그림 9-16.** 스마트 쓰레기통

1) 실습부품

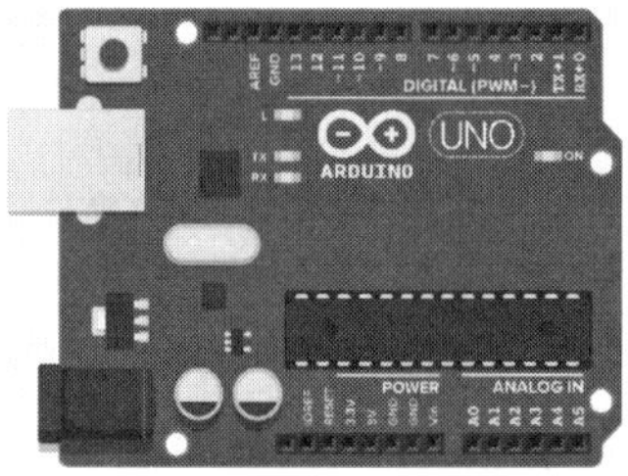	
아두이노 우노	서보모터(SG90) 개
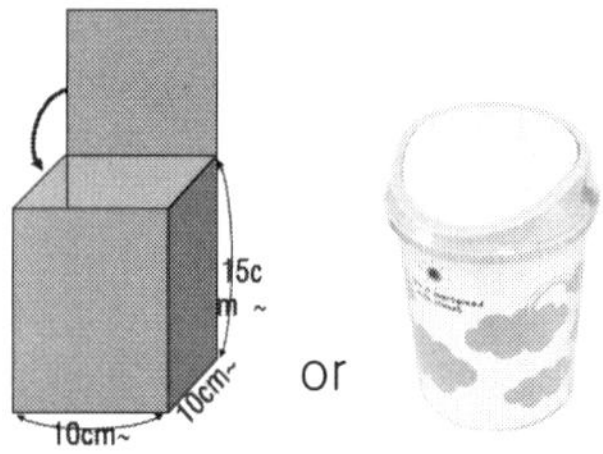	 서보모터와 뚜껑 연결용
뚜껑 달린 종이상자(휴지통) 1개	나무 스틱(젓가락) 1개

2) 회로 및 배선

초음파센서로 다가오는 사람을 감지하고 설정한 거리에 도달하거나 멀어지면 뚜껑을 여닫는 스마트 쓰레기통 제어를 위한 회로의 구성 방법을 살펴보자.

① 초음파센서의 Echo(수신용) 단자는 아두이노 보드의 4번 포트에, Trig(발신용) 단자는 5번 포트에 연결한다.

② 서보모터의 전원 단자(+5V, GND)를 각각 아두이노 보드의 전원(+5V, GND)에 연결한다.

③ 서보모터의 신호 단자(오렌지색)를 아두이노 보드의 3번 포트에 연결한다.

④ 서보모터의 회전축에는 이동하면서 뚜껑이 열리고 닫히도록 굵은 선을 연결하여 사용한다.

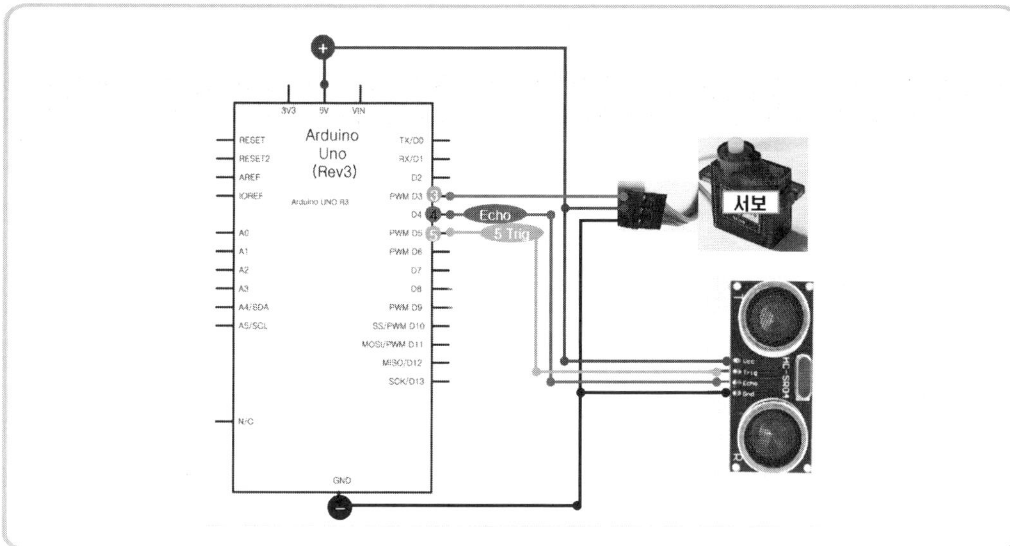

▲ **그림 9-17.** 회로도

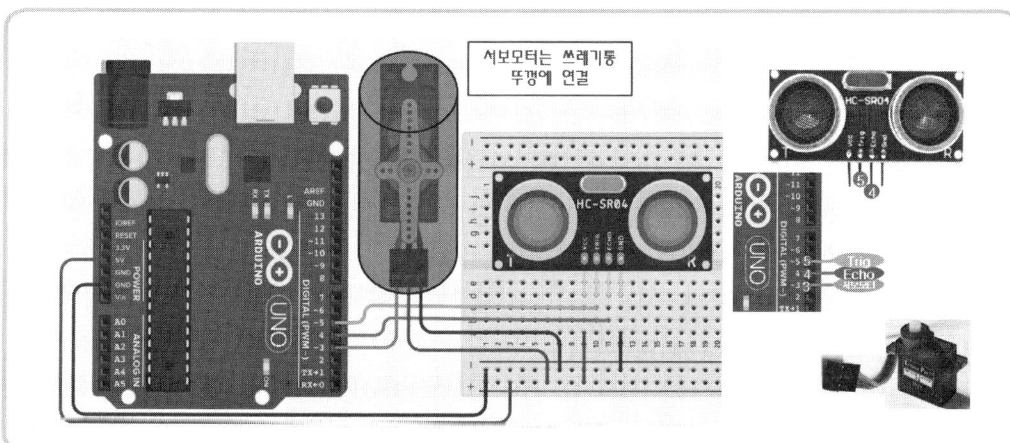

▲ **그림 9-18.** 배선도(쓰레기통에 연결

3) 코딩

【소스】

```
#include <Servo.h>
#define ECHO 4
#define TRIG 5
int i;

Servo SV;

void setup( ) {
    SV.attach(3);
    pinMode(ECHO, INPUT);
    pinMode(TRIG, OUTPUT);
}
```

[코딩 설명]

#include <Servo.h>

서보모터 라이브러리 사용

#define ECHO 4
#define TRIG 5

아두이노 보드의 4번 포트를 초음파센서의 수신 단자(ECHO)와 연결하고 5번 포트를 센서의 송신 단자(TRIG)로 연결하여 사용한다.

Servo SV;

서보모터의 객체 변수명으로 SV 사용한다.

SV.attach(3);

서보모터의 제어 신호 핀을 아두이노 3번에 연결한다.

pinMode(ECHO, INPUT);
pinMode(TRIG, OUTPUT);

센서의 Echo와 연결된 아두이노의 4번 포트를 입력모드로 Trig와 연결된 5번 포트를 출력모드로 설정한다.

[소스] 계속

```
void loop() {
   digitalWrite(TRIG, HIGH);      //펄스파 발생
   delayMicroseconds(10);
   digitalWrite(TRIG, LOW);       //펄스파 종료
long duration = pulseIn(ECHO, HIGH);
if(duration == 0)
  { return;
  }
long distance = duration / 58;

if(distance <= 30)        // 손이 다가오면 (거리가 30cm 이하면)
 {
  if (i<180) {
    for(i=0;i<180;i+=5)   {
     SV.write(i);
     delay(20);
    }
   }
  SV.write(i);    // 사람(물체 감지시 상태(180도) 유지
  delay(3000);        // 3초간 대기. 쓰레기 투입 시간
}


else {
  if(i>0) {
    for(i=180; i>0; i-=5) {
      SV.write(i);
      delay(20);
     }
    SV.write(i);
    delay(100);
  }
 }
}
```

[코딩 설명]

```
digitalWrite(TRIG, HIGH);
delayMicroseconds(10);
digitalWrite(TRIG, LOW);
```

초음파센서 동작 시작. 10[us] 동안 HIGH 펄스파를 발생 후 펄스파 종료(LOW) 시점에 8개의 펄스가 동시에 출발.

```
long duration = pulseIn(ECHO, HIGH);
```
출발 후 물체에 반사되어 수신 단자(ECHO 핀)으로 되돌아온 지연된 신호(HIGH)의 시간을 변수 (duration) 저장. pulseIn() 명령어를 사용할 경우에는 long 형식의 변수를 사용해야 한다.

```
long distance = duration / 58;
```
거리 계산. 왕복시간(duration)을 58로 나누면 실제 거리.
distance = duration /29÷2 = duration / 58 = 0.017×distance

```
if(distance <= 30)
```
쓰레기통 근처로 다가가 거리가 30cm 이하가 되면

```
if (i<180) {
```
쓰레기통이 열린 상태가 아닌 경우. 변수 i의 값은 for 문을 통해 증가하거나 감소하므로 180이면 완전히 열린 상태 0이면 완전히 닫힌 상태를 의미한다.

```
for(i=0;i<180;i+=5)   {
   SV.write(i);
   delay(20);
   }
  }
```

표 9-2. for() 문

[형식] for(초기값 i=0 ; 조건식(i)0) ; 증가치(i +=5))

쓰레기통 뚜껑의 열림과 닫힘의 속도가 너무 빨라서 for 문을 사용하여 속도를 조정.
[예시]
for(i=0 ; i >0 ; i +=5)   // 5도씩 증가시켜 뚜껑을 연다.
for(i=180 ; i < 0 ; i -=5)   // 5도씩 감소시켜 열림 뚜껑을 닫는다.

```
SV.write(i);
delay(3000);
}
```
사람(물체) 감지 시 열린 상태(180도) 유지. for 문을 통해 변수 i가 증가하며 뚜 껑 이 점점 열리고 180이 되면 완전히 열린 상태로 3초(쓰레기 투입 시간)간 상태를 유지한다.

```
else {
```
쓰레기통에서 멀어지면(거리가 30cm 이상)

```
if(i>0) {
```
뚜껑을 닫을 조건. 즉, 변수 i의 0보다 큰 경우는 열린 상태이므로 열려있는 상태인지 확인한다.

```
for(i=180; i>0; i-=5) {
 SV.write(i);
```

```
delay(20);
```
뚜껑을 5도씩 감소시켜 뚜껑을 연다.

```
SV.write(i);
delay(100);
```
변수 i가 감소하여 최종값은 0. 즉 닫힌 상태로 유지한다.

4) 실습 결과 및 확인

① 두꺼운 종이상자 또는 쓰레기통 이용하여 그림과 같은 스마트 쓰레기통을 제작한다. 특히 서보모터의 회전축이 뚜껑을 여닫는 데 걸림이 없도록 조심한다.

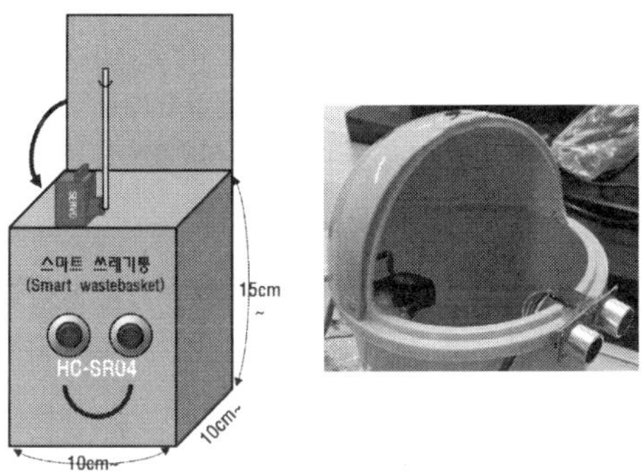

▲ **그림 9-19.** 완성된 쓰레기통

② 쓰레기통 근처로 손을 가져가면 서보모터가 동작하며 뚜껑이 열리는지 확인한다.

③ 쓰레기통에서 멀어질 때 뚜껑이 닫히는지 확인한다.

▲ **그림 9-20.** 스마트 쓰레기통에 시험

【연습문제】

01 초음파센서(HC-SR04)의 타이밍 다이어그램(Timing Diagram)을 보고 센서의 동작을 설명하시오.

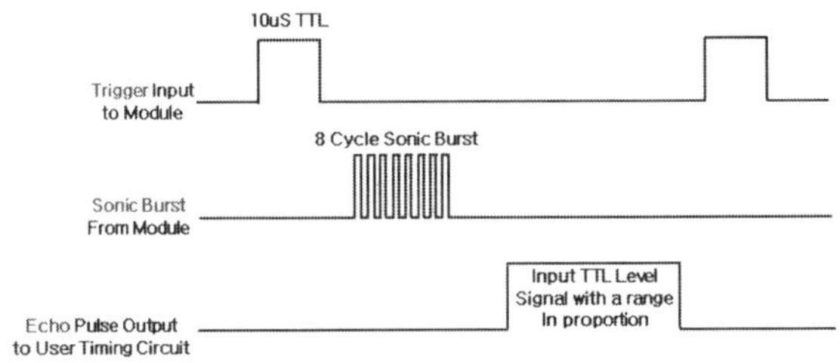

02 초음파센서의 거리를 구하는 다음 수식의 유도 과정을 설명하시오.

수식 : 거리(cm)=0.0172 × duration(초음파 왕복시간)

03 다음 그림은 서보모터의 타이밍 다이어그램이다. 주파수(f)를 구하는 과정 및 결과를 설명하시오.

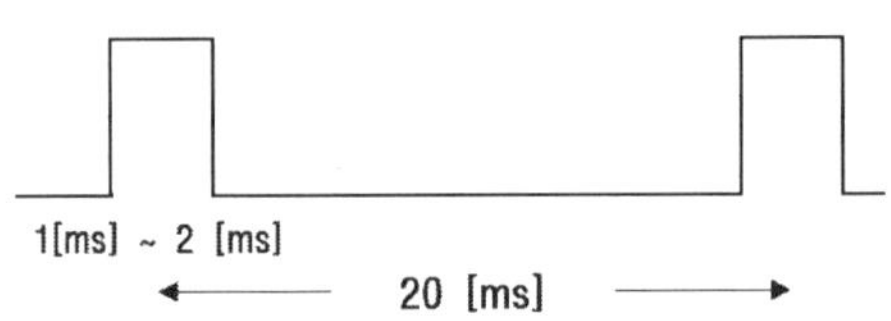

04 거리 측정에 많이 사용되는 PulseIn() 명령은 시간을 계산하는 명령이다. 다음 코딩과 같이 PulseIn()명령 사용 시 timeout은 선택사항이다. 만약 timeout을 사용하지 않았을 경우 동작시간은 얼마인지 설명하시오.

```
[형식] pulseIn(pin, value, timeout)
[예시] long duration=pulseIn(Echo,HIGH);
```

05 다음 코딩 내용을 보고 서보모터의 동작을 설명하시오.

```
for(i=180; i>0; i-=5) {
 SV.write(i);
 delay(20);
}
```

CHAPTER

10

스테핑모터 제어

스테핑모터의 특징 및 구조 등 기본내용을 학습하고 동작 원리를 이해하기 위해 여자(勵磁) 방식에 따른 스테핑모터의 동작 방법을 학습한다.

10-1. 스테핑모터

1) 스테핑모터 응용 분야

전기신호인 펄스(Pulse)를 줄 때마다 일정한 각도로 회전하는 모터를 의미한다. 한 바퀴의 회전을 많은 수의 스텝으로 나누어 회전시키는 모터로써 정교한 움직임을 제어할 수 있는 모터이다.

회전자는 영구자석으로 구성되어 있으며 원둘레의 4상 코일에 1상(1-Phase) 또는 2상(2-Phase)씩 순차적으로 전압을 인가함에 따라 일정 각도씩 회전한다.

외부 제어 회로로부터 일정한 펄스를 받아 동작을 하고 입력받은 펄스마다 설정된 스텝 각(step angle)만큼 회전한다. 예를 들어 스텝 각이 10도로 설정된 스텝 모터는 한 펄스에 모터 축이 10도씩 회전을 하게 된다. 모터 축이 한 바퀴 회전해서 원래 자리로 돌아오게 하면 36번의 펄스를 공급해 주어야 한다.

응용 분야는 프린터 용지공급제어, 프린터 헤드 인자의 위치제어, X-Y플로터의 펜 위치제어, DVD(CD) Player 헤드 제어, 복사기, 3D 프린터 등에 사용된다.

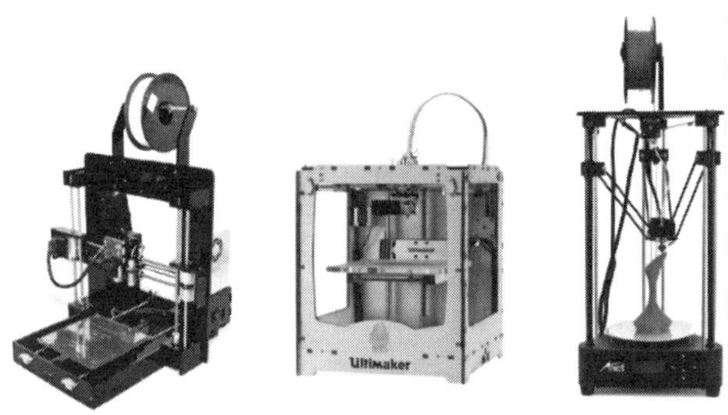

▲ 그림 10-1. 스테핑모터 응용 분야

2) 스테핑모터 구조

스테핑모터는 고정자(stator), 회전자(Rotator), 영구자석(Permanent Magnetic) 등으로 구성되어 있으며 내부의 코일 구성에 따라 유니폴러(Unipolar), 바이폴러(Bipolar)로 구분하는데 유니(Uni-)는 하나(단 극성), 바이(Bi-)는 두 개(양극성)를 의미한다.

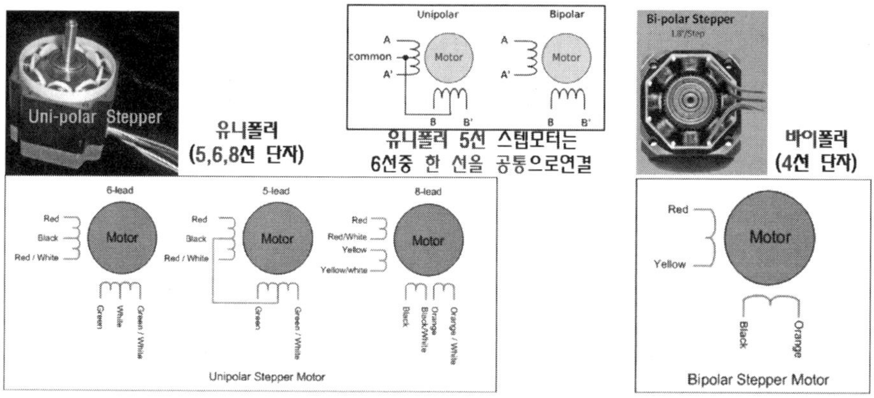

▲ 그림 10-2. 스테핑모터 구조

3) 유니폴러(Unipolar)

각 코일을 가운데의 공통 단자(common)로 묶어 양 전원(+5V)를 연결하고 각 단자(1,2,3,4)에 전원을 공급하여 모터를 구동하는 방식이다.

모터의 권선(코일)에 흐르는 전류가 항상 한쪽 방향으로만 흐르는 구동 방식(단 극성)이며 공통 단자가 항상 양 전원(+5V)이다. 고속으로 회전시켜도 토크가 높아서 탈조(동기 이탈) 될 위험이 적고 회로가 비교적 간단. 효율이 높지 않고 저속에서 구동 시 토크가 비교적 약한다.

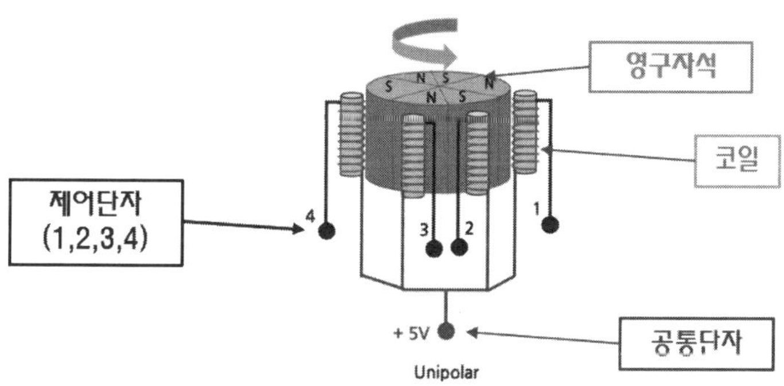

▲ 그림 10-3. 유니폴러 스테핑모터

4) 바이폴러

바이폴러(Bipolar) 방식은 모터의 권선(코일)에 흐르는 전류가 바뀌는 구동 방식이다.

내부 권선이 모두 독립적으로 되어있어 외부에서 +,- 또는 -, + 이렇게 극성(양극성)을 바꾸어 가면서 드라이브시키는 종류이다. 바이폴러 방식은 저속에서 토크가 높고 효율이 높지만, 고속 회전 시 토크가 급격하게 낮아져서 탈조될 위험이 있고 회로가 복잡하다.

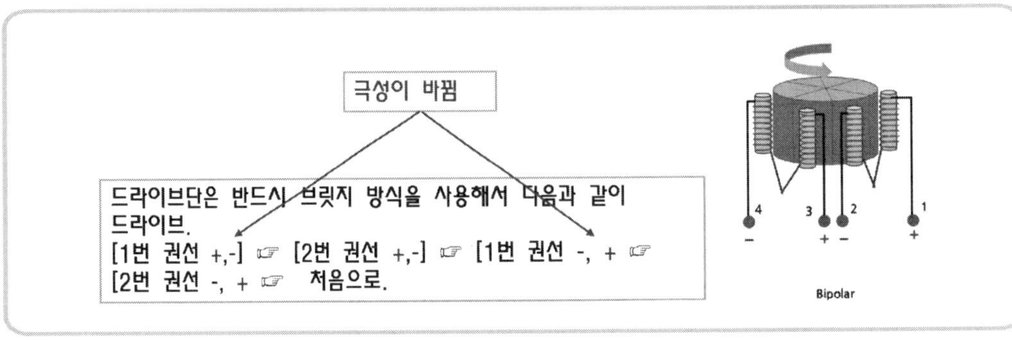

▲ 그림 10-4. 바이폴러 스테핑모터

10-2. 스테핑모터 구동 방법

스테핑모터의 구동 방법은 크게 1상 여자(Wave), 2상 여자(Full Step), 1-2상 여자(Half Step Drive)로 구분된다.

1) 1상 여자방식

1상 여자방식(1 Phase Drive, Wave Drive)은 차례로 1상(phase)씩 전기신호를 공급하여 이동하는 방식이다. 구동 원리가 단순하지만, 토크가 작다.

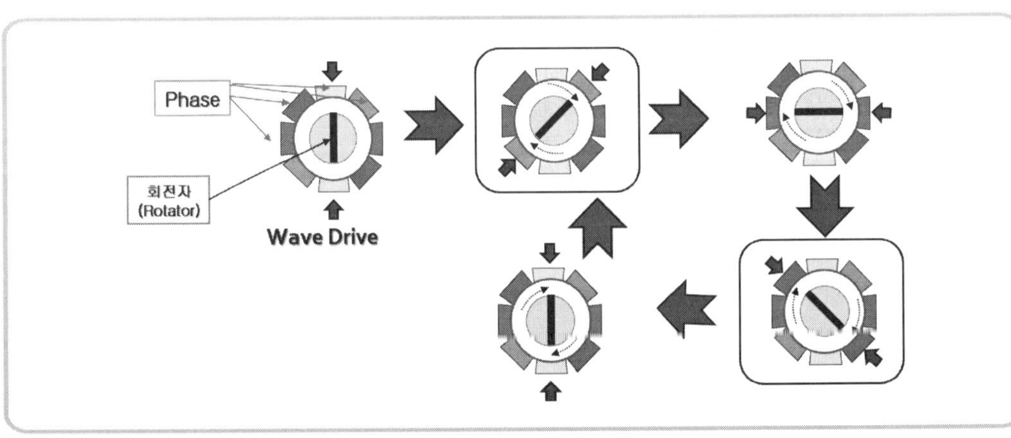

▲ 그림 10-5. 1상 여자방식

2) 2상 여자방식

2상 여자 방식(2 Phase Drive, Full Step Drive)은 동시에 2개의 상(2 Phase)에 전기신호를 공급하여 이동하는 방법이다. 1상 여자방식에 비해 전류는 2배 소모하며 토크가 2배로 힘이 좋다. 회전 각도가 커서 정밀도 떨어지는 단점이 있다.

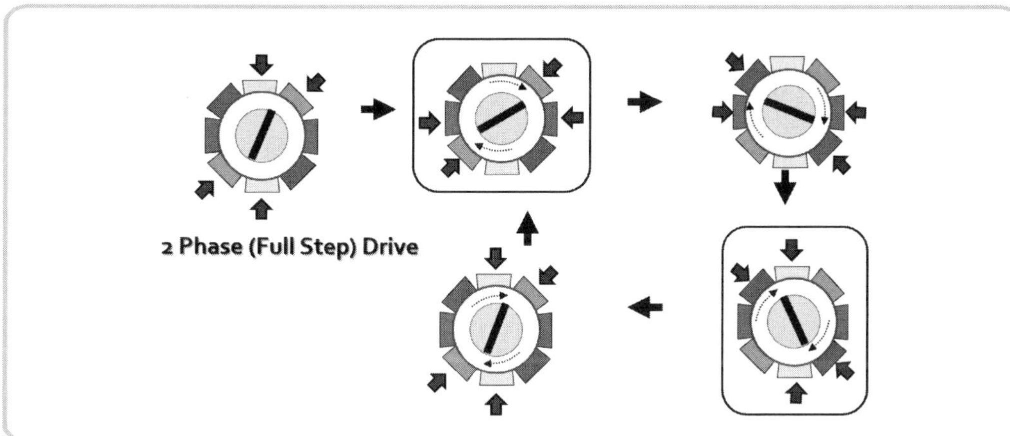

▲ **그림 10-6.** 2상 여자방식

3) 1-2상 여자방식

1-2상 여자방식(one-two Phase Drive, half Step Drive)은 한번은 1상, 또 한번은 2상씩 반복하며 전원을 공급하여 이동하는 방법이다. 정밀한 각도(1/2 스텝)으로 이동한다.

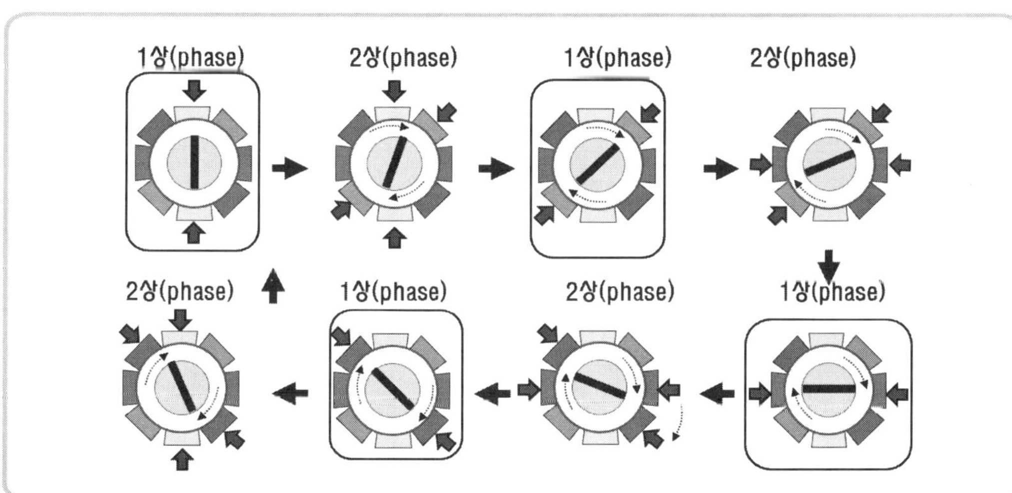

▲ **그림 10-7.** 1-2상 여자방식

10-3. 스테핑모터 동작 원리

그림에서 각 단자(1,2,3,4)에 전원이 공급될 때마다 전자석이 되어 톱니(총 25개)를 끌어당겨 회전 이동한다.

펄스가 공급될 때마다 3.6°씩 이동한다고 가정하였을 때 동작은 다음과 같다.

[단자 1 On/Off] ▶ [단자 2 On/Off] ▶ [단자 3 On/Off] ▶ [단자 4 On/Off]를 단계적(step)으로 동작을 하면 1 단계마다 3.6°씩 회전하므로, 모터 회전축이 한 번 회전(360°)하는데 100 스텝이 소요된다. 즉, 톱니가 25개이므로 톱니가 1회전(25 스텝 소요) 하였을 때 모터 회전축은 90°(=25개*3.6 °)가 회전한 상태. 즉, 모터 회전축이 1회전(360°) 하려면 톱니가 4번 회전(25개 *4회 =100)하므로 100개의 스텝 필요하다.

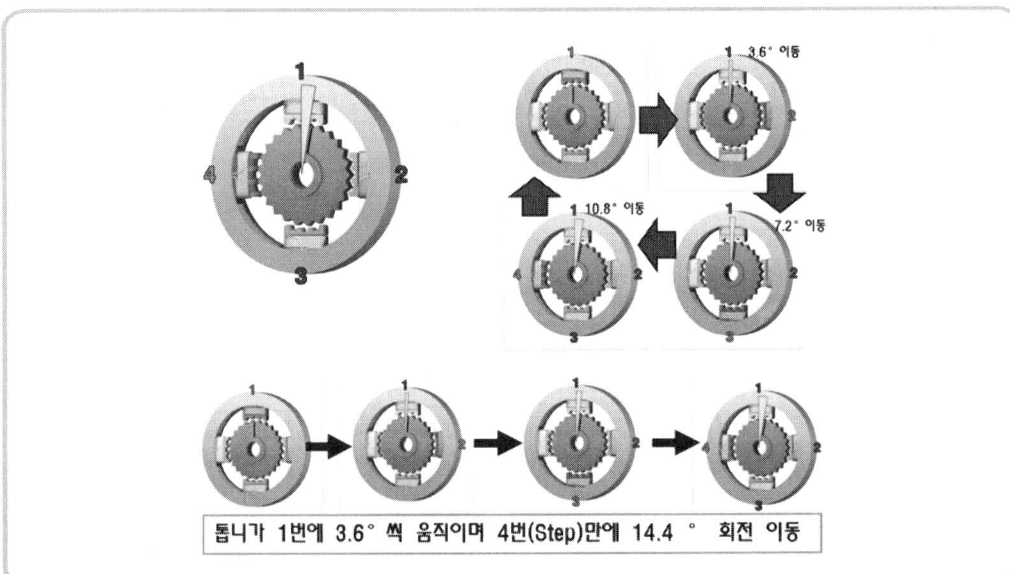

▲ 그림 10-8. 동작 원리

다음과 같이 1-2상(Half Step) 여자방식으로 A▶AB▶B▶BC▶C▶CD▶D▶DA 상에 차례로 펄스를 공급(여자)하면 모터 축이 정회전을 하게 되고 반대로 하면 역회전을 하게 된다.

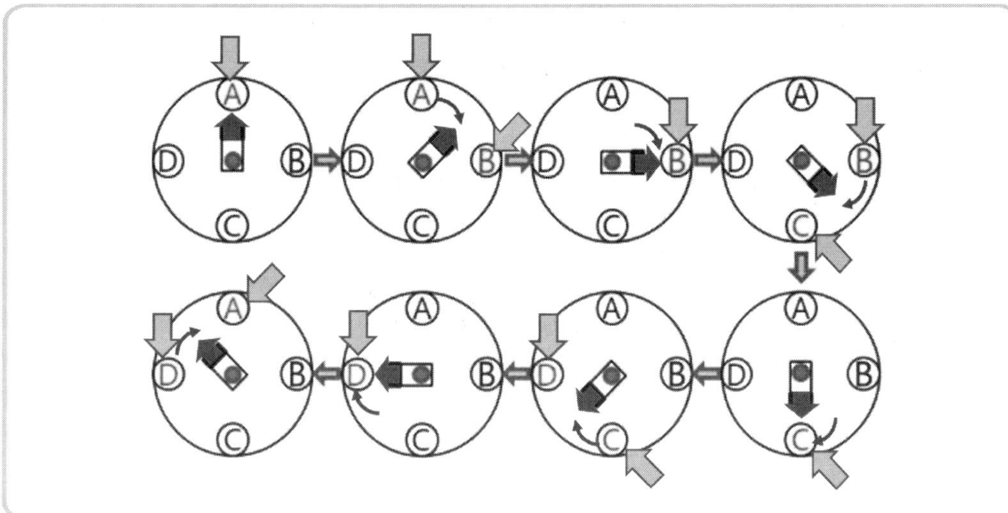

▲ **그림 10-9.** 1-2상 여자 동작 원리

10-4. 스테핑모터 구조 및 특징

아두이노와 함께 많이 사용되는 스테핑모터 28BYJ48 모델은 유니폴러 방식이며 에어컨, 소형 벤딩머신에 사용된다. 4상 스테핑모터로서 64개의 기어가 있고 ULN2003 모터 드라이버 모듈과 함께 사용한다.

1) 구조

내부는 각 층당 8개의 톱니를 가진 전체 4층 구조이며 총 32개(4층*8개=32)의 톱니구조를 가진다. 내부는 펄스 스텝 당 11.25° (360/32(톱니 수)=11.25) 회전한다.

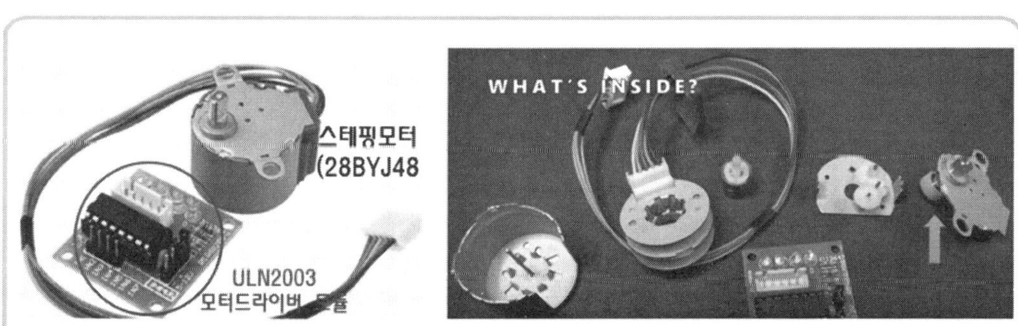

▲ **그림 10-10.** 28BYJ48 모델 구조

회전자(rotor, rotator)는 9개의 톱니를 가지고 있으며 추가로 7종(톱니 수 32, 22, 11, 26, 9, 31, 10)의 기어가 서로 맞물려 총 64:1의 비율을 갖는 기어가 있다.

▲ **그림 10-11.** 회전자 톱니구조

2) 기어비

스테핑모터 28BYJ48 모델은 그림과 같이 8개의 톱니가 서로 맞물려 64:1의 기어비(Gear Ratio)로 구성되어 있다. 맞물린 톱니와 톱니 사이의 기어비는 다음과 표시할 수 있는데 8개의 기어가 맞물려 64:1의 기어비로 회전한다.

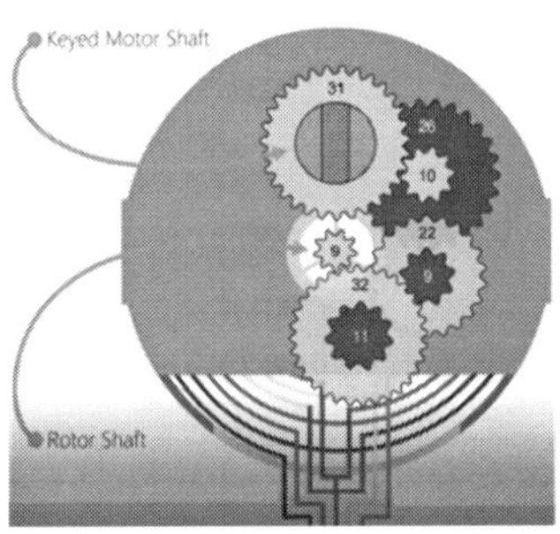

	기어비
32 / 9 =	3.5556
22 /11=	2.0000
26 / 9 =	2.8889
31 / 10 =	3.1000

3.55556×2.0×2.888889×3.1=**63.68398**

= **약 64**

▲ **그림 10-12.** 기어비

3) 내부 톱니 회전각도 및 회전 스텝 수

내부 톱니의 수는 총 32개이며 펄스 스텝 당 11.25° (360/32=11.25)씩 회전하고 기어비(64:1)를 고려하면 1회전(360°) 하는데 총 2048(=32×64=2048) 스텝이 필요하다.

만약 1-2상(Half Step) 여자방식으로 신호 공급 시 4,096 스텝이 필요하다.

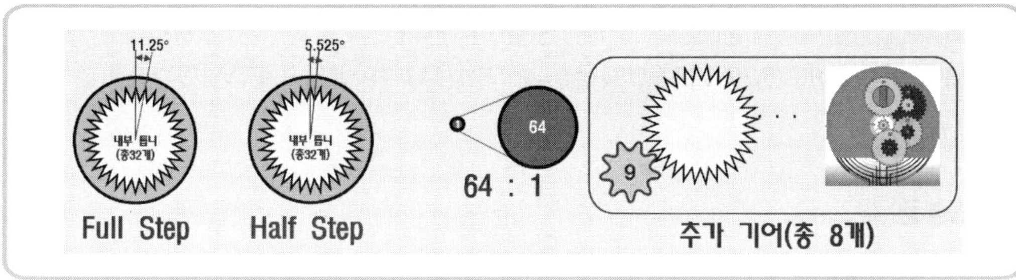

▲ 그림 10-13. 스텝과 회전각도

4) 1-2상(Half Step) 여자 원리

표에서 짝수(2,4,6,8) 번마다 두 개의 코일을 동시에 여자시키는 것은 한쪽은 고정자를 밀어내지만, 반대쪽은 끌어당기기 때문에 한 코일을 여자시키는 것보다 반(1/2) 정도 덜 움직이게(Half Step) 된다.

Half Step(1-2 Phase) Drive

ULN2003A	디지털핀No	모터 선 색상	상	1	2	3	4	5	6	7	8
IN-A	8	Oraange	A	1	1	0	0	0	0	0	1
IN-B	9	Yellow	B	0	1	1	1	0	0	0	0
IN-C	10	Pink	C	0	0	0	1	1	1	0	0
IN-D	11	Blue	D	0	0	0	0	0	1	1	1

▲ 그림 10-14. 1-2상 여자 상태표

10-5. 1상 여자 스테핑모터 동작 제어 실습

라이브러리 없이 직접 1상 여자 구동 방식으로 작동하도록 스테핑모터 제어 실습이다. 1상(1-Phase, Wave Drive) 여자방식은 4개의 상(A,B,C,D) 각 단자에 한 번에 한 상씩 펄스 신호를 공급하는 방식이다. 4 Step × 512(Count)=2048 스텝(1회전, 360도)이 된다.

360도 회전 후 정지하고 시리얼 모니터를 이용하여 스텝 수를 관찰하고 키보드에서 's'를 클릭하면 다시 회전되도록 제어하는 실습이다.

상을 A->B->C->D 순으로 반복하면 11.25도(펄스 당 톱니 회전 각도) / 64(기어비) * 4 Step = 0.703125도이며 360도/0.703125도(1사이클=4 스텝)=512사이클이고 4 스텝*512사이클=2048 스텝이 소요된다.

1) 실습부품

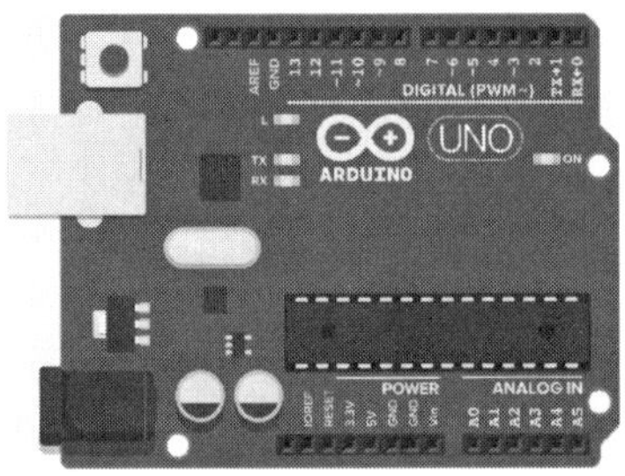	
아두이노 우노	브레드보드
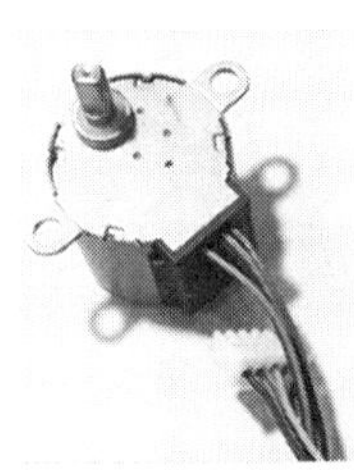	
스테핑모터(28BYJ-48, 유니폴러) 1개	ULN2003(스테핑모터 드라이버) 1개

2) 회로 및 배선

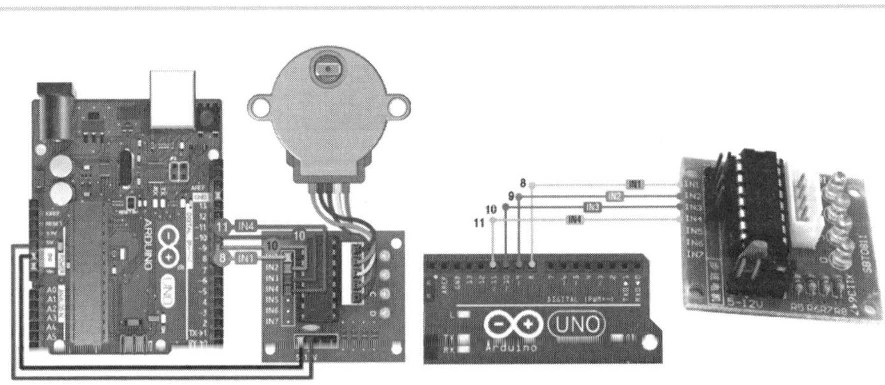

▲ **그림 10-15.** 배선도

3) 코딩

【소스】

```
// A-B-C-D-반복.(4 Step * 512=2048(1회전, 360도)
// 스테핑모터 : IN1(8), IN2(9), IN3(10), IN4(11) 연결
#define Stepper_Pin_1 8
#define Stepper_Pin_2 9
#define Stepper_Pin_3 10
#define Stepper_Pin_4 11
int cnt=1;
int delay_T=10;

void setup( ) {
 pinMode(Stepper_Pin_1, OUTPUT);
 pinMode(Stepper_Pin_2, OUTPUT);
 pinMode(Stepper_Pin_3, OUTPUT);
 pinMode(Stepper_Pin_4, OUTPUT);
 Serial.begin(9600);
 }
```

[코딩 설명]

```
#define Stepper_Pin_1 8
#define Stepper_Pin_2 9
#define Stepper_Pin_3 10
#define Stepper_Pin_4 11
```

스테핑모터의 단자 IN1, IN2, IN3, IN4와 아두이노 보드의 8,9,10,11번 포트를 연결. 즉, IN1(8), IN2(9),IN3(10),IN4(11)

```
int cnt=1;
```

카운트(펄스 공급 반복 횟수), 초기값은 1

```
int delay_T=10;
```

펄스신호 공급 지연시간. A,B,C,D LED 점등을 확인하려면 모두 크게(300정도)로 설정.

```
pinMode(Stepper_Pin_1, OUTPUT);
pinMode(Stepper_Pin_2, OUTPUT);
pinMode(Stepper_Pin_3, OUTPUT);
pinMode(Stepper_Pin_4, OUTPUT);
```

아두이노 보드의 8,9,10,11번 포트 모두 출력모드로 지정한다.

```
Serial.begin(9600);
```

9600[baud] 속도로 시리얼 통신 시작. 스텝 카운트(세기)용.

【소스】 계속

```
void loop( ) {
 if(Serial.read()== 's') {
   cnt=1;
  }

 if (cnt < 512) {
  //Step 1 : A상 여자
  digitalWrite(Stepper_Pin_1, HIGH);  // IN1,  8, A
  digitalWrite(Stepper_Pin_2, LOW);   // IN2,  9, B
  digitalWrite(Stepper_Pin_3, LOW);   // IN3, 10, C
  digitalWrite(Stepper_Pin_4, LOW);   // IN4, 11, D
  delay(delay_T);

  //Step 2 : B상 여자
  digitalWrite(Stepper_Pin_1, LOW);
  digitalWrite(Stepper_Pin_2, HIGH);  //IN2,  9, B
  digitalWrite(Stepper_Pin_3, LOW);
  digitalWrite(Stepper_Pin_4, LOW);
  delay(delay_T);

  //Step 3 : C상 여자
  digitalWrite(Stepper_Pin_1, LOW);
  digitalWrite(Stepper_Pin_2, LOW);
  digitalWrite(Stepper_Pin_3, HIGH);  //IN3, 10, C
  digitalWrite(Stepper_Pin_4, LOW);
  delay(delay_T);

  // Step 4 : D상 여자
  digitalWrite(Stepper_Pin_1, LOW);
  digitalWrite(Stepper_Pin_2, LOW);
  digitalWrite(Stepper_Pin_3, LOW);
  digitalWrite(Stepper_Pin_4, HIGH);  //IN4, 11, D
  delay(delay_T);
```

[코딩 설명]

```
if (Serial.read()== 's') {
  cnt=1;
```

키보드로 ‘s’ 값을 눌렀을 때. 즉, 모터가 정지된 상태에서 키보드로 ‘s’를 누르면 시리얼 통신 선로상으로 전송되며 데이터를 읽은(Serial.read) 값이 ‘s’라는 문자라면 변수 cnt의 값을 1로 초기화하여 모터 회전을 다시 시작한다.

```
if (cnt < 512) {
```

```
  digitalWrite(Stepper_Pin_1, HIGH);      // IN1,  8, A
  digitalWrite(Stepper_Pin_2, LOW);       // IN2,  9, B
  digitalWrite(Stepper_Pin_3, LOW);       // IN3, 10, C
  digitalWrite(Stepper_Pin_4, LOW);       // IN4, 11, D
  delay(delay_T);
```

변수 cnt의 값이 512보다 작다면 아두이노 보드의 8번 포트와 연결된 모듈의 IN1(A상) 단자에 delay_T(10[ms]) 동안 HIGH 신호를 출력한다.
즉 1상 여자방식에서 모터의 360도 회전은 각 상에 하나씩 펄스 공급(A→B→C→D)을 512회 반복한다. (4 Step × 512번 = 2048)

```
digitalWrite(Stepper_Pin_2, HIGH);      //IN2,  9, B
delay(delay_T);
digitalWrite(Stepper_Pin_3, HIGH);      //IN3, 10, C
delay(delay_T);
digitalWrite(Stepper_Pin_4, HIGH);      //IN4, 11, D
delay(delay_T);
```

나머지 모듈의 IN2(B상), IN3(C상), IN4(D상) 단자에 차례로 delay_T(10[ms])의 지연시간을 거쳐서 HIGH 신호를 출력한다.

【소스】 계속

```
  Serial.print("Count=");
  Serial.println(cnt);
  cnt++;
  delay(10);
  }

 else {
  digitalWrite(Stepper_Pin_1, LOW);
  digitalWrite(Stepper_Pin_2, LOW);
  digitalWrite(Stepper_Pin_3, LOW);
  digitalWrite(Stepper_Pin_4, LOW);
  delay(10);
  }
 }
```

[코딩 설명]

```
Serial.print("Count=");
Serial.println(cnt);
```

cnt(반복 횟수)값을 출력한다.

```
cnt++;
```

cnt(반복 횟수) 값을 1씩 증가한다.

```
else {
 digitalWrite(Stepper_Pin_1, LOW);
 digitalWrite(Stepper_Pin_2, LOW);
 digitalWrite(Stepper_Pin_3, LOW);
 digitalWrite(Stepper_Pin_4, LOW);
```

else문은 if문의 조건이(360도 회전 조건인 조건변수 cnt가 반복 횟수 512보다 작다) 아닐 경우의 명령어. 즉, cnt >=512인 경우 모터를 정지한다.

4) 실습 결과 및 확인

① 모터가 360도 회전 후 정지하고 있을 때 키보드에서 's'를 클릭하면 다시 회전하는지 확인한다.

② 모터가 회전할 때 시리얼 모니터를 이용하여 스텝 수가 2,048 스텝인지 확인한다.

③ 모터 동작이 원활하지 않을 때는 코딩 내용을 확인한다.

10-6. 1-2상(Half Step) 여자방식 스테핑모터 제어 실습

라이브러리 없이 직접 하프스텝 방식으로 스테핑모터를 작동하도록 제어하는 실습이다. 즉, 4개의 상(A,B,C,D)에 1상, 2상, 1상, 2상 등 상의 형태를 다르게 펄스 신호를 공급하는 방식이다. 즉, A-AB-B-BC-C-CD-D-DA와 같이 상 A,B,C,D에 펄스신호를 공급할 때 모두 총 8 스텝이 하나의 Cycle을 이루며 계속 반복하여 360도 회전하려면 총 4096(=8 step * 512(반복 횟수) 스텝이 발생한다. 이것은 360도 회전 후 정지하는데 시리얼 모니터에서 스텝 수를 관찰하면 된다.

1) 코딩

【소스】

```
#define Stepper_Pin_1 8     //INI 1 연결
#define Stepper_Pin_2 9     //INI 2 연결
#define Stepper_Pin_3 10    //INI 3 연결
#define Stepper_Pin_4 11    //INI 4 연결
int cnt=1;
int delay_T=10;
int steps=0;
int Ang=0;

void setup( ) {
 pinMode(Stepper_Pin_1, OUTPUT);
```

```
 pinMode(Stepper_Pin_2, OUTPUT);
 pinMode(Stepper_Pin_3, OUTPUT);
 pinMode(Stepper_Pin_4, OUTPUT);
 Serial.begin(9600);
 }
```

[코딩 설명]

#define Stepper_Pin_1 8   #define Stepper_Pin_2 9
#define Stepper_Pin_3 10 #define Stepper_Pin_4 11

스테핑모터의 단자 IN1, IN2, IN3, IN4와 아두이노 보드의 8,9,10,11번 포트를 연결. 즉, IN1(8), IN2(9),IN3(10),IN4(11)

int cnt=1;

카운트(펄스 공급 반복 횟수), 초기 값은 1이다.

int delay_T=10;

펄스신호의 공급 지연시간. 4개의 LED A,B,C,D의 켜짐과 꺼짐을 확인하려면 300으로 높게 설정하면 눈으로 확인할 수 있다.

int steps=0;
int Ang=0;

초기 스텝 수(steps)와 회전 각(Ang). 초기값은 0.

【소스】 계속

```
void loop( ) {
 if(Serial.read( )=='s') {
  cnt=1;
  steps=0;
  }

if(cnt <=512) {
//Step 1 : A상 여자
  digitalWrite(Stepper_Pin_1, HIGH); //IN1, 8, A상
  digitalWrite(Stepper_Pin_2, LOW);  //IN2, 9, B상
  digitalWrite(Stepper_Pin_3, LOW);      //IN3, 10, C상
  digitalWrite(Stepper_Pin_4, LOW);  //IN4, 11, D상
  delay(delay_T);
  steps++;
  Ang=steps*(float)360/4096;

//Step 2 : A상,B상 여자
 digitalWrite(Stepper_Pin_1, HIGH);  //IN1,  8, A
 digitalWrite(Stepper_Pin_2, HIGH);  //IN2,  9, B
```

```
  digitalWrite(Stepper_Pin_3, LOW);
  digitalWrite(Stepper_Pin_4, LOW);
  delay(delay_T);
  steps++;
  Ang=steps*(float)360/4096;
```

[코딩 설명]

```
if (Serial.read( )=='s') {
   cnt=1;
   steps=0;
  }
```

모터를 다시 회전하기 위해 소문자 s를 누르면 cnt=1, steps=0로 초기화되어 회전

```
if (cnt <=512) {
  digitalWrite(Stepper_Pin_1, HIGH);  //IN1,  8, A
  digitalWrite(Stepper_Pin_2, LOW);   //IN2,  9, B
  digitalWrite(Stepper_Pin_3, LOW);   //IN3, 10, C
  digitalWrite(Stepper_Pin_4, LOW);   //IN4, 11, D
  delay(delay_T);
```

변수 cnt의 값이 512보다 작다면 아두이노 보드의 8번 포트와 연결된 모듈의 IN1(A상) 단자에 delay_T(10[ms]) 동안 HIGH 신호를 출력한다.

```
steps++;
```

변수 steps의 값을 1 증가시킨다. 360도 회전할 때까지 진행 중인 스텝 수를 출력한다. 360도 회전까지의 총 스텝 수는 4,096이다.

```
Ang = steps*(float)360/4096
```

회전각 계산. 360도 회전하는데 소요되는 총 스텝 수는 4,096이므로 한 스텝 당 회전 각도는 360÷4096이며 결과는 실수(float) 형태이다. 현재까지의 회전 각도는 Ang=steps×(float)360÷4096으로 계산하면 된다.

【소스】 계속

```
//Step 3 : B상 여자
 digitalWrite(Stepper_Pin_1, LOW);
 digitalWrite(Stepper_Pin_2, HIGH);  //IN2,  9, B
 digitalWrite(Stepper_Pin_3, LOW);
 digitalWrite(Stepper_Pin_4, LOW);
 delay(delay_T);
 steps++;
 Ang=steps*(float)360/4096;

//Step 4 : B상, C상 여자
 digitalWrite(Stepper_Pin_1, LOW);
 digitalWrite(Stepper_Pin_2, HIGH);  //IN2,  9, B
 digitalWrite(Stepper_Pin_3, HIGH);  //IN3, 10, C
 digitalWrite(Stepper_Pin_4, LOW);
 delay(delay_T);
 steps++;
 Ang=steps*(float)360/4096;

//Step 5 : C상 여자
 digitalWrite(Stepper_Pin_1, LOW);
 digitalWrite(Stepper_Pin_2, LOW);
 digitalWrite(Stepper_Pin_3, HIGH);  // IN3, 10, C
 digitalWrite(Stepper_Pin_4, LOW);
 delay(delay_T);
 steps++;
 Ang=steps*(float)360/4096;
```

[코딩 설명]

1-2상(Half Step) 여지방식은 다음과 같이 8개의 단계를 거쳐 펄스를 공급한다. 순서는 A상→A상,B상→B상→B상,C상→C상→C상,D상→D상으로 공급을 반복한다.
즉, 8 스텝 × 512번 = 4096 스텝이다.

【소스】 계속

```
//Step 6 : C상, D상 여자
 digitalWrite(Stepper_Pin_1, LOW);
 digitalWrite(Stepper_Pin_2, LOW);
 digitalWrite(Stepper_Pin_3, HIGH);  // IN3, 10, C
 digitalWrite(Stepper_Pin_4, HIGH);  // IN4, 11, D
 delay(delay_T);
 steps++;
 Ang=steps*(float)360/4096;

//Step 7 : D상 여자
 digitalWrite(Stepper_Pin_1, LOW);
 digitalWrite(Stepper_Pin_2, LOW);
 digitalWrite(Stepper_Pin_3, LOW);
 digitalWrite(Stepper_Pin_4, HIGH);   // IN4, 11, D
 delay(delay_T);
 steps++;
 Ang=steps*(float)360/4096;

//Step 8 : D상,A상 여자
 digitalWrite(Stepper_Pin_1, HIGH);  //IN1,  8, A
 digitalWrite(Stepper_Pin_2, LOW);
 digitalWrite(Stepper_Pin_3, LOW);
 digitalWrite(Stepper_Pin_4, HIGH);  //IN4, 11, D
 delay(delay_T);
 steps++;
 Ang=steps*(float)360/4096;
```

[코딩 설명]

1-2상(Half Step) 여자방식은 다음과 같이 8개의 단계를 거쳐 펄스를 공급한다. 순서는 A상→A상,B상→B상→B상,C상→C상→C상,D상→D상으로 공급을 반복한다.
즉, 8 스텝 × 512번 = 4096 스텝이다.

【소스】 계속

```
  Serial.print("스텝 수=");
  Serial.print(steps);
  Serial.print("\t 반복횟수=");
  Serial.print(cnt);
  Serial.print("\t 회전각도=");
  Serial.println(Ang);
  cnt++;
  delay(10);
  }

 else {
   digitalWrite(Stepper_Pin_1, LOW);
   digitalWrite(Stepper_Pin_2, LOW);
   digitalWrite(Stepper_Pin_3, LOW);
   digitalWrite(Stepper_Pin_4, LOW);
   delay(10);
  }
 }
```

[코딩 설명]

`Serial.print("스텝 수="); Serial.print(steps);`

스텝 수를 시리얼 모니터에 출력

`Serial.print("\t 반복 횟수=");    Serial.print(cnt);`

반복 횟수(cnt)를 시리얼 모니터에 출력. \t은 탭키를 눌렀을 때의 기능이다.

`Serial.print("\t 회전각도="); Serial.println(Ang);`

회전 각도를 시리얼 모니터에 출력.

`cnt++;`

변수 cnt(반복 회수) 값을 1 증가. 최종 반복 회수는 512

```
else {
 digitalWrite(Stepper_Pin_1, LOW);    digitalWrite(Stepper_Pin_2, LOW);
 digitalWrite(Stepper_Pin_3, LOW);    digitalWrite(Stepper_Pin_4, LOW);
```

360도 회전(조건 cnt<512)후 정지

4) 실습 결과 및 확인

① 스테핑모터가 정상적으로 돌아가는지 확인(오동작, 떨림)

② 시리얼 모니터의 결과(스텝 수, 반복 횟수, 회전각도)가 일치하는지 확인

③ int delay_T=10; 의 값을 200~300으로 조정하여 스테핑모터 드라이버 모듈의 LED 점등 순서를 확인

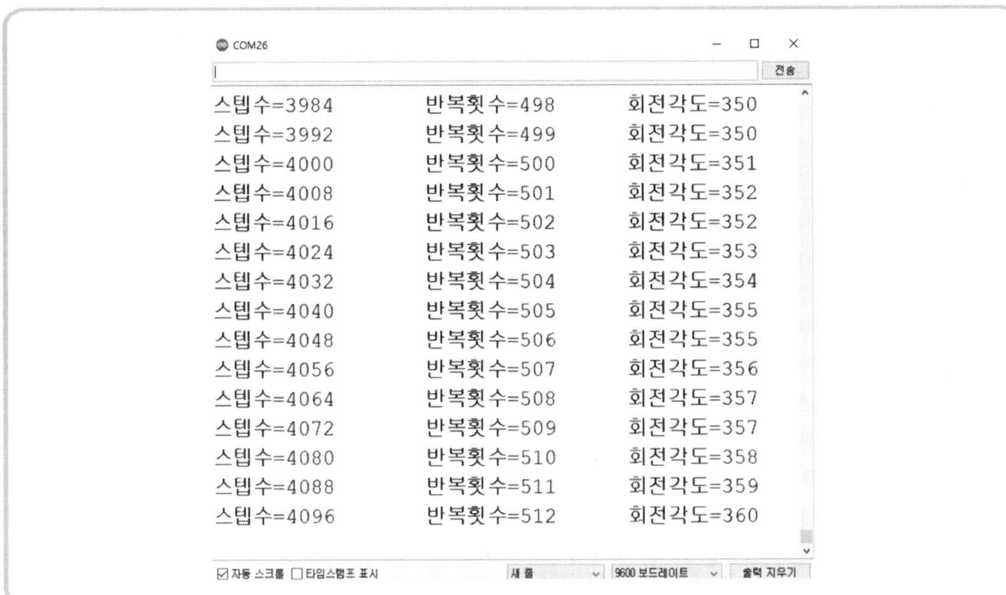

▲ 그림 10-16. 실습 결과

10-7. 라이브러리를 이용한 스테핑모터 제어 실습

스테핑모터를 구동하기 위한 라이브러리를 사용하여 모터를 작동하도록 제어하는 실습이다. 즉, 4개의 상(A,B,C,D)에 1상, 2상, 1상, 2상 등 상의 형태를 다르게 펄스 신호를 공급하는 방식이다.

1) 라이브러리 확인

일반적 모델의 경우 스테핑모터를 동작하기 위한 라이브러리가 설치되어 있는데 확인하는 방법은 **[스케치]-[라이브러리 포함]-[Stepper]** 메뉴를 선택하면 알 수 있다.

아두이노 IDE 버전에 따라 아두이노 보드를 인식해야 라이브러리를 확인할 수 있다.

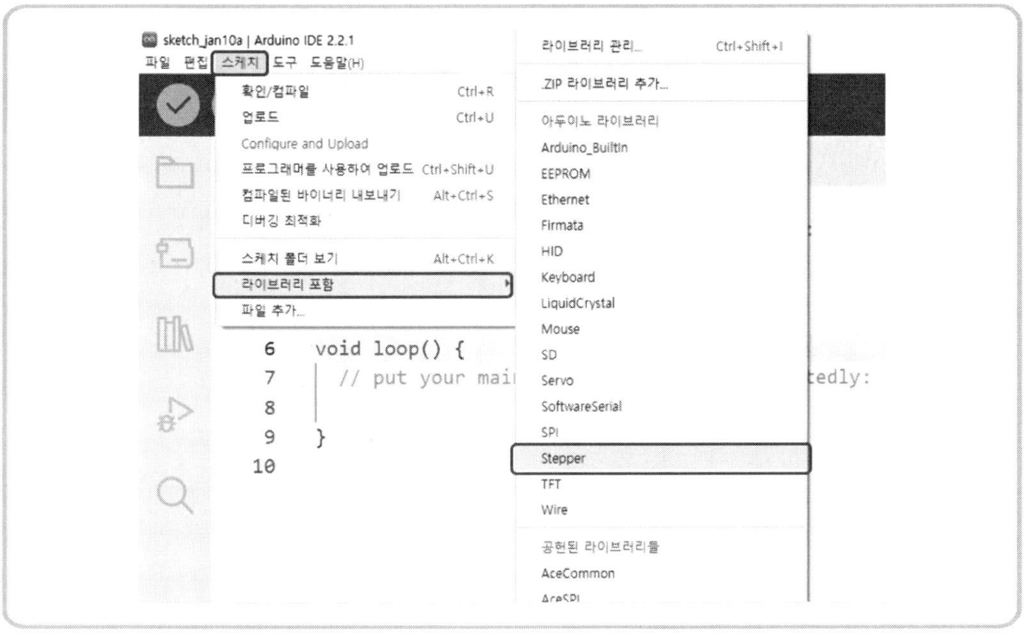

▲ **그림 10-17.** 스테핑모터 라이브러리 확인

Stepper 라이브러리는 Unipolar, Bipolar의 두 가지 방식의 스테핑모터를 지원한다. 이 라이브러리는 기본적으로 2상 여자 방식(2 Phase, Full Step)으로 스테핑모터를 제어하는 것으로 확인된다. Stepper 라이브러리는 스테핑모터를 제어하기 위해 다음 명령들을 제공한다.

표 10-1. 라이브러리 주요 명령어

[형식] Stepper(steps, pin1, pin2, pin3, pin4)
: 4핀 사용 스텝 모터 클래스의 객체를 생성.

[형식] setSpeed(rpm)
: 분당 회전수(RPM:Revolutions Per Minute) 단위의 스텝 속도 설정

[형식] step(steps)
: 모터를 특정한 스텝 수(steps)만큼 회전시킨다. 　회전속도는 setSpeed()로 설정된 속도로 회전한다. [사용 예] myStepper.step(2048) : myStepper를 정(+) 방향으로 2048 스텝을 인가한다. myStepper.step(-2048) : myStepper를 역(-)방향으로 2,048 스텝을 인가한다. 1바퀴 스텝 수가 2,048인 모터의 경우, setSpeed(1)로 설정하고 myStepper.step(2048)을 실행하면 1분 동안 1바퀴 회전한다.

2) 코딩

[소스]

```
#include <Stepper.h>
int steps = 2048;
Stepper motor(steps,11,9,10,8);
   // IN4, IN2, IN3, IN1 또는(IN1, IN3, IN2, IN4)

void setup() {
 motor.setSpeed(10);
 }

void loop( ) {
 motor.step(steps);
 delay(1000);

 motor.step(-steps);
 delay(1000);
}
```

[코딩 설명]

`#include <Stepper.h>`

스테핑모터 구동을 위한 라이브러리.

`int steps = 2048;`

스테핑모터의 총 스텝 수. 2048은 360도, 1024는 180도

`Stepper motor(steps,11,9,10,8);`

4핀 사용 스테핑모터 클래스의 객체를 생성하고 이름은 motor.
IN4(11번), IN2(9번), IN3(10번), IN1(8), 아두이노 포트와 모터 드라이버 모듈 간 연결 핀 번호를 설정. 순서는 (IN4, IN2, IN3, IN1) 또는 (IN1, IN3, IN2, IN4)
스텝 수는 2048(steps = 2048)

`motor.setSpeed(10);`

스테핑모터의 회전속도를 지정. 회전속도가 너무 빠르거나 느리면 동기가 깨져 탈조 현상이 일어남.
steps와 setSpeed()간 관계가 있음

```
motor.step(steps);
delay(1000);
```

스텝 모터 정회전 각도(steps=2048은 1 회전)

```
motor.step(-steps);
delay(1000);
```

```
  스텝 모터 역회전 작동(steps=-2048은 역방향 1 회전 )
```

3) 실습 결과 및 확인

① 스테핑모터가 정상적으로 돌아가는지 확인(오동작, 떨림)

② 스테핑모터가 정방향으로 회전 후 역방향으로 회전하는지 확인

▲ **그림 10-18.** 스테핑모터 실습 결과

【연습문제】

01 스테핑모터의 유니폴러 방식에 관해서 설명하시오.

02 스테핑모터의 바이폴러 방식에 관해서 설명하시오.

03 스테핑모터의 구동 방법 중 1상 여자(Wave Drive), 2상 여자(Full Step Drive), 1-2상여자(Half Step Drive) 방식에 관해서 설명하시오.

04 다음은 Half Setp 구동 방식에 대한 그림이다. 그림을 보고 동작 과정을 설명하시오.

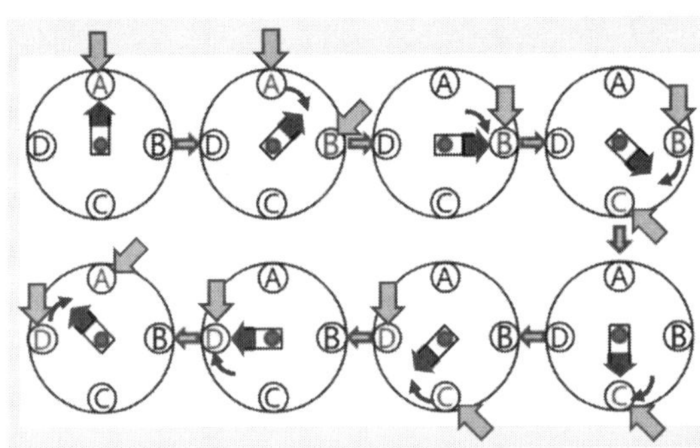

05 스테핑모터 28BYJ48 모델의 기어비에 관해서 설명하시오.

CHAPTER

11

스테핑모터 제어응용

스테핑모터를 다양한 방법으로 제어하기 위하여 키보드, 가변저항, 조이스틱 등 외부로부터 입력을 받아 스테핑모터를 제어하는 방법을 학습한다.

11-1. 키보드로 스테핑모터의 회전 각도 제어

시리얼 모니터 입력 창에 키보드를 이용하여 스테핑모터의 회전 각도를 입력하여 스테핑모터의 회전 각도를 제어하는 방법을 살펴보자.

1) 실습부품

아두이노 우노	브레드보드
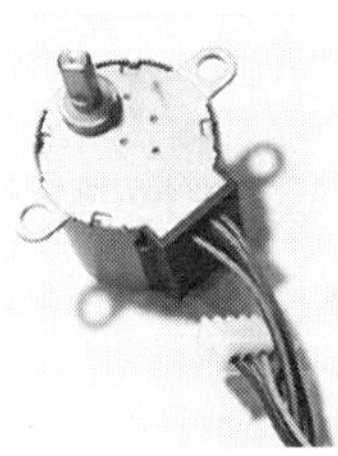	
스테핑모터(28BYJ-48, 유니폴러) 1개	ULN2003(스테핑모터 드라이버) 1개

2) 회로 및 배선

① 스테핑모터의 IN1, IN2, IN3, IN4를 아두이노 보드의 8,9,10,11번 포트와 연결한다.

② 스테핑모터의 전원 단자를 아두이노의 전원 단자(VCC, GND)와 연결한다.

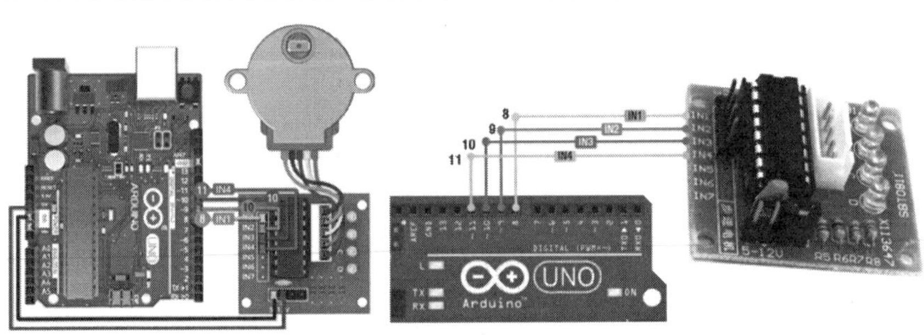

▲ 그림 11-1. 배선도

3) 코딩

【소스】

```
#include <Stepper.h>
int IN1 = 8;
int IN2 = 9;
int IN3 = 10;
int IN4 = 11;
int stepsPerRev = 2048;
Stepper s_motor(stepsPerRev, IN1, IN3, IN2, IN4);

void setup( ) {
  pinMode(IN1, OUTPUT);
  pinMode(IN2, OUTPUT);
  pinMode(IN3, OUTPUT);
  pinMode(IN4, OUTPUT);
  s_motor.setSpeed(15);
  Serial.begin(9600);
}

void loop( ) {
  if (Serial.available( ) ) {
   int value = Serial.parseInt( );
   int Step_CNT = map(value, 0, 360, 0, 2048);
   s_motor.step(Step_CNT);
   Serial.print("Ang=");
   Serial.print(value);
   Serial.print("\t Step수=");
   Serial.println(Step_CNT);
   delay(100);
  }
}
```

[코딩 설명]

```
int IN1 = 8;
int IN2 = 9;
int IN3 = 10;
int IN4 = 11;
```

스테핑모터의 단자 IN1, IN2, IN3, IN4와 아두이노 보드의 8,9,10,11번 포트를 연결. 즉, IN1(8번), IN2(9번), IN3(10번), IN4(11번)

```
int stepsPerRev = 2048;
```

모터 1회전에 필요한 총 스텝 수. 2048은 360도, 1024는 180도.

```
Stepper s_motor(stepsPerRev, IN1, IN3, IN2, IN4);
```
스테핑모터 객체의 이름을 s_motor로 지정하고 아두이노 포트와 모터 드라이브 모듈 간 연결 핀 번호를 설정. IN1(8번), IN3(10번), IN2(9번), IN4(11번). 또는 IN4(11번), IN2(9번), IN3(10번), IN1(8번).

```
pinMode(IN1, OUTPUT);
pinMode(IN2, OUTPUT);
pinMode(IN3, OUTPUT);
pinMode(IN4, OUTPUT);
```
아두이노 보드의 8,9,10,11번 포트 모두 출력모드로 지정.

```
s_motor.setSpeed(15);
```
스테핑모터의 회전속도를 지정. 회전속도가 빠르거나 느리면 동기가 깨져 탈조현상이 일어난다. steps와 setSpeed()간 관계있음.

```
Serial.begin(9600);
```
9600[baud] 속도로 시리얼 통신 시작. 회전각도 모니터용

```
if (Serial.available()) {
```
Serial.available 명령어는 시리얼 통신라인에 데이터가 없으면 '0'을 반환(Return)하고 데이터가 있으면 바이트(byte) 단위로 반환한다. 즉, 키보드로부터 입력이 없으면 0(False), 있으면 입력 데이터의 바이트 수를 반환하므로 if 문장에서는 데이터가 있을때만 참(True)인 조건이 된다.

```
int value = Serial.parseInt();
```
USB를 통해 시리얼 통신라인에 유입된 정수형 데이터를 Val 변수에 저장

표 11-1. parseInt() 명령

parseInt()
■ parse(분석(문장)하다) + Integer(정수) ■ USB를 통해 유입되는 직렬데이터(Serial Data)에서 정수값을 추출한다. ■ 주요 목적은 문자열에서 숫자를 추출하기 위함이다. ■ 즉, 키보드에서 입력한 숫자는 문자열인데 이 명령을 이용하여 는 입력받은 숫자(문자열)을 실제 숫자 값으로 바꾸어 반환한다. ■ 시간을 초과하면 명령은 종료된다. ■ 숫자 또는 -(빼기) 문자는 건너뛴다. ■ 숫자가 아닌 문자(a,b 등)을 입력하면 0을 반환한다. ■ Serial.parseInt( )

```
int Step_CNT = map(value, 0, 360, 0, 2048);
```
스테핑모터의 회전 범위(0~360)와 스텝 수(0~2048) 범위를 넘어서지 않도록 map()을 이용하여 매칭.

```
s_motor.step(Step_CNT);
```
스테핑모터의 회전수. 입력된 각도에 맞는 스텝 수(Step_CNT)적용

```
Serial.print("Ang=");
Serial.print(value);
Serial.print("\t Step수=");
Serial.println(Step_CNT);
```

시리얼 모니터에 회전각(Ang=), 스텝 수(Step수=)를 출력한다.
\t에서 \는 역슬래시(\)를 의미한다. t는 키보드의 탭(Tab)을 눌렀을 때의 기능을 나타내며 \키와 함께 사용할 때 기능이 가능하다.

---

4) 실습 결과 및 확인

① 스테핑모터가 정상적으로 돌아가는지 확인한다. 오동작, 떨림 확인

② 시리얼 모니터의 입력창에 회전 각도를 입력한다.

③ 스테핑모터가 정상적으로 반시계 방향으로 회전하며 시리얼 모니터에 Ang(회전각) 및 Step수가 출력되는지 확인한다.

④ 시리얼 모니터의 입력창에 음(-)의 회전 각도를 입력하였을 때 시계 방향으로 회전하며 시리얼 모니터에 Ang(회전각) 및 Step수가 출력되는지 확인한다.

입력	시리얼 모니터 출력
45 90 180 360	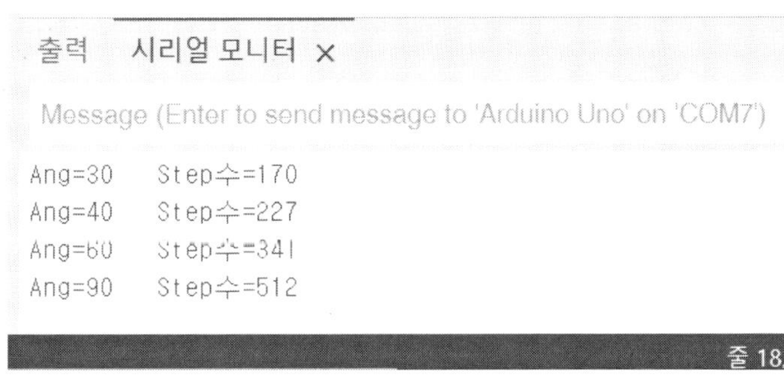 ▲ **그림 11-2.** 실습 결과
No Line Ending	시리얼 동신선로에서 엔터를 누르면 엔디기를 문자로 인식하여 0을 반환하여 매번 0에 대한 출력이 표시되는 불편함이 발생. [No Line Ending] 추천  ▲ **그림 11-3.** 출력 라인 옵션 선택

11-2. 가변저항으로 스테핑모터의 회전 각도 제어

가변저항을 이용하여 스테핑모터의 회전 각도를 제어하는 과정을 살펴보자.

1) 실습부품

	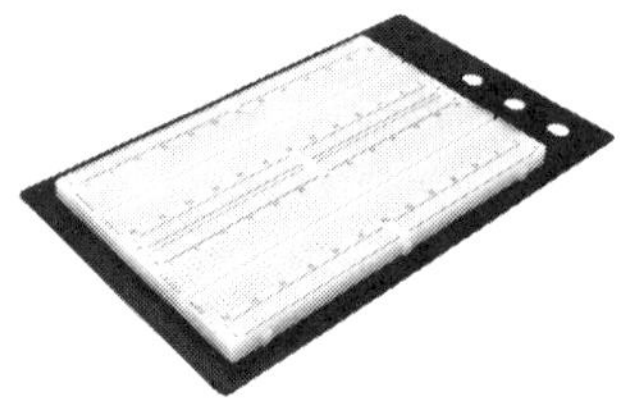 
아두이노 우노	브레드보드 / 가변저항(10K[Ω])
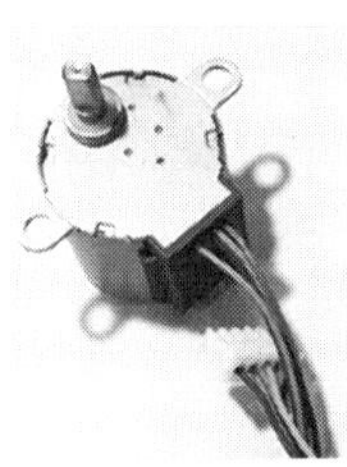	
스테핑모터(28BYJ-48, 유니폴러) 1개	ULN2003(스테핑모터 드라이버) 1개

2) 회로 및 배선

① 가변저항 3개의 단자 중 가운데 단자와 아두이노 보드의 아날로그입력 A0 포트와 연결한다.

② 나머지 남은 두 개의 가변저항 단자는 브레드보드의 전원 단자에 연결한다.

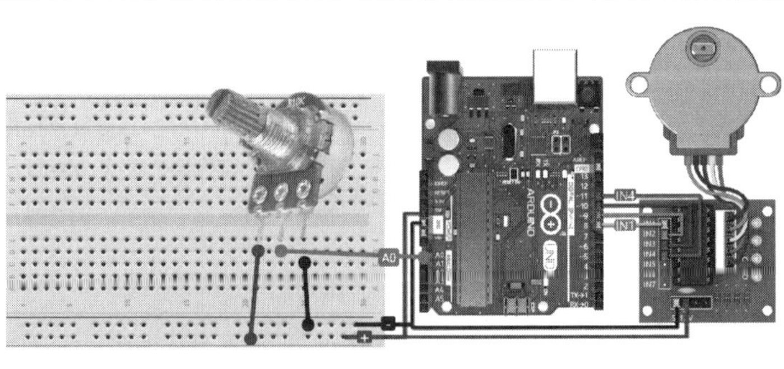

▲ **그림 11-4.** 가변저항 연결 배선도

3) 코딩

【소스】

```
#include <Stepper.h>
const  int  Revolution = 2048;
Stepper myStepper(Revolution,11,9,10,8);

void setup( ) {
  pinMode(A0, INPUT);
  myStepper.setSpeed(15);
  Serial.begin(9600);
 }
}

void loop( ) {
  int Read=analogRead(A0);
  int Step_CNT=map(Read,0,1023,0,2048);
  int Ang=Step_CNT*( (float) 360/2048 );
  Serial.print("A0=");
  Serial.print(Read);
  Serial.print("\t 회전각도=");
  Serial.print(Ang);
  Serial.print("\t Step수=");
  Serial.println(Step_CNT);
  delay(100);

  myStepper.step(Step_CNT);
  delay(10);
  myStepper.step(-Step_CNT);
  delay(10);
}
```

[코딩 설명]

const int Revolution = 2048;

스텝 수를 2048로 설정한다. 360도 회전

Stepper myStepper(Revolution,11,9,10,8);

스테핑모터 객체의 이름을 myStepper로 지정하고 아두이노 포트와 모터 드라이버 모듈 간 연결 핀 번호(직접 IN1, IN2, IN3, IN4)를 직접 IN4, IN2, IN3, IN1순으로 11,9,10,8을 직접 설정한다. 또는 8,10,9,11 (IN1, IN3, IN2, IN4).

pinMode(A0, INPUT);

가변저항과 연결된 A0 포트를 입력(INPUT)모드로 설정한다.

```
mySteppper.setSpeed(15);
```

스테핑모터의 회전속도를 지정한다. 회전속도가 너무 높으면 동기가 깨져 탈조현상이 일어난다.

```
int Read=analogRead(A0);
```

가변저항과 연결된 A0 포트(10비트)의 입력값을 변수 Read에 저장

```
int Step_CNT=map(Read,0,1023,0,2048);
```

map() 명령어를 이용하여 A0 포트의 입력값(10비트, 0~1023)인 Read의 범위와 360도 회전에 필요한 스텝 수 범위(0~2048) 상호 간 범위를 벗어나지 않고 조화를 이루며 회전하도록 매칭시켜 그 값을 Step_CNT에 저장한다.

> 위의 코딩 내용 2개는 다음과 같이 하나로도 가능하다.
> int Step_CNT=map(analogRead(A0),0,1023,0,2048);

```
int Ang=Step_CNT*( (float) 360/2048 );
```

회전각도 계산. 가변저항은 0~1023, 360도 회전 시 스텝 수(=360/2048).
가변저항 최대(1023)일 때 최대 스텝 수(2048, 360도 회전)

```
Serial.print("A0="); Serial.print(Read);
Serial.print("\t 회전각도="); Serial.print(Ang);
Serial.print("\t Step수=");   Serial.println(Step_CNT);
```

시리얼 모니터에 A0, 회전각도(Ang), 스텝 수(Step_CNT)를 출력한다.

```
myStepper.step(Step_CNT);
```

Step_CNT수만큼 해당하는 스텝 모터 회전

```
myStepper.step(-Step_CNT);
```

Step_CNT수만큼 해당하는 스텝 모터 역(-)회전

4) 실습 결과 및 확인

① 스테핑모터가 정상적으로 돌아가는지 확인(오동작, 떨림)

② 회전 각도가 45가 되도록 시리얼 모니터를 보면서 가변저항을 돌려본다. 이때 모터가 좌우로 45도 이동을 반복하는지 확인한다. 시리얼 모니터에 A0, 회전 각도, Step 수 변화가 있는지 확인한다.

③ 90,180,360가 되도록 가변저항을 돌려본다. 보터가 각도만큼 이동하는지 확인한다. 시리얼 모니터에 A0, 회전 각도, Step 수 변화가 있는지 확인한다.

<table>
<tr><th>가변저항</th><th>시리얼 모니터 출력</th></tr>
<tr><td>돌림 1
(회전각도 45)</td><td>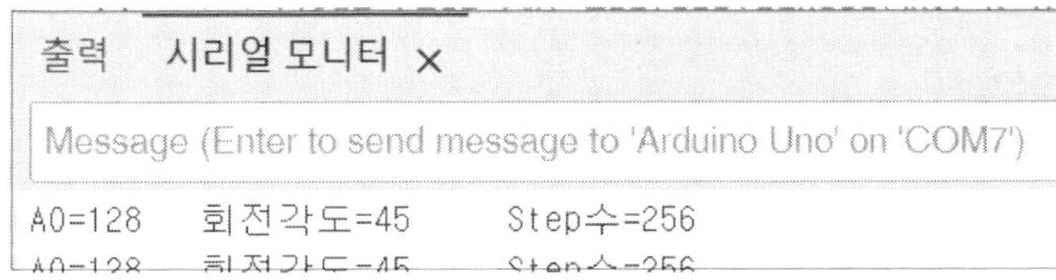

▲ **그림 11-5.** 45° 회전 출력 결과</td></tr>
<tr><td>돌림 2
(회전각도 90)</td><td>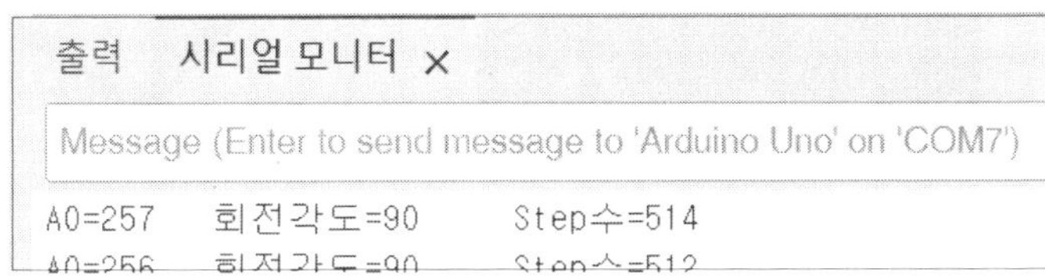

▲ **그림 11-6.** 90° 회전 출력 결과</td></tr>
<tr><td>돌림 3
(회전각도 180)</td><td>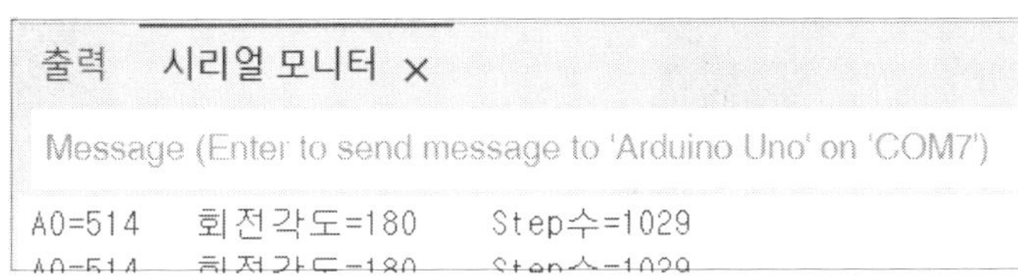

▲ **그림 11-7.** 180° 회전 출력 결과</td></tr>
<tr><td>돌림 4
(회전각도 360)</td><td>

▲ **그림 11-8.** 360° 회전 출력 결과</td></tr>
</table>

11-3. 조이스틱을 이용한 스테핑모터의 회전 각도 제어

가변저항을 이용하여 스테핑모터의 회전 각도를 제어

1) 실습부품

	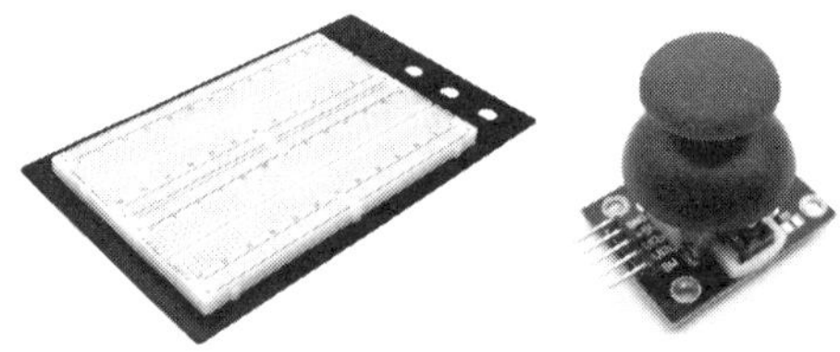
아두이노 우노	브레드보드 / 조이스틱
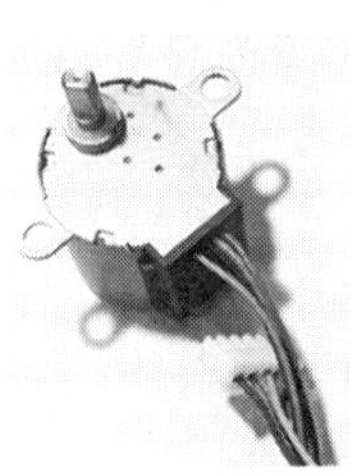	
스테핑모터(28BYJ-48, 유니폴러) 1개	ULN2003(스테핑모터 드라이버) 1개

2) 회로 및 배선

① 조이스틱의 Vrx(X축) 단자와 아두이노 보드의 아날로그입력 A0 포트와 연결한다.

② 조이스틱의 전원 단자는 브레드보드의 전원 단자에 연결한다.

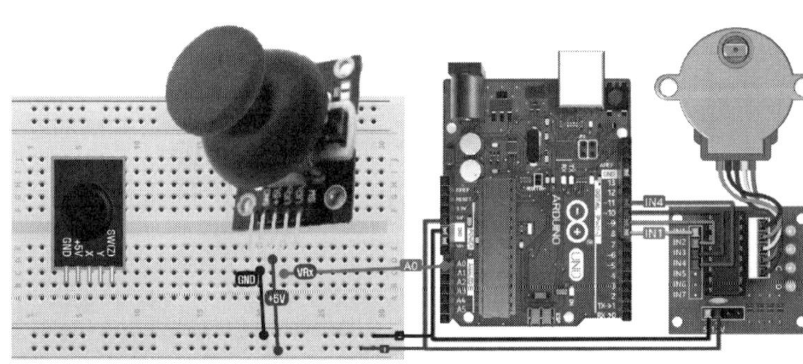

▲ **그림 11-9.** 조이스틱 응용 배선도

3) 코딩

【소스】

```
#include <Stepper.h>
const  int  Revolution = 2048;
Stepper myStepper(Revolution,8,10,9,11);
void setup( ) {
  Serial.begin(9600);
  myStepper.setSpeed(10);
 }
}

void loop( ) {
  int Joy_Reading = analogRead(A0);
  Serial.println(sensorReading);
  if (Joy_Reading < 300) {
    mystepper.step(100);  // 반시계 방향 회전
      }
  if (Joy_Reading > 800) {
    mystepper.step(-100);     // 시계 방향 회전
  }
}
```

[코딩 설명]

const int Revolution = 2048;

스텝 수를 2048로 설정(360도 회전)

Stepper s_motor(steps,8,10,9,11);

IN1(8번), IN3(10번), IN2(9번), IN4(11번). 스테핑모터 드라이브 모듈 핀 번호와 아두이노 포트 간 연결을 설정(IN1, IN3, IN2, IN4). 또는 IN4(11번), IN2(9번), N3(10번), IN1(8).

myStepper.setSpeed(10);

스테핑모터의 회전속도를 지정, 회전속도가 너무 높으면 동기가 깨져 탈조현상이 일어남.

int Joy_Reading = analogRead(A0);

조이스틱 X축 값(A0 포트와 연결)을 읽어(10비트, 0~1023) 변수 Joy_Reading에 저장

Serial.println(Joy_Reading);

조이스틱의 값(Joy_Reading)의 값(0~1023)을 시리얼 모니터에 출력

if (Joy_Reading < 300) {
mystepper.step(100);

조이스틱의 값(Joy_Reading)이 300보다 작으면 반시계 방향으로 회전하고 조이스틱을 읽은 값이 300보다 작으면 왼쪽으로 움직이는 것으로 간주한다.

조이스틱은 움직이지 않을 때(정지상태)의 값은 중간값(512 근처)에 있어서 왼쪽 또는 오른쪽으로 조이스틱을 움직였을 때의 기준을 중간값에서 훨씬 멀리 떨어지게 하는 것이 좋다.

```
if (Joy_Reading > 800) {
  mystepper.step(-100);
```

조이스틱의 값(Joy_Reading)이 800보다 크면 시계 방향으로 회전.
여기서 읽은 값이 800보다 크면 오른쪽으로 움직이는 것으로 간주한다.

---

4) 실습 결과 및 확인

① 스테핑모터가 정상적으로 돌아가는지 확인한다.

② 정지상태에서 시리얼 모니터의 출력값이 중간값(512) 근처인지 확인한다.

③ 시리얼 모니터의 출력값이 300 미만이 되도록 조이스틱(X축)을 움직여 이동시킨다, 이때 스테핑모터가 반시계 방향으로 이동하는지 확인한다.

④ 조이스틱을 300 미만 상태로 계속 누르면 회전하는지 확인한다. 그리고 손을 떼면 모터가 멈추고 중간값으로 가는지 확인한다.

⑤ 반대로 시리얼 모니터의 출력값이 800이 초과하도록 조이스틱(X축)을 움직여 이동시킨다. 이때 스테핑모터가 반시계 방향으로 이동하는지 확인한다. 마찬가지로 800 초과 상태로 계속 누르면 회전하는지 확인한다. 그리고 손을 떼면 모터가 멈추고 중간값으로 가는지 확인한다.

조이스틱	시리얼 모니터 출력
1. 시리얼 모니터 출력 확인(512 근처)	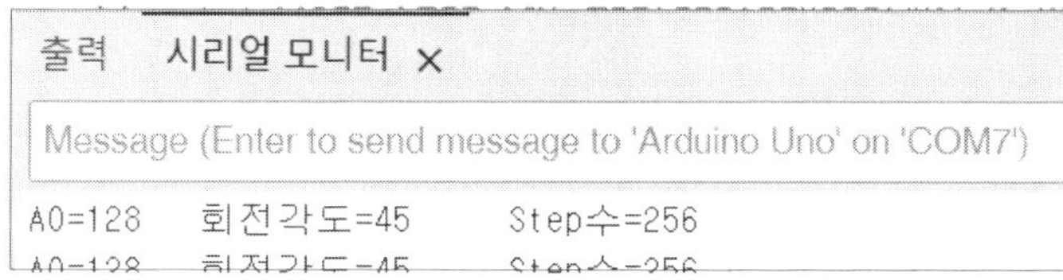 ▲ **그림 11-10.** 정지(중간값 512 근처)
2. X축 이동 (300 미만) 반 시계	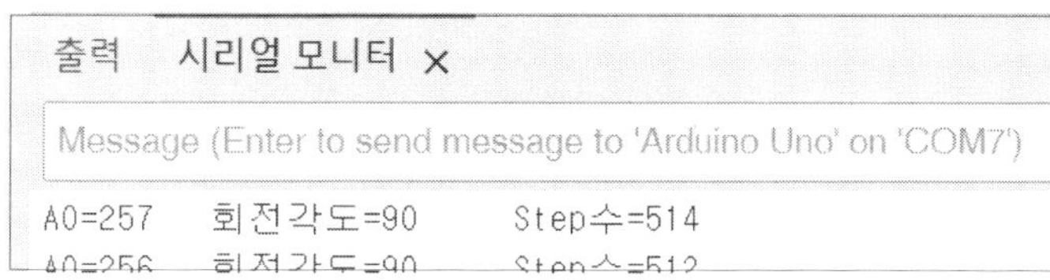 ▲ **그림 11-11.** 반시계 방향 이동(300 미만)
3. X축 이동 (800 초과)	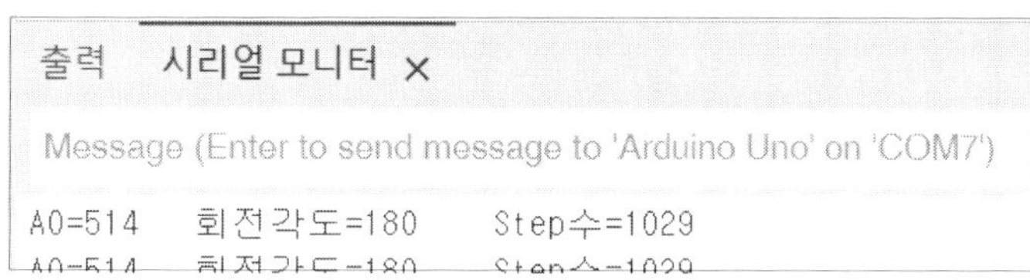 ▲ **그림 11-12.** 시계 방향 이동(800 초과)

▲ **그림 11-1.** 배선도

【연습문제】

01 키보드를 이용하여 스텝 모터의 회전 각도를 제어하려고 할 때 시리얼 통신선로에 데이터가 있는지 없는지 확인하기 위한 명령어에 관해서 설명하시오.

02 시리얼 통신 명령 중 parseInt( ) 명령에 관해서 설명하시오.

03 가변저항 또는 조이스틱을 아날로그입력(A0에 연결하여 스테핑모터의 회전 각도를 제어하기 위한 코딩 중 map() 명령어를 사용한 이유를 설명하시오.

04 스텝 모터와 조이스틱을 이용하여 회전 각도를 제어하는 방법에 관해서 설명하시오.

05 모터 드라이버 모듈의 IN1, IN2, IN3, IN4 단자와 라이브러리의 객체와의 연결 관계에 관해서 설명하시오,

CHAPTER 12

라인트레이서 자동차

DC모터와 적외선 근접센서를 이용한 응용 실습인 라인트레이서 모형 자동차를 만들어 보자. 적외선 근접센서의 동작 원리를 이해하고 직접 트레이서 모형 및 주행라인을 제작하여 정상적으로 주행라인을 통과하는 과정을 살펴보자

12-1. 근접센서 및 라인트레이서 모듈

1) 적외선 근접센서 구조 및 특징

적외선(Infra Red)을 이용하여 근접거리에 있는 물체를 감지하는 센서로 적외선 근접센서, 적외선 반사 센서(Infrared Reflective Sensor)라고도 한다. 센서 TCRT5000은 적외선 LED와 포토트랜지스터(Phototransistor)로 구성되어 있고, 두 개의 소자 사이에는 직접적으로 적외선이 포토트랜지스터에 조사(照射)되는 것을 방지하기 위하여 칸막이로 막혀 있다.

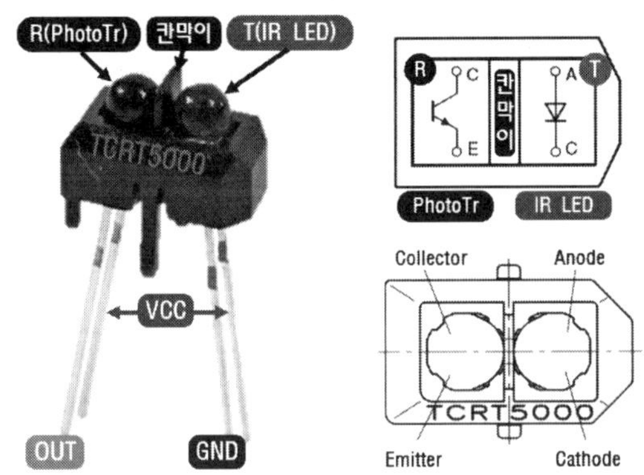

▲ 그림 12-1. TCRT5000 센서

즉, 발광부인 적외선 LED에서 적외선을 방사하고 수신부인 포토트랜지스터에서 방사된 적외선을 수신하는 형태로 동작한다.

센서를 이용하여 선을 검출하는 원리는 바로 색상에 따라 빛의 흡수량이 다름을 이용하는 것이다. 적외선은 눈으로 볼 수 없으며 어두운 계통의 색상에 적외선을 방사하면 적외선을 흡수하고 밝은 계열의 색에 방사하면 반사하는 특징이 있다.

색상 중 검은색과 하얀색을 이용하면 라인트레이서에서 가장 큰 효과를 볼 수 있어서 바닥의 색상을 고려하여 라인의 색상을 검은색 또는 하얀색을 이용한다.

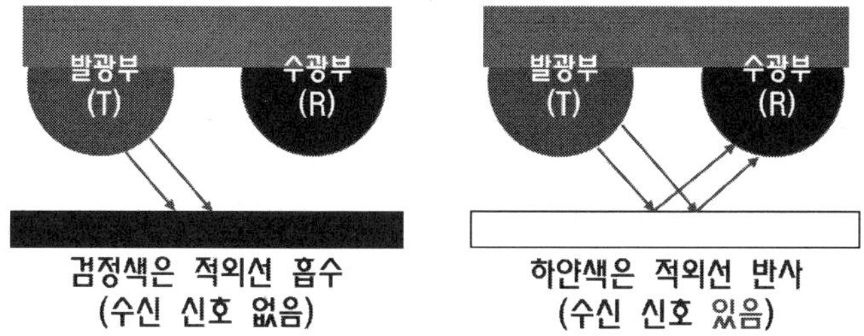

▲ **그림 12-2.** 적외선 흡수와 반사

2) 라인트레이서 모듈

일반적으로 센서를 모듈(Module)로 이용할 경우, 라인트레이서(Line Tracer) 모듈이라고 불리는데 이것은 적외선을 바닥으로 쏘아 반사되는 빛의 양으로 라인의 유무를 알아내는 센서 모듈이다.

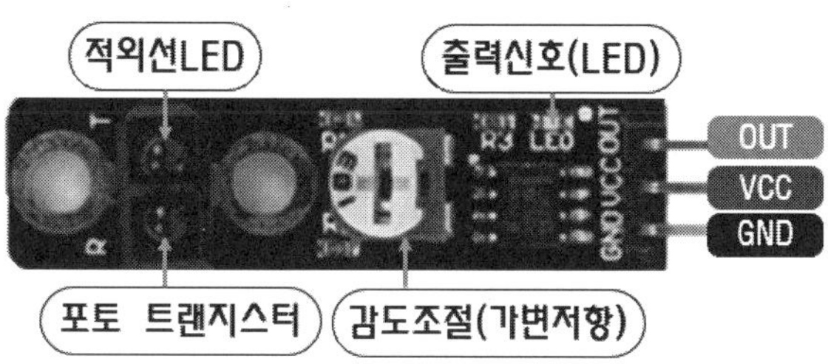

▲ **그림 12-3.** 라인트레이서 모듈

라인트레이서 모듈은 그림과 같이 근접센서(TCRT5000), 비교기 IC(LM393), 가변저항, LED, 저항 등으로 구성되어 있다.

모듈을 구성하고 있는 근접센서에서는 적외선의 방사와 수신 동작을 반복하며 비교기(LM393)은 설정된 값과 유입된 값을 비교하여 설정값과 비교하여 HIGH 또는 LOW 신호를 출력한다. 가변저항은 신호의 수신 감도를 조절하기 위해 사용한다.

근접센서의 적외선 LED에서 적외선을 방사하면 반대쪽의 수광부에 해당하는 포토트랜지스터에서 반사되어 들어오는 적외선을 수신한다.

만약 적외선을 검은색 계열의 물체에 방사하게 되면 모두 흡수되거나 아주 미약해진다. 또한 밝은색 계열에서는 반사되어 포토트랜지스터의 베이스단자로 유입되어 수신된다.

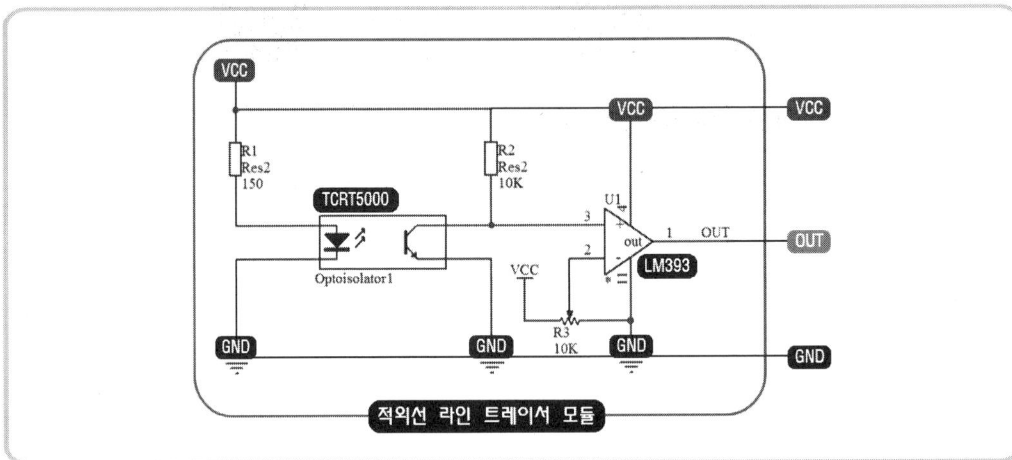

▲ 그림 12-4. 라인트레이서 모듈의 구조

근접센서에서 바닥에 계속 적외선을 방사하여 검은색 라인을 검출하기 위한 모듈의 전체 동작을 살펴보도록 하자.

검은색 라인이 검출되지 않은 상태라면 방사한 적외선은 반사되어 포토트랜지스터의 베이스(Base)단자로 신호가 유입된다. 이때 트랜지스터는 턴온(Turn On) 되어 컬렉터(Collector)에서 이미터(Emitter)로 전류가 흐르게 되는 일종의 스위치 역할을 한다.

컬렉터와 연결되어 비교기의 양(+) 단자로 유입된 신호는 음(-) 단자에 연결된 비교 설정값보다 작아서 LOW(0) 상태를 출력한다.

이번에는 적외선이 검은색 라인에 방사하였다면 방사한 적외선은 모두 흡수되어 포토트랜지스터의 베이스에 반사되어 유입되는 신호는 없다. 이때 트랜지스터는 턴 오프(Turn Off)되어 컬렉터에서 이미터로 전류가 흐르지 않고 비교기의 양(+) 단자는 비교 설정값보다 높아서 HIGH(1) 상태를 출력한다. 즉, 센서가 검은색 라인을 감지하면 HIGH 신호를 출력하여 모듈의 LED에 불이 들어온다.

12-2. 쉴드(Shield)

쉴드는 아두이노 보드에 연결하여 배선을 간편하거나 성능을 확장 시키기 위해 하드웨어로 구성된 보드를 의미한다. 예를 들면 블루투스 또는 와이파이 쉴드를 아두이노 보드와 연결하면 보드에서 블루투스 또는 와이파이 사용이 가능해진다. 쉴드의 종류는 수백 개가 넘고, 대부분 UNO에 맞게 제작되었으며, 다른 아두이노 보드와 호환되는 것이 많이 있다.

1) 쉴드 종류

종류는 이더넷 쉴드, 모터 쉴드, 와이파이 쉴드, 확장 쉴드, 센서 쉴드, 블루투스 쉴드, SD카드 쉴드, LCD 버튼 쉴드, MP3 쉴드 등 다양하다.

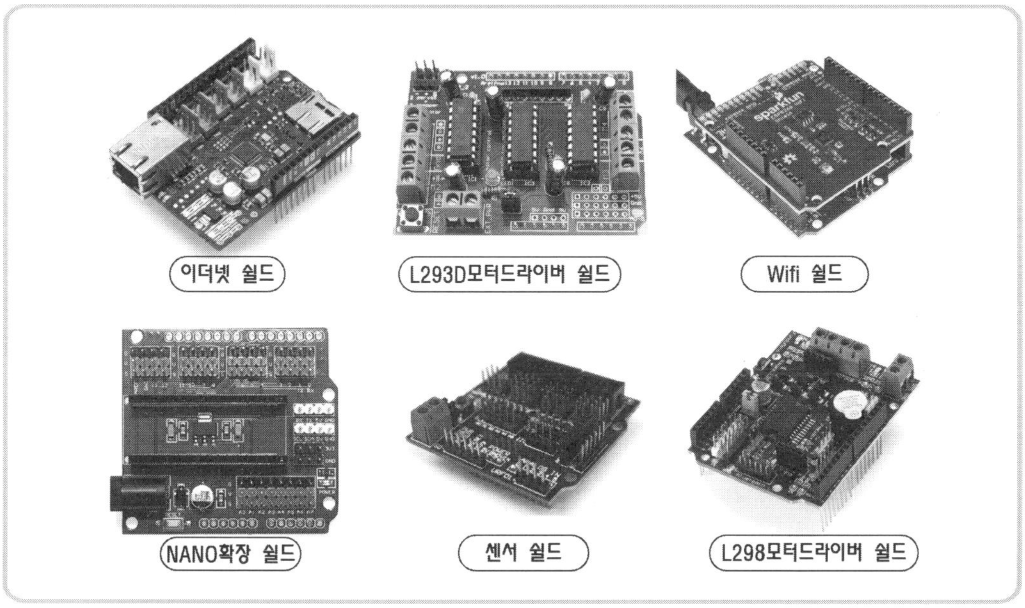

▲ **그림 12-5.** 여러 가지 쉴드들

2) L293D 모터 드라이브 쉴드

우리가 사용할 모터 드라이브 쉴드는 L293D 모델로 구동에 필요한 전원은 +5이며, 4개의 DC 모터와 2개의 스텝 모터(4선 형), 2개의 서보모터를 사용할 수 있다.

모터 쉴드에 L293D 모터 드라이브 IC가 2개가 탑재되어 있는데 이 IC는 독립적으로 2개의 모터를 구동할 수 있으므로 총 4개의 모터를 연결하여 사용할 수 있다.

각각의 모터 드라이버 단자는 A와 B가 하나의 조를 이루어 사용한다.

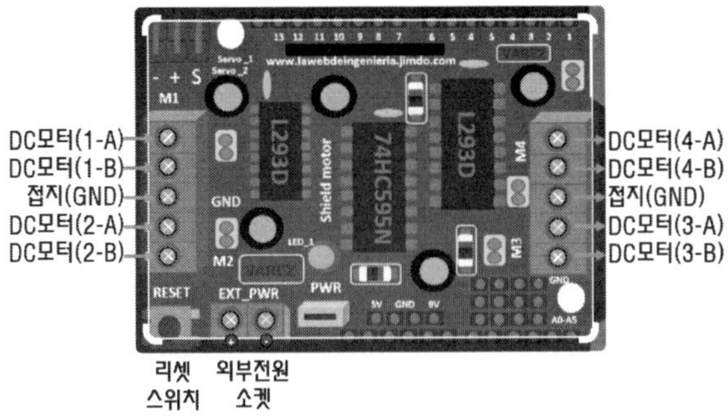

▲ **그림 12-6.** L293D 모터 드라이버 쉴드 핀 구조

예를 들어 2개의 DC모터를 쉴드의 1번 모터와 4번 모터 단자를 사용하여 모터를 제어하려고 할 때 첫 번째 DC모터의 양(+), 음(-) 단자와 쉴드 1번 모터의 '1-A'와 '1-B' 단자를 사용해야 하고 두 번째 모터의 양(+), 음(-) 단자와 쉴드 4번 모터의 '4-A'와 '4-B' 단자를 사용하면 된다.

▲ **그림 12-7.** 2개의 모터와 모터 쉴드 1번, 4번 연결 예

12-3. 라인 감지와 회전 방향

자동차가 라인을 따라 이동하기 위해서는 바닥에 설치된 센서의 라인 감지 유무에 따라 직진(Forward), 왼쪽 회전(Left Turn), 오른쪽 회전(Right Turn), 정지(Stop) 등 정상적으로 동작해야 한다. 검은색 라인을 설치한 경우의 자동차 이동에 필요한 동작을 살펴보자.

먼저 센서의 감지 기준을 세워야 한다. 검은색 라인을 센서가 감지하면 센서의 출력이 HIGH('1') 이므로 자동차 바닥에 설치된 두 개의 라인 감지 센서의 출력값에 따라 동작이 달라져야 한다.

▲ **그림 12-8.** 라인 감지에 따른 모터의 기본 동작

두 개의 센서가 감지되는 경우는 모두 네 가지에 해당이 된다. 즉, 센서 모두 감지 되지 않은 상태, 모두 감지된 상태, 그리고 왼쪽 오른쪽 하나만 감지된 상태이다.

센서 모두 감지 되지 않은 상태는 모터가 직진 방향으로 주행하도록 제어하고 모두 감지가 되지 않는 상태는 모터가 정지상태에 머물도록 하면 된다.

두 개의 센서 중 하나의 센서만 감지되는 경우는 주로 라인의 코너 부분에서 발생하는데 왼쪽 또는 오른쪽으로 구부러진 라인에 해당이 된다.

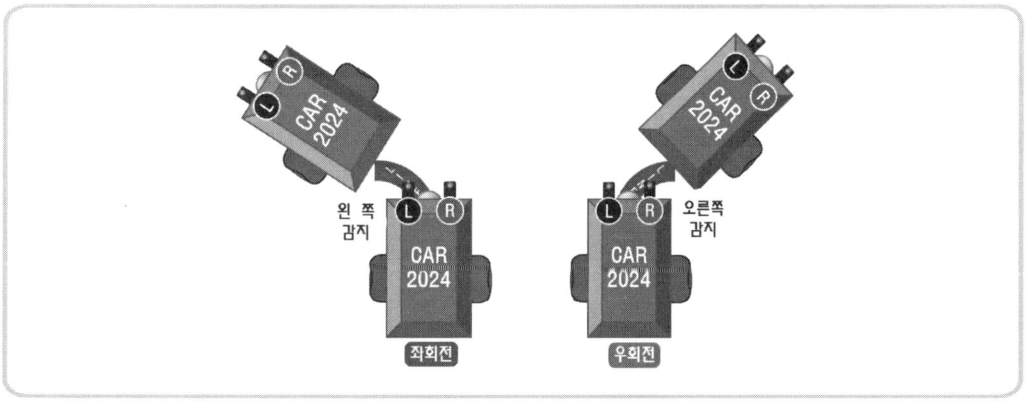

▲ **그림 12-9.** 구부러진 라인 감지에 따른 모터 동작

정리하면 센서의 감지 상태에 따라 모터는 다음과 같이 동작해야 한다.

표 12-1. 센서의 감지 상태 및 모터의 동작

경우	센서(1,2)		모터(1,2)		동작설명
	val1	val2	(M1)	(M1)	
case 1	0	0	Off	Off	직진(Forward)
case 2	0	**1(감지)**	Off	**On**	좌회전(Left Turn)
case 3	**1(감지)**	0	**On**	Off	우회전(Right Turn)
case 4	**1(감지)**	**1(감지)**	Off	Off	정지(Stop)

12-4. 센서 모듈 동작 실습

!) 실습부품

아두이노 우노

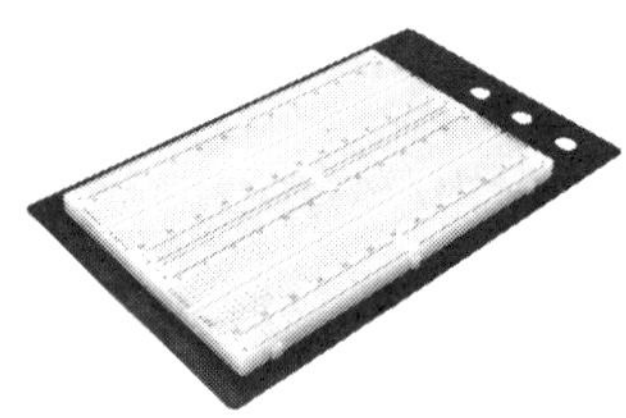

브레드보드

라인트레이서 모듈(TCTCRT5000)

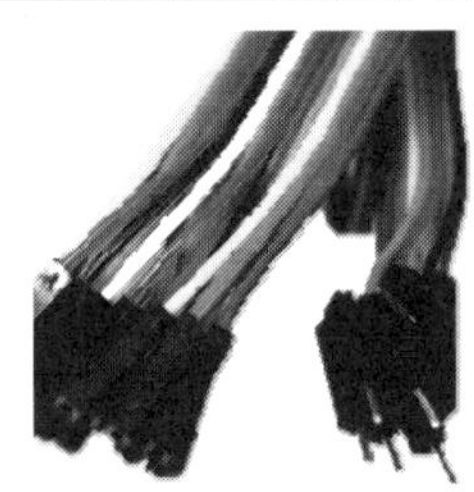

점퍼선(암-수 또는 수-수)

2) 회로도 및 배선

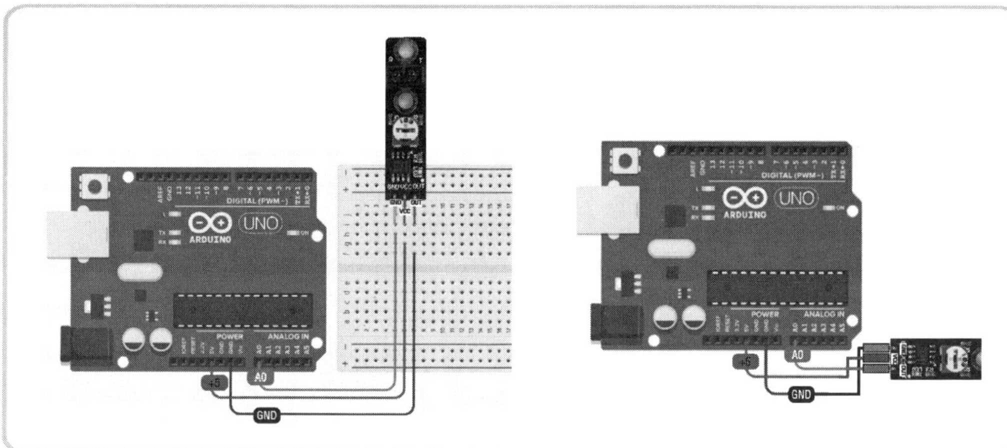

▲ **그림 12-10.** 센서 배선 1 or 2 (점퍼 케이블 암-수/수-수)

3) 코딩

【소스】

```
int sensor = A0;

void setup(){
  Serial.begin(9600);
  pinMode(sensor, INPUT);
}
void loop(){
  int val = digitalRead(sensor);
  Serial.println(val);
  delay(500);
}
```

[코딩 설명]

int sensor = A0;

　라인트레이서 센서를 아두이노의 A0 핀에 연결

Serial.begin(9600);

　시리얼 통신 시작. 전송속도 9600[baud].

pinMode(sensor, INPUT);

　센서는 입력모드로 설정

```
int val = digitalRead(sensor);
    센서값을 읽어서 변수 val에 저장. (아날로그가 아닌 디지털로 읽기)

Serial.println(val);
    읽은 센서값을 시리얼 모니터에 출력.
```

4) 실습 결과 및 확인

① 시리얼 모니터를 열어 출력 결과를 확인한다.

② 검은색 라인을 감지하지 못한 상태에서는 센서 모듈 안의 LED에는 불이 들어오고 시리얼 모니터의 결과는 '0'이 출력된다.

③ 센서 근처 가까이 검은색 물체를 가까이 가져간다. 그러면 센서 모듈 안의 LED에는 불이 꺼지고 시리얼 모니터의 결과는 '1'이 출력되는지 확인한다.

④ 투명한 유리 또는 아크릴 자 등을 가까이 가져갔을 때 감지하지 못해 센서 모듈 LED에 불이 들어오고 시리얼 모니터의 결과는 '1'이 출력되는지 확인한다.

④ 손 또는 주변의 어두운 물체를 10cm 정도 떨어진 거리에서 가까이 가져갔을 때 감지하는지 확인한다. (근접센서 확인)

⑤ 사용한 센서 모듈은 검은색 감지 시 LED가 꺼짐(Off), 미감지 시 LED 켜짐(On)

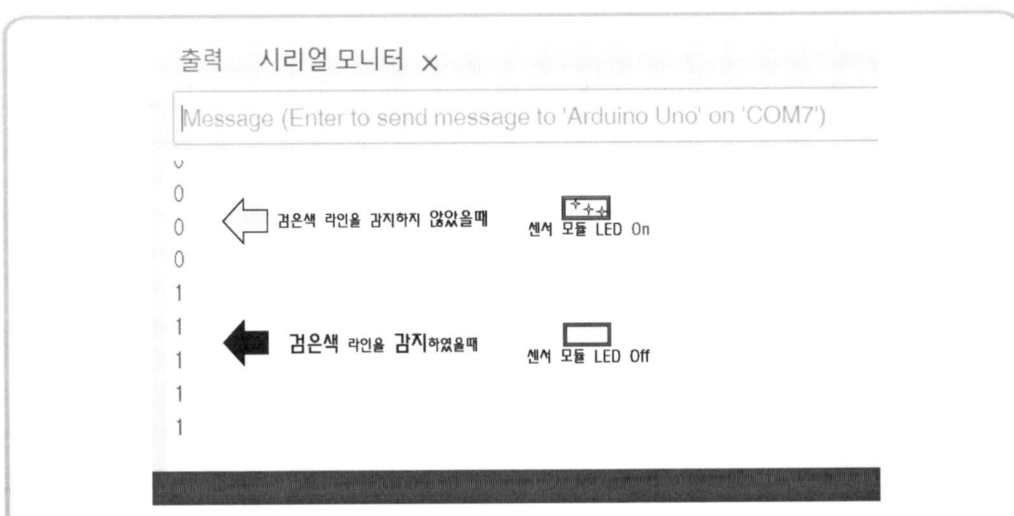

▲ 그림 12-11. 시리얼 모니터 출력 결과

12-5. 라인트레이서 자동차 동작 실습

바닥에 검은색 라인을 설치하고 라인을 따라 주행하는 자동차의 동작을 살펴보자.

참고로 실습자료는 시중에 판매 중인 조립 키트(에듀이노(EDUINO))를 중심으로 자료를 설명한다.

1) 실습부품

	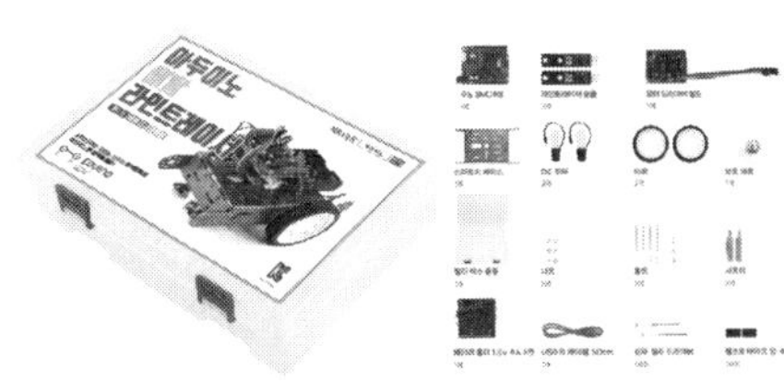
아두이노 우노	라인트레이서 키트 추천

주요 구성품	모터 쉴드의 A0, A5에 납땜 점퍼 추천

2) 라이브러리 설치

모터 드라이버(L293D) 쉴드를 사용하기 위해서는 모터 라이브러리를 설치해야 한다. 라이브러리를 이용하면 코딩도 간편하게 작성할 수 있다.

많이 사용되는 Adafruit의 모터 라이브러리 설치 과정은 다음과 같다.

① 아두이노 IDE 프로그램의 왼쪽에 있는 라이브러리 매니져 **아이콘(** **)**을 클릭한다.

② 라이브러리 매니저 입력창에서 "**Adafruit Motor**"라고, 입력한다. 그러면 검색된 라이브러리가 아래에 나타난다.

③ 검색 라이브러리 중에서 원하는 버전을 골라 **설치**(설치) 버튼을 누르면 자동으로 설치된다.

④ 라이브러리가 설치되었는지 확인하려면 설치된 **[스케치]** 메뉴를 선택한다.

⑤ 메뉴 아래의 **[라이브러리 포함]**을 선택한다.

⑥ 목록 중 [Adafruit Motor Shield library]가 있으면 정상적으로 설치된 것이다.

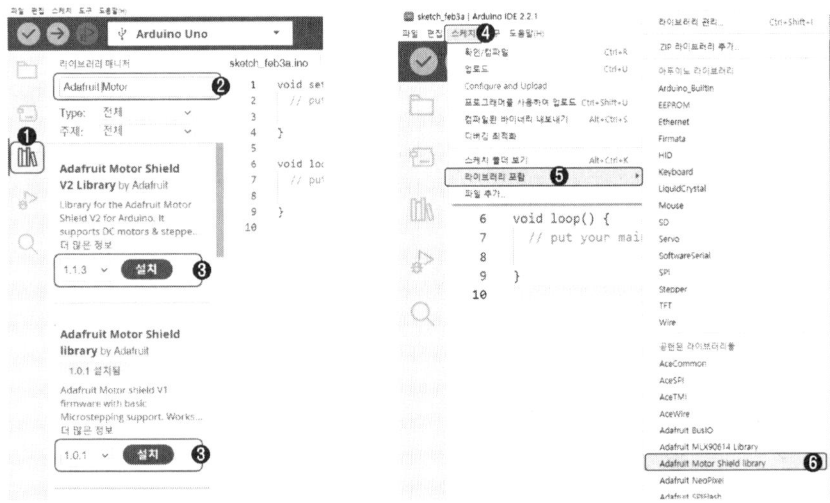

▲ **그림 12-12.** 라이브러리 설치 및 확인

⑦ 설치된 아두이노 라이브러리 파일들은 [내컴퓨터]-[문서]-[Arduino]-[libraries] -[Adafruit_Motor_Shield_library] 폴더에 있다.

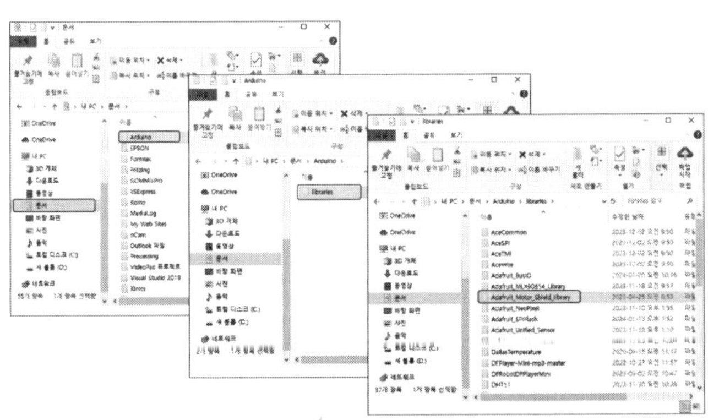

▲ **그림 12-13.** 아두이노 라이브러리 설치 위치

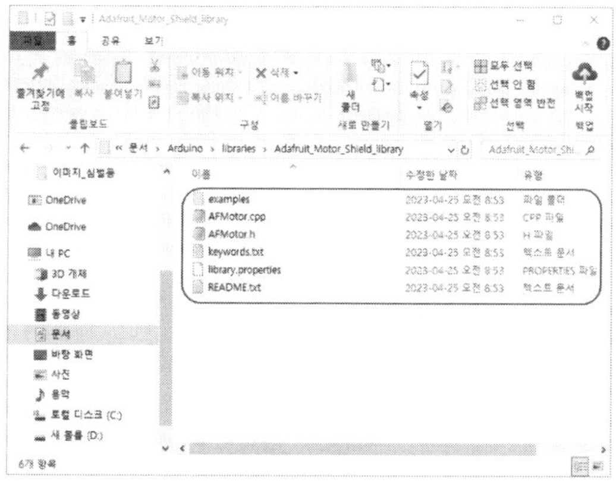

▲ **그림 12-14.** 설치된 라이브러리 파일

3) 회로 및 배선

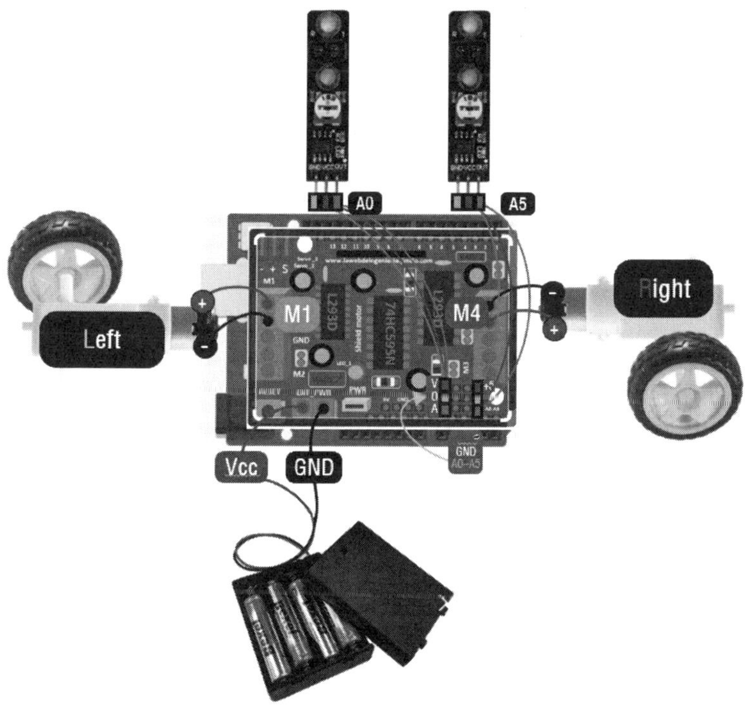

▲ **그림 12-15.** 아두이노 위에 장착된 쉴드 배선

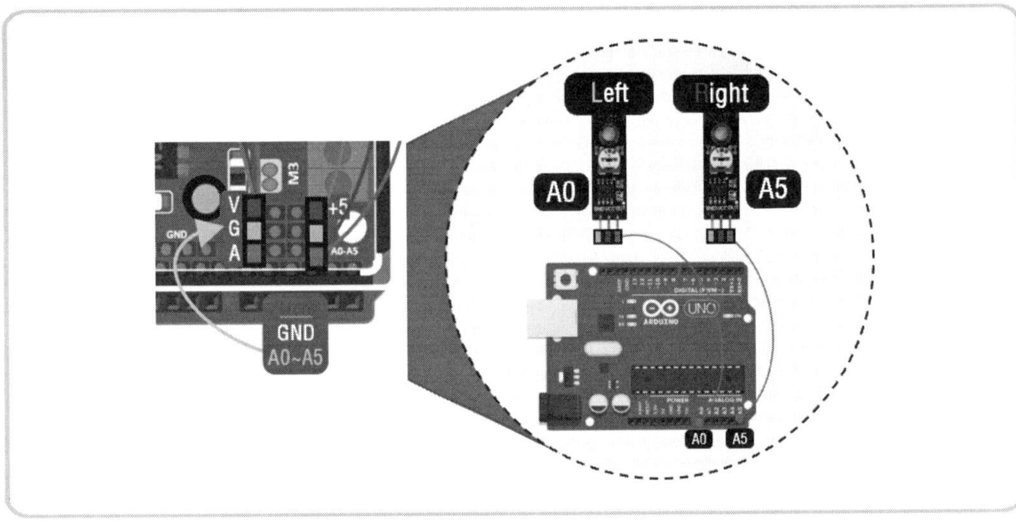

▲ **그림 12-16.** 라인 센서 1((A0), 센서 2(A5) 배선 위치

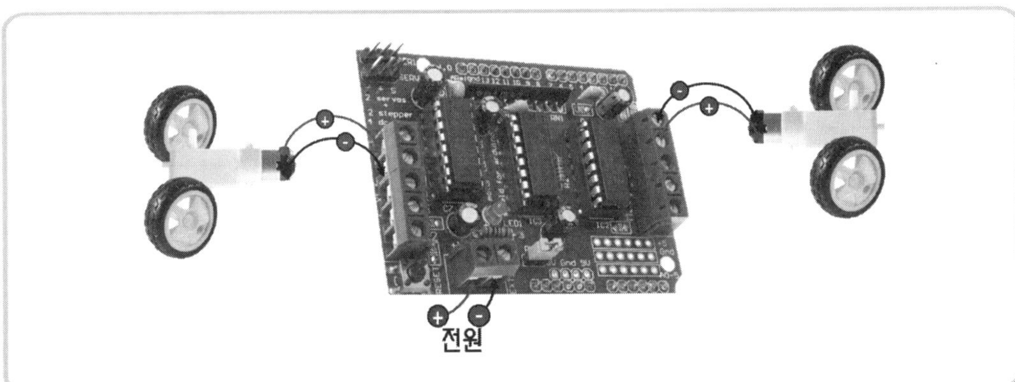

▲ **그림 12-17.** 모터1과 모터2의 실드(M1, M4) 배선 위치

4) 코딩

【소스】

```
#include <SoftwareSerial.h>
#include <AFMotor.h>
AF_DCMotor motor_L(1);
AF_DCMotor motor_R(4);

void setup() {
  Serial.begin(9600);

  // turn on motor
  motor_L.setSpeed(190);
  motor_L.run(RELEASE);
  motor_R.setSpeed(190);
  motor_R.run(RELEASE);
}
```

[코딩 설명]

#include <AFMotor.h>

모터 드라이버 쉴드용 라이브러리. Adafruit Motor Shield Library 등록 권장.

AF_DCMotor motor_L(1);
AF_DCMotor motor_R(4);

왼쪽 바퀴용 모터를 L293D 쉴드의 1번 모터(M1)에 연결하고 오른쪽 바퀴용 모터를 쉴드의 4번 모터(M4)에 연결하여 제어.

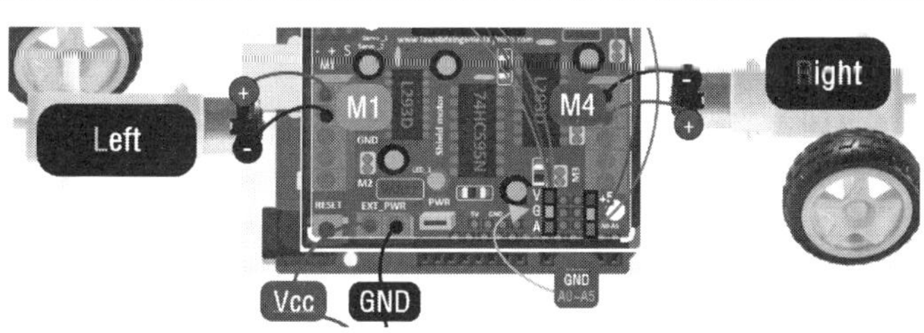

▲ **그림 12-18.** 모터 1,2의 실드(M1, M4) 배선 위치

```
motor_L.setSpeed(190);          // 왼쪽 모터의 속도
motor_L.run(RELEASE);
```

왼쪽 모터의 속도 지정. 190(주행 속도용, 상황에 맞게 조정), RELEASE(정지)

```
motor_R.setSpeed(190);              // 오른쪽 모터의 속도
motor_R.run(RELEASE);
```

오른쪽 모터의 속도 지정. 190(주행 속도용), RELEASE(정지)

【소스】 계속

```
void loop() {
    int val1 = digitalRead(A0);
    int val2 = digitalRead(A5);

      if (val1 == 0 && val2 == 0) {                  // 직진
       motor_L.run(FORWARD);
       motor_R.run(FORWARD);
      }
      else if (val1 == 0 && val2 == 1) {             // 우회전
       motor_L.run(FORWARD);
       motor_R.run(RELEASE);
      }
      else if (val1 == 1 && val2 == 0) {             // 좌회전
        motor_L.run(RELEASE);
        motor_R.run(FORWARD);
      }
      else if (val1 == 1 && val2 == 1) {             // 정지
        motor_L.run(RELEASE);
        motor_R.run(RELEASE);
      }
}
```

[코딩설명]

```
int val1 = digitalRead(A0);     // 라인센서1
int val2 = digitalRead(A5);     // 라인센서2
```

아두이노 A0, A1 포트에 연결된 두 개의 라인 감지 센서 1, 2를 각각 디지털 신호로 읽어 변수 val1, val2에 각각 저장.

```
if (val1 == 0 && val2 == 0) {                  // 직진
   motor_L.run(FORWARD);
   motor_R.run(FORWARD);
 }
```

만약 라인 감지 센서가 모두 감지하지 못하였을 때 (val1, val2 모두 0)은 직진
여기서 motor_L.run(FORWARD), motor_R.run(FORWARD) 등과 같은 명령은 라이브러리가 설치된 경우에만 실행할 수 있다.

```
else if (val1 == 0 && val2 == 1) {             // 우회전
```

```
 motor_L.run(FORWARD);
 motor_R.run(RELEASE);
}
```

만약 오른쪽 감지 센서만 감지하였을 때(val1=0, val2=1)은 왼쪽 모터는 정상 동작하고 오른쪽 모터 정지. 그러면 자동차는 우회전.

여기서 Motor_L.run(RELEASE)와 같이 "RELEASE"는 라이브러리에서 모터의 동작을 멈춘 경우를 설정하고 있다.

```
else if (val1 == 1 && val2 == 0) {                // 좌회전
 motor_L.run(RELEASE);
 motor_R.run(FORWARD);
 }
```

만약 왼쪽 감지 센서만 감지하였을 때(val1=1, val2=0)은 왼쪽 모터는 정지하고 오른쪽 모터는 정상 동작. 그러면 자동차는 좌회전.

```
else if (val1 == 1 && val2 == 1) {                // 정지
 motor_L.run(RELEASE);
 motor_R.run(RELEASE);
 }
```

만약 라인 감지 센서 모두가 감지하였을 때(val1=val2=1)은 정지.

5) 실습 결과 및 확인

① 자동차를 조립 후 주행라인 보드를 준비하고 자동차를 출발선(START)에 위치시킨다. (정지)

② 센서가 라인에 걸리지 않도록 자동차를 옮겨 자동차를 출발시킨다.

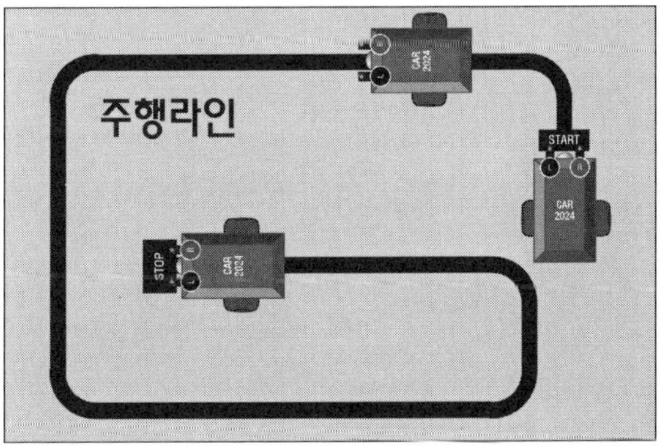

▲ **그림 12-19.** 주행라인(검정 테이프 이용)

③ 구부러진 공간에서 원하는 방향으로 제대로 회전하는지 확인한다. 회전 구간에서 그대로 직진하거나 반대로 회전하면 센서의 위치 및 코딩을 수정하여 방향을 잡는다

④ 회전 시 속도가 너무 빠르면 이탈할 수 있으므로 코딩의 속도를 수정하여 자동차를 주행시켜 본다.

④ 마지막 종점(STOP)에 도착하면 멈추는지 확인한다. 멈추지 않으면 센서의 위치 등을 확인하며 동작을 반복한다.

【연습문제】

01 적외선 근접센서 TCRT5000의 구조 및 기본 동작을 설명하시오.

02 적외선 근접센서(TCRT5000)에서 적외선 LED와 포토트랜지스터 사이에 칸막이로 막은 이유를 설명하시오.

03 라인트레이서 모듈을 구성하는 부품 중 LM393의 기능을 설명하시오.

04 L293D 모터 드라이버 쉴드에 연결할 수 있는 DC모터의 개수와 그 이유를 설명하시오.

05 자동차가 주행라인을 주행하던 중 왼쪽으로 회전할 때에 관해서 설명하시오.

【연습문제 정답 및 설명】

1장

1-1 앙페르의 오른나사 법칙에 관해서 간단하게 설명하시오.

[정답 및 설명] 도선(체)에서 오른나사의 진행 방향으로 전류가 흐르면 자기장의 방향은 나사가 회전하려는 방향을 발견한 법칙.

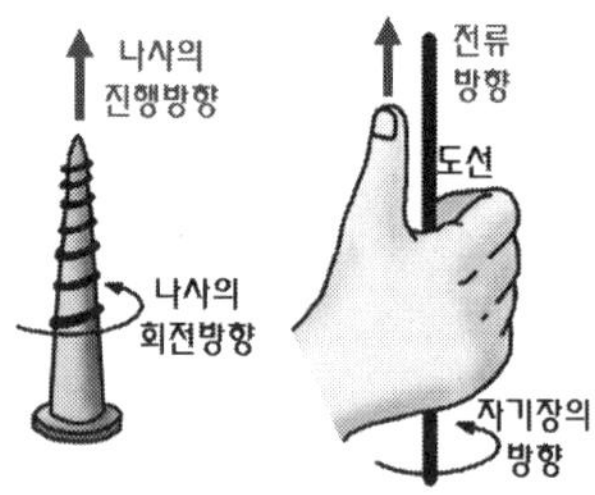

1-2 플레밍의 왼손 법칙에 관해서 간단하게 설명하시오.

[정답 및 설명] 플레밍의 왼손 법칙은 전류가 흐르고 있는 도선에 대해 자기장이 미치는 힘의 방향을 찾는 방법으로 엄지는 힘(F)의 방향, 둘째 손가락(검지)는 자기장(B)의 방향, 가운데 손자락(중지)는 전류의 방향을 나타내는데 주로 모터의 회전 방향(힘)을 결정하는 데 이용된다.

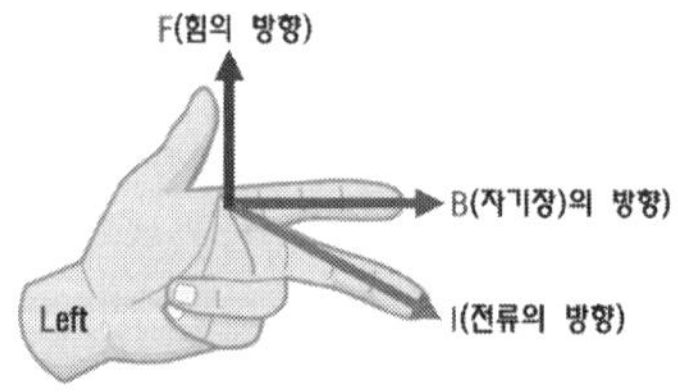

1-3 DC모터의 구성요소 중 정류자(Commutator)에 관해서 설명하시오.

[정답 및 설명] 정류자는 모터나 발전기 등에서 일정한 방향으로 회전하도록 코일에 흐르는 전류의 방향을 주기적으로 바꿔 전기자에 공급하는 장치이다. 직류 모터는 정류자가 있어야 코일에 흐르는 전류 방향을 유지할 수 있다.

1-4 교류 모터에는 정류자가 필요 없는 이유를 설명하시오?

[정답 및 설명] 교류용 모터는 전원의 전압 방향이 주기적으로 바뀌기 때문에 정류자가 없어도 코일에 흐르는 전류의 방향을 유지할 수 있다.

1-5 교류 동기모터에서 극 수는 2극이고 60Hz를 사용하는 경우 모터의 분당 회전수는 얼마인가?

[정답 및 설명] 회전수 $N_s = \frac{120f}{P} [rpm]$ 에서 Ns=120×60[Hz]/2=3600[rpm].

즉, 회전속도는 1분에 3,600회전을 하는 모터이다.

2장

2-1 A !=B의 의미를 설명하시오.

[정답 및 설명] A와 변수 B는 같지 않다. != 같지 않음을 의미

2-2 다음 변수 a가 10일 때 결과는 다음 코딩의 출력 결과는 무엇인가?

```
if(a>10) { SerialPrint("10보다 큽니다"); }
else  { SerialPrint("10보다 작거나 같습니다"); }
```

[정답 및 설명] 10보다 작거나 같습니다. if(a>10)에서 a가 10인 경우에는 false.

2-3 switch case 문은 여러 개의 조건 중에서 하나를 선택하는 제어문이다. 함께 사용하는 break문의 기능은 무엇인지 설명하시오.

[정답 및 설명] break 문은 더 이상 진행하지 않고 해당 switch 문에서 강제로 빠져나오도록 하는 명령이다.

switch case 문의 경우, 조건에 맞는 명령문을 수행 후 순차적으로 다음의 case 문장으로 이동해 조건에 맞지 않는 문장을 수행할 수 있어서 break 명령을 이용하여 더 이상 진행하지 않고 해당 switch 문에서 강제로 빠져나오도록 해야 한다.

2-4 for() 문은 반복 명령 중의 하나이다. for(int a=1; a>10; a++)와 같이 사용할 수 있다. 여기서 증가 값을 표시하는 a++와 ++a의 차이점을 설명하시오.

[정답 및 설명] a++와 ++a는 모두 a의 값을 1씩 증가시킨다. 차이점은 a의 값을 증가시키는 시점이다. a++는 변수 a의 값 계산에 참여시킨 후 1의 값을 증가시키는 것이고 ++a는 연산 전에 미리 1을 증가시켜 계산에 사용하는 방법이다. 최종적으로 a의 값은 1씩 증가하지만 계산 전과 계산 후의 결과는 다를 수 있다.
만약 a가 1이라면, b=a++의 결과는 b=1, a=2이고 b=++a의 결과는 b=2, a=2이다.

2-5 시리얼 통신을 통해 수신된 문자 데이터를 정수 형태로 변환시키는 시리얼 통신 명령어를 설명하시오.?

[정답 및 설명] ParseInt(). ParseInt() 명령은 시리얼 포트로 입력되는 데이터에서 유효한 정수 부분만을 추출하여 반환한다. 즉, 키보드를 입력하여 유입된 데이터는 문자이다. 이것을 숫자 형태(int)로 변환 해준다.

3장

3-1 트랜지스터(Tr)를 이용하여 DC모터를 동작할 때 트랜지스터의 주요 기능은 무엇인가?

[정답 및 설명] 스위치 기능.
트랜지스터의 대표적인 기능은 소신호 증폭과 스위치 기능이다. 회로에서는 아두이노로부터 "HIGH"신호가 트랜지스터의 베이스단자에 공급되면 VBE가 0.6V 이상이 되어 트랜지스터가 턴온(Turn on) 되고 컬렉터의 전류가 흘러 모터가 구동되는 스위치 기능을 담당한다.

3-2 트랜지스터와 다이오드를 이용하여 DC모터를 구동할 때 다이오드의 기능에 관해서 설명하시오.

[정답 및 설명] 역전압 구동(Reverse Bias) 방지. 플라이백(Flyback diode, 또는 프리휠링(free wheeling)) 현상 방지.

3-3 H-브리지 동작에 관해서 설명하시오.

[정답 및 설명] H-Bridge는 2개의 PNP형, 2개의 NPN형으로 총 4개의 트랜지스터 구조로 구성되어 있다. 왼쪽 입력으로 '0'(LOW), 오른쪽 입력으로 '1'(HIGH) 신호를 동시에 공급한 경우의 전류는 [Vcc]⇨[Q1]⇨[모터]⇨[Q4]의 경로를 이동하며 모터는 계속 회전한다.
반대로 왼쪽 입력으로 '1'(HIGH), 오른쪽 입력으로 '0'(LOW) 신호를 동시에 공급하면 전류는 [Vcc]⇨[Q2]⇨[모터]⇨[Q3]의 경로를 거치며 모터는 반대로 회전한다.

3-4 제품으로 생산된 모터 드라이버 IC의 종류 및 주요 특징에 관해서 설명하시오.

[정답 및 설명] 모터 드라이버 IC는 H-Bridge 구조로 되어있으며 정회전, 역회전이 가능하다. 상업적으로 구매할 수 있는 다양한 제품이 있는데 대표적인 종류로는 L293D, L298N, L9110 S 등이 있다.

3-5 모터 드라이버 IC 중 L293D의 Vs(8번), Vss(16번) 핀의 기능 및 차이점에 관해서 설명하시오.

[정답 및 설명] Vs(8번) 핀은 IC 구동용 전원, Vss(16번) 핀은 모터 구동용 전원.
L293D(모터 드라이버 IC)를 구동하기 위해서는 Vss(16번) 핀에 전원(4.5V~7V)을 공급해야 한다. 아두이노 보드의 Vcc(+5V) 단자와 연결해도 된다.
Vs(8번) 핀은 모터 구동용 전원으로 사용된다. 만약 모터가 12V용이라면 아두이노 보드의 전원 또는 IC(16번) 핀 전원을 사용할 수 없다. 별도 12V용 전원을 Vs(8번) 핀에 연결해야 모터가 원활하게 돌아간다.

4장

4-1 트랜지스터(Tr)를 이용하여 DC모터를 동작할 때 트랜지스터의 베이스단자에 저항을 연결하여 사용한 이유를 설명하시오.

[정답 및 설명] 아두이노의 출력이 베이스에 직접 연결이 되면 VBE=0.7이므로 아두이노의 포트에서 HIGH 신호 출력 시 모순이 발생하여 아두이노의 출력단자가 HIIGH로 출력하지 못하고 LOW 신호가 출력된다. 이러한 현상을 방지하기 위해서 저항을 연결.

4-2 아두이노 명령 중 analogRead(), analogWrite() 명령의 데이터 처리에 대한 차이점을 설명하시오.

[정답 및 설명] analogRead()는 10비트, analogWrite()는 8비트로 데이터를 처리한다.
analogRead() 명령은 아날로그 포트(A0~A6등)에 연결된 아날로그 신호의 입력값을 읽어 들이는 명령이다. 범위는 10비트(2^{10}=1024)로 처리하므로 입력 범위는 0 ~ 1,024까지이다.
analogWrite() 명령은 아날로그 형태 신호(PWM)로 출력하는 명령이다. 반드시 아두이노 보드의 물결 표시(~) 포트(3,5,6,9,10,11)에서만 가능하고 출력 범위는 8비트(2^8=256)로 처리하므로 0~255까지이다.

4-3 코딩 중 Serial.available( ) 명령에 관해서 설명하시오.

[정답 및 설명] available() 명령은 시리얼 통신선로에 전송되는 데이터가 없으면 결과값으로 '0'을 돌려주고, 전송되는 데이터가 있다면 정수(바이트 단위)의 데이터를 돌려준다. 즉, if() 명령과 함께 사용하여 시리얼 통신 전송선로의 데이터 전송 유무를 확인할 때 주로 사용한다.

4-4 모터 드라이브 IC(L293D)의 핀 단자 중 PWM과 관계가 있는 단자는 무엇인가?

[정답 및 설명] L293D 모터 드라이브 IC의 1번, 9번 핀은 Enable 단자로써 펄스폭변조(PWM) 방식을 이용하여 모터의 속도를 제어한다. 즉, 1번 핀은 모터 A의 속도를 PWM으로 제어하고 9번 핀은 모터 B의 속도를 PWM으로 제어한다.

4-5 L293D 모터 드라이버 IC를 이용하여 2개의 모터(모터 A, 모터 B)를 연결하려고 한다. 다음의 모터를 각각 연결하시오.

[정답 및 설명] 모터 드라이브 IC(L293D)는 두 개의 모터를 연결할 수 있는데 모터 A의 단자는 IC의 3번, 6번 핀에 연결하고 모터 B의 단자는 IC의 11번, 14번 핀에 연결하면 된다.

5장

5-1 L293D의 Enable 1(1번)핀에 HIGH 신호를 입력한 상태에서 입력 단자 IN1, IN2에 'HIGH' 신호를 입력하였을 경우 모터가 동작하지 않는다. 원인 및 해결 방법을 설명하시오.

[정답 및 설명] 입력 핀은 서로 다른 신호를 입력해야 한다. 즉, 입력 1(IN1)에 HIGH, 입력 2(IN2)는 LOW와 같이 서로 다르게 신호가 입력되어야 한다.
회전 방향을 반대로 회전하도록 하려면 입력 1(IN1)에 LOW, 입력 2(IN2)는 HIGH와 같이 반대로 입력하면 역방향으로 회전한다. 그리고 Enable 1 핀(1번)에 HIGH 신호를 반드시 입력해야 한다.

5-2 택트(tack) 스위치의 구조에 관해서 설명하시오.

[정답 및 설명] 택트 스위치는 보통 4개의 핀으로 구성되어 있으며 버튼을 누르지 않는 상태에서 서로 마주 보고 있는 핀들은 연결되어 있고 옆에 이웃하고 있는 핀들은 서로 떨어져 있으며 버튼을 누르면 모든 핀들은 하나로 연결되는 구조이다.

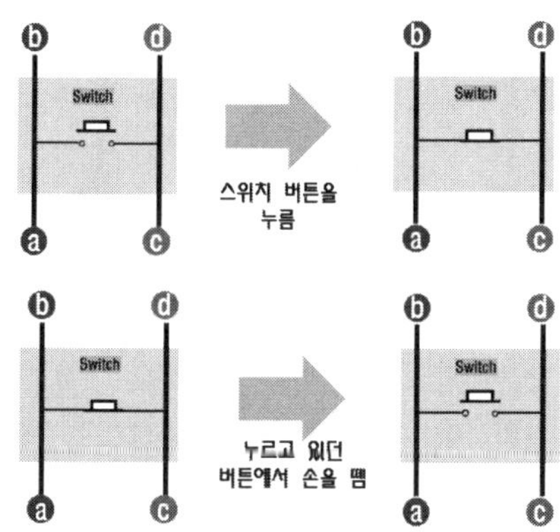

핀 ⓐ,ⓑ 그리고 핀 ⓒ,ⓓ는 서로 연결되어 있다. 또한 핀 ⓐ와 핀 ⓒ는 서로 떨어져 있으며 또한 핀 ⓑ와 핀 ⓓ도 떨어져 있다. 버튼을 누르면 핀 ⓐ,ⓑ,ⓒ,ⓓ 모두가 하나로 연결되는 구조이다.

5-3 플로팅 현상에 대하여 설명하시오.

[정답 및 설명] 플로팅 상태란 입력 또는 출력으로 사용하기 위해 연결된 핀의 상태가 "LOW"도 아니고 "HIGH" 아닌 불안정하게 들떠있는(floating) 상태를 의미한다. 이러한 불안정한 상태를 해결하기 위하여 풀업 또는 풀다운 저항을 사용한다.

5-4 풀업, 풀다운 저항에 대하여 설명하시오.

[정답 및 설명] 플로팅 현상을 방지하기 위하여 풀업, 풀다운 저항을 사용한다.

풀업 저항은 전원과 스위치 단자 사이에 저항을 연결하는 방법이다. 스위치를 누르지 않으면 HIGH 신호가 출력되고 스위치를 누르면 LOW 신호가 출력된다.

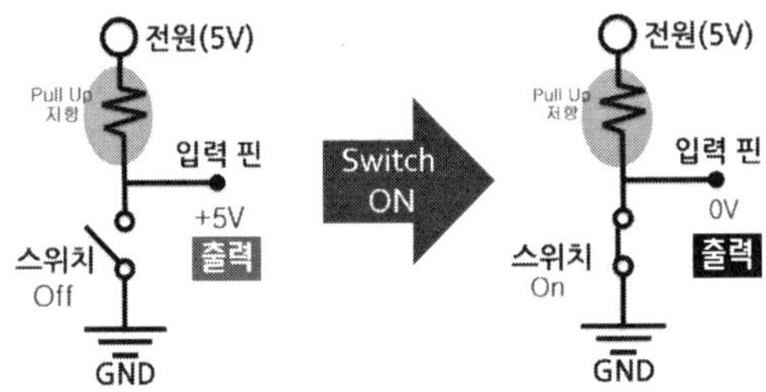

풀다운 저항은 풀업 저항과 반대로 접지(GND)와 스위치 단자 사이에 저항을 연결하는 방법이다. 스위치를 누르지 않으면 LOW 신호가 출력되고 스위치를 누르면 HIGH 신호가 출력된다.

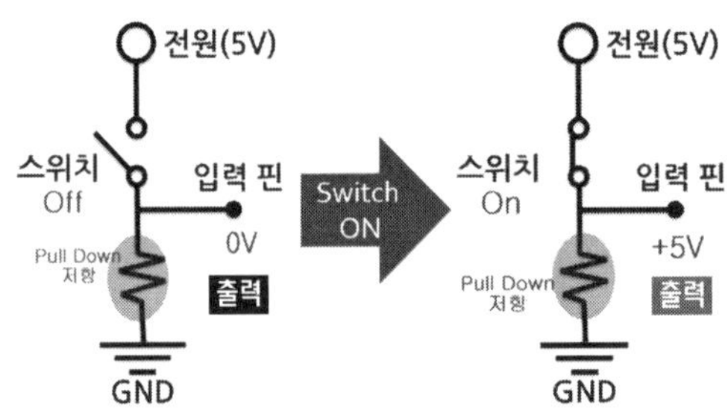

5-5 택트 스위치에 풀다운 저항(10K)을 연결하여 정상적으로 동작하도록 브레드보드를 이용하여 택트 스위치(c,d,e,f)와 저항(a,b), 전원 등을 연결하여 배선을 완성하시오.

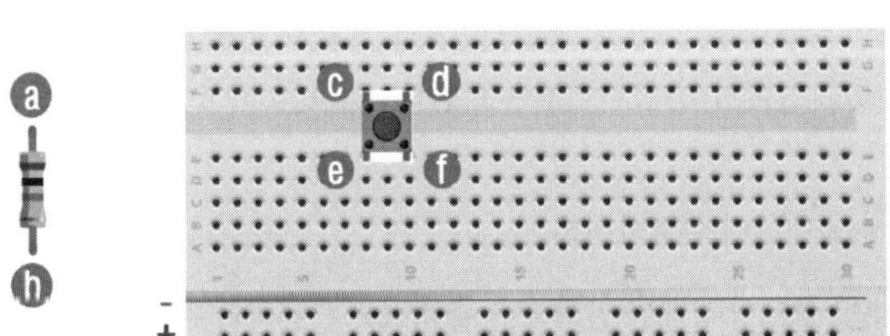

[정답 및 설명] 택트 스위치의 f(또는 d) 단자를 브레드보드의 양(+) 전원과 연결한다. 그리고 저항 양단(a,b)을 택트 스위치의 e 단자와 접지 사이에 연결 후 택트의 e 단자와 아두이노의 포트와 연결한다. 이때 코딩 시 택트 스위치와 연결된 아두이노의 포트는 버튼 상태를 감지해야 하므로 입력모드로 설정해야 한다.

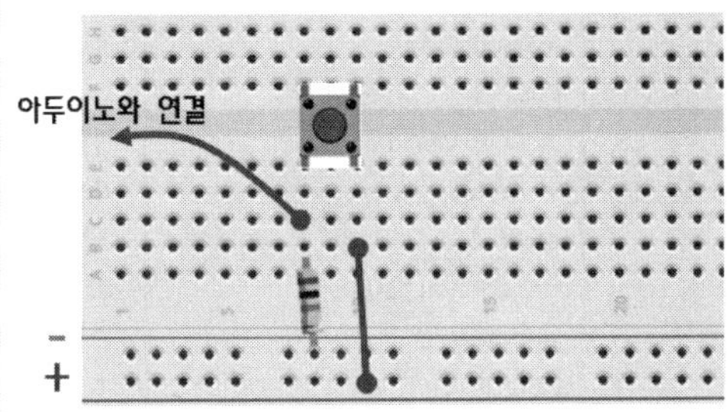

6장

6-1 if ~ else if 문에 대하여 설명하시오.

[정답 및 설명] 조건문의 하나인 if() 문을 여러 개 합쳐놓은 형태이다. if만 { } 중괄호 블록 끝에 else if를 붙이면 되고 else if문의 수에는 제한이 없으며 여러 개의 조건문을 위에서부터 실행하여 가장 먼저 참(true)가 되는 블록만 실행하고 if 문을 빠져나가게 되며 모든 실행 조건이 맞지 않는 경우 else 문을 실행한다.

표현시	사용 예	설명

if (조건식 1) {
    실행할 코드
}
else if (조건식 2) {
    실행할 코드
}
} **else if** (조건식 3) {
    실행할 코드
}
else {
    실행할 코드
}
	a = 1;
	
	if (a > 2) {
	  serialPrint("a는 2보다 크다");
	}
	else if (a == 2) {
	   serialPrint("a는 2와 같다." ;
	}
	else {
	 serialPrint("a는 2보다 작다.";
	}
		a=1이므로 결과는 “a는 2보다 작다”라고 출력한다.

6-2 switch ~ case 문에 대하여 설명하시오.

[정답 및 설명]

switch() 문은 조건에 따라 여러 방향으로 분기하는 명령으로 제어문 중의 하나이다. 주로 case, break 문장과 함께 사용한다. 형식은 다음과 같다.

표현식	사용 예	설명
switch(변수나 표현식) **case** 값1 : 실행할 코드 **break** ; ~ **default** : 실행할 코드 break ;	switch(cnt) case 1 : c= val*10 break ; case 2 : c= val*20 break ; default : c= val*0 break ;	·변수 cnt는 상수만 취급 ·default는 선택사항으로 case에 해당하지 않을 때 실행하는 문장 ·cnt가 1이면 val에 10을 곱하고 2이면 20을 곱하며 이외는 0을 곱해 변수 c에 저장.

6-3 만약 위의 실습 회로에서 버튼을 눌렀을 때 'LOW'가 누르지 않았을 때 'HIGH'가 유입되게 하려면 택트 스위치와 저항을 풀업, 풀다운 저항 중 어떠한 형태로 연결해야 하는지 설명하시오.

[정답 및 설명] 풀업 저항 연결.

전원과 택트 스위치 사이에 저항을 연결하고 인접한 다른 택트 스위치 단자는 접지에 연결한다. 저항과 연결한 택트 스위치 단자를 출력으로 사용하면 스위치를 누르지 않을 때는 HIGH, 누를 때는 LOW 신호를 출력한다.

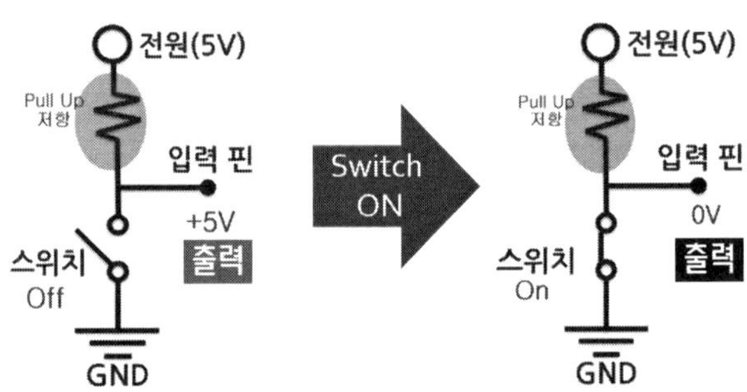

6-4 선풍기의 속도 조절을 위해 L293D의 Enable 단자 1번, 또는 9번 핀에 analogWrite()를 사용하는 이유는 무엇인가?

[정답 및 설명] L293D의 Enable 단자는 PWM 신호로 모터의 속도를 조절한다. Enable 단자에 HIGH 신호를 입력하면 모터의 최고속도로 동작하기 때문에 속도 조절을 위해 analogWrite()를 사용한다.

6-5 다음 그림은 모터 드라이브 IC(L293D)의 핀 배열이다. 핀 1번~16번까지의 명칭(기능) 중 빠져 있는 부분을 채워 넣으시오.

[정답 및 설명]

핀	1	2	3	4	5	6	7	8
기능	**enable (모터A)**	입력1 (모터A)	**모터A 연결 1**	접지 (GND)	접지 (GND)	모터A 연결 2	**입력2 (모터A)**	**전원 (모터용)**

핀	9	10	11	12	13	14	15	16
기능	enable (모터B)	**입력4 (모터B)**	모터B 연결 1	접지 (GND)	접지 (GND)	**모터B 연결 2**	입력3 (모터B)	**전원 (IC용)**

7장

7-1 서보모터의 일반적인 회전 각도는 얼마인가?.

[정답 및 설명] 일반적으로 서보모터의 회전 각도는 180도이다. 일부 서보모터는 360도까지 이동이 가능한 모델도 있다.

7-2 서보모터의 전체 20ms의 PWM 주기 중 1~2ms 사이의 파형을 통해 각도를 제어한다. 1.5ms인 경우 회전 각도에 관해서 설명하시오.

[정답 및 설명] 90도 회전한다.

2[ms]의 주기를 가지고 180도 이동하며 1.5[ms]일 때는 90도 이동한다.

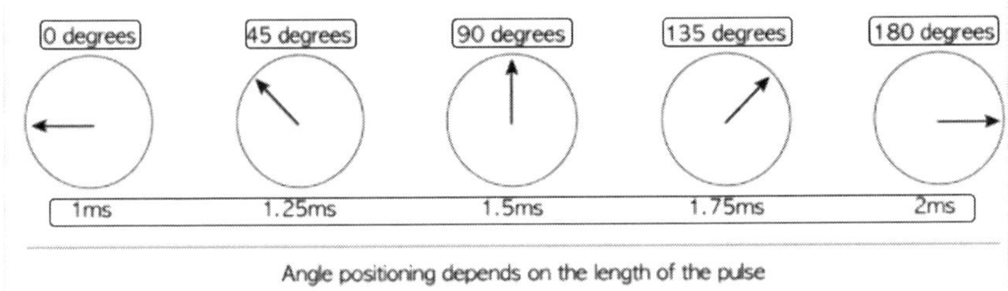

신호의 HIGH 유지 시간과 회전각도

7-3 코딩 내용 중 "#include <Servo.h>"에 관해서 간단하게 설명하시오.

[정답 및 설명] #include는 라이브러리를 호출하여 사용할 때의 명령어이다. 사용할 라이브러리를 구성하는 파일 중 헤더파일(Servo.h)과 cpp파일(Servo.h)을 중심으로 여러 파일을 포함하고 있다.

7-4 코딩 내용 중 "myservo.attach(8);"에 관해서 간단하게 설명하시오.

[정답 및 설명] Servo myservo와 같이 서보 변수명은 myservo이며 아두이노의 8번 포트에 서보모터가 연결되었음을 나타낸다.

7-5 다음은 가변저항을 이용하여 서보모터를 제어하려고 한다. 서보모터와 가변저항 배선을 완성하시오.

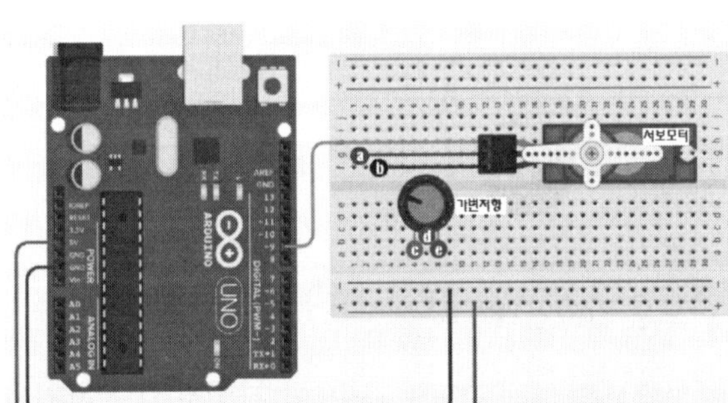

위치	연결 위치
a	
b	
c	
d	
e	

[정답 및 설명]

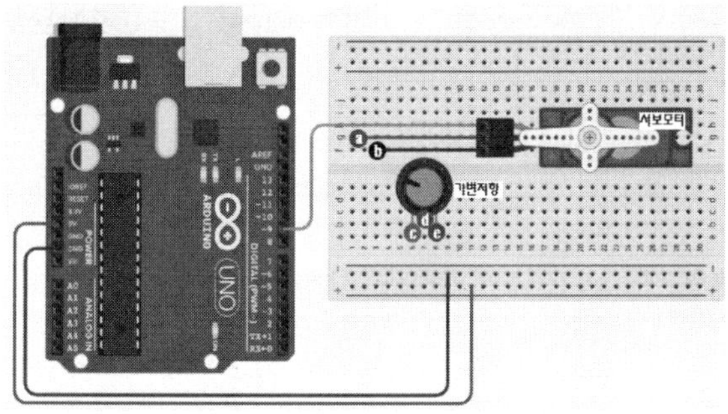

위치	연결 위치
a	전원(+5V)
b	접지
c	+5V
d	A0포트(아날로그)
e	접지(GND)

8장

8-1 조이스틱을 아두이노의 아날로그입력(A0~A5)에 연결하여 조이스틱을 움직이면 방향에 따른 출력 범위는 얼마인가?

[정답 및 설명] 0~1023. 아날로그입력은 10비트로 처리(2^{10}=1024)

8-2 조이스틱이 중심 위치를 유지할 때(오차범위 포함) 축의 값은 얼마인가?

[정답 및 설명] 470~512~550

8-3 조이스틱 모듈(3축)의 SW단자 기능에 관해서 설명하시오.

[정답 및 설명] 조이스틱 모듈의 SW단자는 z축 또는 세 번째 축으로 불리며 조이스틱을 꾹 누르면 HIGH 신호를 출력하고 누르지 않는 상태에서는 LOW값을 출력한다.

8-4 서보모터는 전체 20ms의 PWM 주기 중 1~2ms 사이의 파형을 통해 각도를 제어한다. 45도, 90도 회전하기 위한 주기(T)는 각각 몇 ms인지 설명하시오.

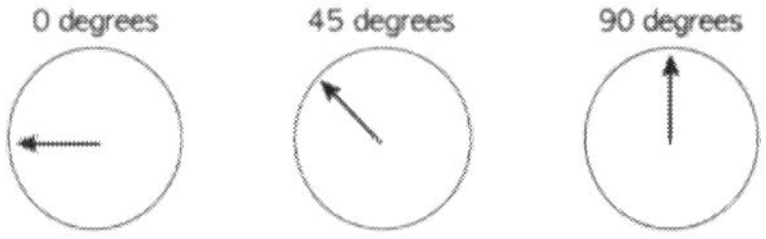

[정답 및 설명]

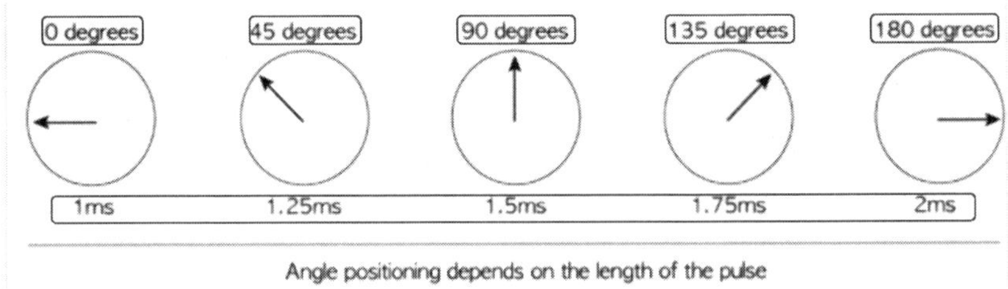

8-5 다음 코딩을 설명하시오.

if((analogRead(A0)<300) || (analogRead(A0)>1000))

[정답 및 설명] 아날로그 입력포트(A0)의 값이 300보다 작거나, 또는 1,000보다 크면 || OR논리 적용.

9장

9-1 초음파센서(HC-SR04)의 타이밍 다이어그램(Timing Diagram)을 보고 센서의 동작을 설명하시오.

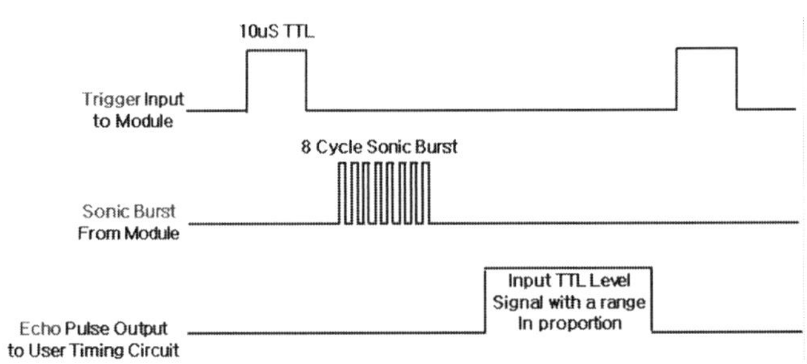

[정답 및 설명] 아두이노에서 10[us]의 HIGH 신호를 보내고 LOW 상태로 떨어지는 순간 센서 모듈에서 생성된 8개의 40K[Hz]의 초음파 신호가 Trigger 단자를 통해 동시에 내보낸다. 이때 에코 단자는 다시 반사되어 돌아오는 신호를 감지하기 위해 LOW에서 HIGH 상태로 변한다. 이때 되돌아온 초음파 신호가 감지될 때까지 HIGH 상태 유지 시간을 계산하여 거리를 측정한다. HIGH의 시간은 무한정이지 않고 일정 시간이 지나면 다시 LOW 상태로 변한다. 시간 측정은 pulseIn() 명령어를 이용한다.

9-2 초음파센서의 거리를 구하는 다음 수식의 유도 과정을 설명하시오.

수식 : 거리(cm)=0.0172 × duration(초음파 왕복시간)

[정답 및 설명] 초음파의 속도는 340[m/s]이다. 초음파가 1cm 이동하는 데 걸린 시간은 29[us]이다. 거리 유도 수식은 다음과 같다.

거리(distance)= duration / 29 ÷2 =duration / 58 = 0.017 × duration

9-3 다음 그림은 서보모터의 타이밍 다이어그램이다. 주파수(f)를 구하는 과정 및 결과를 설명하시오.

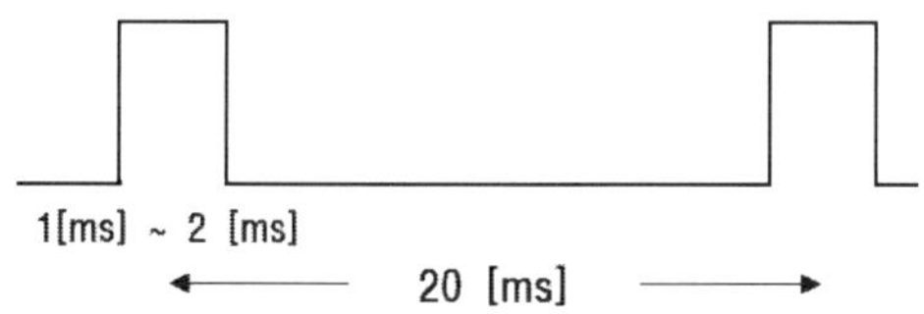

[정답 및 설명]

펄스가 20[ms]마다 주기적으로 변화하고 있다. 여기서 주파수(f)=1/T=1/20[ms]이므로 주파수(f)는 50[Hz]이다.

9-4 거리 측정에 많이 사용되는 PulseIn() 명령은 시간을 계산하는 명령이다. 다음 코딩과 같이 PulseIn()명령 사용 시 timeout은 선택사항이다. 만약 timeout을 사용하지 않았을 경우 동작시간은 얼마인지 설명하시오.

```
[형식] pulseIn(pin, value, timeout)
[예시] long duration=pulseIn(Echo,HIGH);
```

[정답 및 설명] 1초. PulseIn()명령의 timeout은 선택사항이며 사용 시 10[us]에서 3분까지 지정할 수 있다. 생략하였을 경우는 1초이다.

9-5 다음 코딩 내용을 보고 서보모터의 동작을 설명하시오.

```
for(i=180; i>0; i-=5) {
  SV.write(i);
  delay(20);
}
```

[정답 및 설명] 180도부터 5도씩 감소하며 서보모터가 반대 방향으로 이동한다.

10장

10-1 스테핑모터의 유니폴러 방식에 관해서 설명하시오.

[정답 및 설명] 유니폴러 방식은 각 코일을 가운데의 공통 단자(common)로 묶어 양 전원(+5V)을 연결하고 각 단자(1,2,3,4)에 전원을 공급하여 모터를 구동하는 방식이다.

모터의 권선(코일)에 흐르는 전류가 항상 한쪽으로만 흐르는 구동 방식(단 극성)이며 공통 단자가 항상 양 전원(+5V)이다. 고속으로 회전시켜도 토크가 높아서 탈조(벗어남) 될 위험이 적고 회로가 비교적 간단. 효율이 높지 않고 저속에서 구동 시 토크가 비교적 약한다.

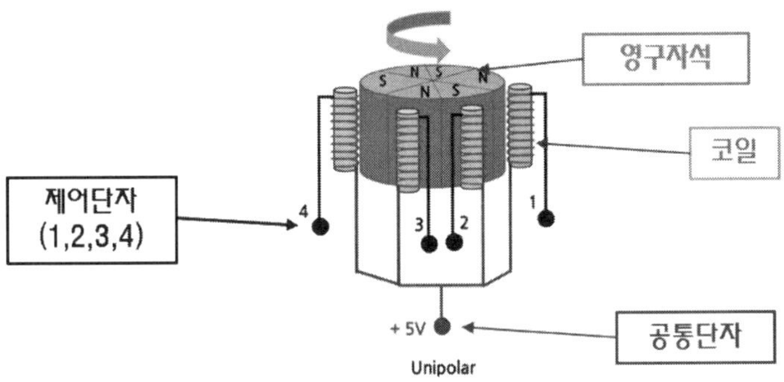

10-2 스테핑모터의 바이폴러 방식에 관해서 설명하시오.

[정답 및 설명] 바이폴러(Bipolar) 방식은 모터의 권선(코일)에 흐르는 전류가 바뀌는 구동 방식이다. 내부 권선이 모두 독립적으로 되어있어 외부에서 +,- 또는 -,+ 이렇게 극성(양극성)을 바꾸어 가면서 드라이브시키는 종류이다. 바이폴러 방식은 저속에서 토크가 높고 효율이 높지만, 고속 회전 시 토크가 급격하게 낮아져서 탈조될 위험이 있고 회로가 복잡하다.

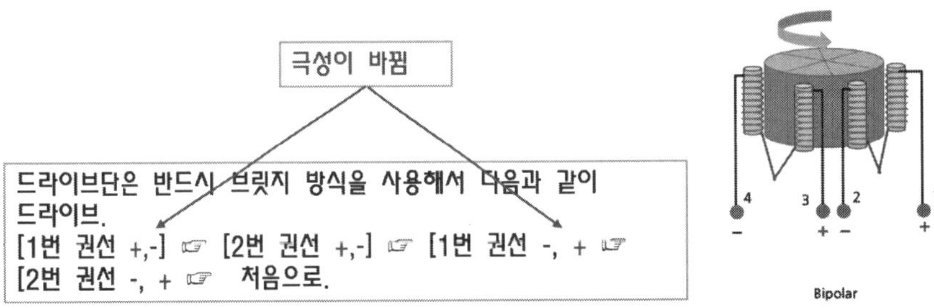

10-3 스테핑모터의 구동 방법 중 1상 여자(Wave Drive), 2상 여자(Full Step Drive), 1-2상 여자(Half Step Drive) 방식에 관해서 설명하시오.

[정답 및 설명] 1상 여자방식은 A,B,C,D에 한 번씩 펄스 신호를 공급하는 방식이고, 2상 여자방식은 AB, BC, CD, DA와 같이 동시에 두 개의 상에 펄스 신호를 공급하는 방법이다. 또한 1-2상 여자방식은 A→A,B→B→B,C→C→C,D→D로 1상과 2상을 반복하며 펄스 신호 공급을 반복한다.

10-4 다음은 Half Setp 구동 방식에 대한 그림이다. 그림을 보고 동작 과정을 설명하시오.

[정답 및 설명]

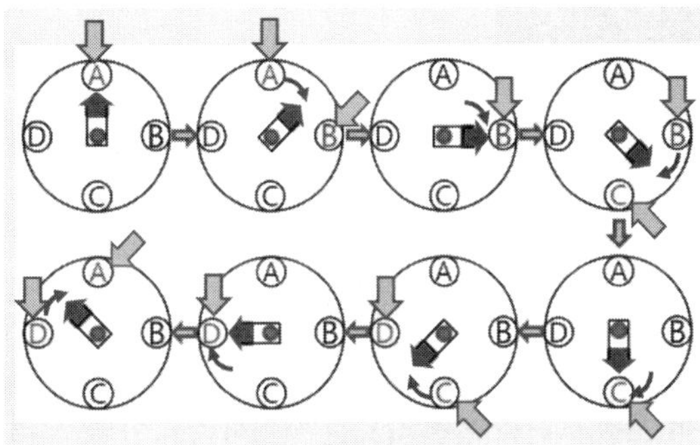

A상→A상,B상→B상→B상,C상→C상→C상,D상→D상으로 1상과 2상을 반복하며 펄스신호 공급을 반복한다.

10-5 스테핑모터 28BYJ48 모델의 기어비에 관해서 설명하시오.

[정답 및 설명] 스테핑모터 28BYJ48 모델은 유니폴러 방식이며 4상 스테핑모터로서 내부는 각 층당 8개의 톱니를 가진 전체 4층 구조이며 총 32개(4층*8개=32)의 톱니구조를 가진다. 내부는 펄스 스텝 당 11.25° (360/32(톱니 수)=11.25) 회전한다.

회전자(rotor, rotator)는 9개의 톱니를 가지고 있으며 추가로 7종(톱니 수 32, 22, 11, 26, 9, 31, 10)의 기어가 서로 맞물려 총 64:1의 비율을 갖는 기어가 있다.

스테핑모터 28BYJ48 모델은 그림과 같이 8개의 톱니가 서로 맞물려 64:1의 기어비(Gear Ratio)로 구성되어 있다. 맞물린 톱니와 톱니 사이의 기어비는 다음과 표시할 수 있는데 8개의 기어가 맞물려 64:1의 기어비로 회전한다.

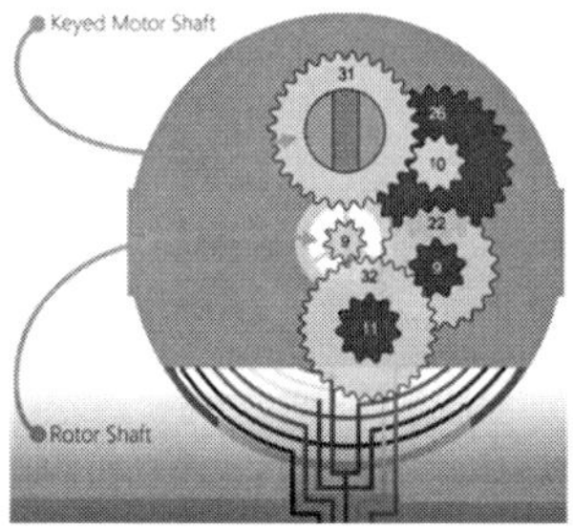

	기어비
32 / 9 =	3.5556
22 /11=	2.0000
26 / 9 =	2.8889
31 / 10 =	3.1000

3.55556×2.0×2.888889×3.1=**63.68398**

= **약 64**

11장

11-1 키보드를 이용하여 스텝 모터의 회전 각도를 제어하려고 할 때 시리얼 통신선로에 데이터가 있는지 없는지 확인하기 위한 명령어에 관해서 설명하시오.

[정답 및 설명] Serial.available()을 이용하여 시리얼 통신선로에 키보드로 입력한 데이터의 유무를 확인한다. 수신된 데이터가 없으면 0을 반환하고 유입된 데이터가 있으면 데이터의 바이트 수를 반환한다.

11-2 시리얼 통신 명령 중 parseInt( ) 명령에 관해서 설명하시오.

[정답 및 설명] Serial.parseInt()을 이용하여 USB를 통해 시리얼 통신선로에 유입된 숫자 데이터를 정수형 데이터로 추출한다. 즉, 키보드로 입력(1, 34, 250 등)되어 전송된 데이터는 문자열이다. 이것은 문자열이기에 계산은 불가능한 데이터이다. 이 숫자 형 문자열을 계산이 가능한 정수형 데이터로 추출해 주는 명령이다.

11-3 가변저항 또는 조이스틱을 아날로그입력(A0에 연결하여 스테핑모터의 회전 각도를 제어하기 위한 코딩 중 map() 명령어를 사용한 이유를 설명하시오.

[정답 및 설명] 가변저항 또는 조이스틱을 아두이노의 아날로그입력(A0)에 연결하여 사용하면 입력 데이터를 10비트로 처리하므로 범위가 0~1,023인 반면 스테핑모터의 스텝 수의 범위

는 0~2048이라서 범위가 서로 달라 오류가 발생한다. 이때 map() 명령어를 이용하면 상호 최소, 최대의 범위에서 일정한 비율로 서로 매칭되어 데이터를 출력하므로 오류 없이 정확하게 제어할 수 있다.

11-4 스텝 모터와 조이스틱을 이용하여 회전 각도를 제어하기위한 방법에 관해서 설명하시오.

[정답 및 설명] 조이스틱을 아두이노의 아날로그입력(A0)에 연결하여 사용할 때 정지상태일 때의 중간값은 512 근처이다. X축을 기준으로 왼쪽(Joy_Reading < 300)일 때는 반시계 방향 회전, 오른쪽((Joy_Reading >800) 일 때는 시계 방향으로 회전하도록 제어한다.

[예시]
```
if (Joy_Reading < 300) {
 mystepper.step(100);  // 반시계 방향 회전
 }
```

11-5 모터 드라이버 모듈의 IN1, IN2, IN3, IN4 단자와 라이브러리의 객체와의 연결 관계에 관해서 설명하시오,

[정답 및 설명] 라이브러리를 이용하여 스테핑모터를 사용할 때 코딩은 다음과 같이 표현한다. Stepper s_motor(stepsPerRev, IN1, IN3, IN2, IN4);
여기서 s_motor는 생성한 객체 변수이고 stepsPerRev는 회전수이다. 만약 드라이버 모듈의 IN1,IN2,IN3,IN4와 아두이노의 8,9,10,11번 포트와 연결했다면 코딩에서는 라이브러리의 구조에 맞추어 연결 정보를 IN1,IN2,IN3,IN4 또는 IN4,IN2,IN3,IN1순으로 설정해야 한다.

12장

12-1 적외선 근접센서 TCRT5000의 구조 및 기본 동작을 설명하시오.

[정답 및 설명] 적외선 LED와 포토트랜지스터(Phototransistor)로 구성되어 있어 발광부인 적외선 LED에서 적외선을 방사하고 수신부인 포토트랜지스터에서 방사된 적외선을 수신하는 형태로 동작한다.

12-2 적외선 근접센서(TCRT5000)에서 적외선 LED와 포토트랜지스터 사이에 칸막이로 막은 이유를 설명하시오.

[정답 및 설명] 직접 적외선이 포토트랜지스터에 조사(照射)되는 것을 방지하기 위하여 칸막이로 막혀 있다.

12-3 라인트레이서 모듈을 구성하는 부품 중 LM393의 기능을 설명하시오.

[정답 및 설명] LM393은 비교가 IC이다. 기준값을 설정하고 적외선 근접센서(TCRT5000)로부터 유입된 신호와 설정값을 비교하여 HIGH 또는 LOW 출력을 결정한다.

12-4 L293D 모터 드라이버 쉴드에 연결할 수 있는 DC모터의 개수와 그 이유를 설명하시오.

[정답 및 설명] 쉴드에는 총 4개의 모터를 연결할 수 있다. 쉴드에는 2개의 LM393 IC가 장착되었고 L293D IC 자체는 2개의 모터를 사용할 수 있으므로 총 4개의 모터를 연결하여 사용할 수 있다.

12-5 자동차가 주행라인을 주행하던 중 왼쪽으로 회전할 경우에 관해서 설명하시오.

[정답 및 설명] 왼쪽 센서에 검은색 라인이 감지된 경우이다. 주행 중 라인이 왼쪽으로 구부러진 경우이므로 왼쪽 모터는 정지, 오른쪽 모터는 동작시켜 좌회전이 되도록 한다.
만약 센서 양쪽 모두 검은색 라이인 감지되지 않으면 주행하고 모두 검은색이 감지되면 정지한다. 그리고 오른쪽 센서만 검은색 라인만 감지하면 오른쪽으로 구부러진 경우이므로 왼쪽 모터는 동작, 오른쪽 모터는 정지시켜 우회전이 되도록 하면 된다.